W0054081

Vom Anfang der Welt

Vom Anfang der Welt

Wissenschaft, Philosophie, Religion, Mythos

Herausgegeben von
Jürgen Audretsch und
Klaus Mainzer

Verlag C. H. Beck München

Mit 52 Abbildungen

CIP-Titelaufnahme der Deutschen Bibliothek

Vom Anfang der Welt: : Wissenschaft, Philosophie, Religion,
Mythos / hrsg. von Jürgen Audretsch u. Klaus Mainzer. –
München : Beck, 1989
  ISBN 3-406-33925-5
NE: Audretsch, Jürgen [Hrsg.]

ISBN 3 406 33925 5
© C. H. Beck'sche Verlagsbuchhandlung (Oscar Beck), München 1989
Satz: Fotosatz Otto Gutfreund, Darmstadt
Druck und Bindung: May & Co., Darmstadt
Printed in Germany

Inhalt

Einleitung

VON JÜRGEN AUDRETSCH UND KLAUS MAINZER

Seit den Anfängen ihrer Kulturgeschichte beschäftigten sich Menschen mit dem Kosmos – Physiker, Astronomen und Philosophen, aber auch Schamanen, Priester und Theologen. Die Faszination dieses Themas ist vielschichtig. Daher trägt das Buch «Vom Anfang der Welt» den Untertitel «Wissenschaft – Philosophie – Religion – Mythos». Grundlage ist eine Vortragsreihe im Rahmen des Studium Generale an der Universität Konstanz, die im Wintersemester 1987/88 stattfand. Die Veranstalter wollten am Beispiel verschiedener Aspekte der Kosmologie den fachübergreifenden Dialog von Physikern, Astronomen, Philosophen und Theologen herbeiführen. Die Aktualität des Themas ist gegeben durch sensationelle physikalische Entdeckungen und neue weitreichende Theorien über den Kosmos, aber auch durch damit aufgeworfene weltanschauliche und religiöse Fragen über die Stellung des Menschen. Neben die tradierten Mythen und religiösen Deutungen des Kosmos und seines Anfangs treten heute neue, mehr oder weniger fragwürdige Strömungen von ‹Science Fiction› bis zu ‹New Age›, die mythische Bilder mit naturwissenschaftlichem Wissen verbinden wollen. Hier ist es die kritische Aufgabe der Philosophie, die unterschiedlichen Ansätze begrifflich und methodisch zu unterscheiden. Wissenschaft, Religion und Mythos sind je verschiedene Sichtweisen der Welt mit unterschiedlichen Methoden und Zielen, die begrifflich auseinanderzuhalten sind, um Widersprüche und Anmaßungen zu vermeiden, die aber gleichwohl aufeinander bezogen sind und gegenseitige Denkanstöße geben können.

Das Buch wendet sich nicht nur an den naturwissenschaftlichen Experten oder Fachphilosophen, sondern an eine breite Öffentlichkeit, in der diese Fragen diskutiert werden. Bereits die Vortragsreihe wurde von Hörern aller Fakultäten ebenso besucht wie von zahlreichen Lehrern und interessierten Bürgern aus Stadt und Region.

In seinem Beitrag «Philosophie und Geschichte der Kosmologie» skizziert *Klaus Mainzer* die wissenschaftshistorischen Epochen der physikalischen Kosmologie. Während in der frühen Astronomie und Kosmologie z. B. Chinas, Babyloniens und Ägyptens wissenschaftliches mit mythischem Denken noch vermischt wird, kritisiert die griechische Naturphilosophie erstmals Naturmythen und verlangt rationale Erklärungen. Die Wende vom geozentrischen zum heliozentrischen System wird physikalisch erst durch Newtons Gravitationstheorie begründet. Die darauf aufbauende Kosmologie besitzt jedoch theoretische und empirische Probleme, die erst durch Einsteins Gravitationstheorie gelöst werden. Schließlich lassen sich die Schwierigkeiten, die in den modernen relativistischen Evolutionsmodellen des Kosmos auftreten, vermutlich erst dann beseitigen, wenn eine vereinigte Quanten- und Relativitätstheorie die kosmologische Entwicklung der physikalischen Fundamentalkräfte und Elementarteilchen erklären kann. Im Unterschied zum mythischen und ganzheitlichen Denken oder religiösen Glauben fußt die moderne Kosmologie wissenschaftstheoretisch auf hypothetischen Modellen, in denen das derzeitige technisch-naturwissenschaftliche Wissen hochgerechnet wird.

Im zweiten Beitrag erläutert *Jürgen Mittelstraß* näher die «Kosmologie der Griechen». Der Weg des griechischen Erkennens führt von den Göttern des Mythos zur Göttlichkeit der Vernunft, die den Kosmos in der Harmonie regulärer Sphärenbewegungen ordnet. Auf diesem Hintergrund entsteht in christlicher Tradition die Vorstellung von den ewigen Naturgesetzen als «Gedanken Gottes» (Augustinus). Eine theologische Begründung liefert Platons Weltschaffer-Demiurg und Aristoteles Lehre vom «unbewegten Beweger», der alle Kausalabläufe des Kosmos auslöst. Das griechische Denken trennt den Mythos von der Philosophie. Aber Theologie und Kosmologie bleiben bis ins Mittelalter verbunden. Erst die neuzeitliche Physik löst die Verbindung von physikalischer Kosmologie und Theologie auf.

In den beiden folgenden Beiträgen stellt *Jürgen Audretsch* die physikalische Kosmologie vor. Warum ist es nachts dunkel und nicht strahlend hell, wie nach der Newtonschen Kosmologie zu erwarten ist? Das kosmologische Standardmodell als eine Lösung der Einsteinschen Gravitationsgleichungen mit einem Galaxiengas als Quelle löst dieses Paradoxon durch Annahme einer kosmischen Evolution: Die Galaxien fliegen fluchtartig nach einer Urexplosion auseinander. Die Gravitation ist die einzige langreichweitige Wechselwirkung, die nicht abschirmbar ist. Daher bestimmt sie die Dynamik der Galaxienbewegung im Sinne einer Abbremsung. Aus der heutigen Galaxienflucht kann abgeschätzt werden, daß die Welt weniger als $1{,}7 \cdot 10^{10}$ Jahre alt ist. Die zeitliche Rückverfolgung der Temperatur der kosmischen Hintergrundstrahlung führt auf einen extrem heißen Frühzustand. In ihm läßt sich die Entstehung der Elementarteilchen wie in einem Hochenergielaboratorium beschreiben. Das Standardmodell gibt jedoch auch «Rätsel» auf: Warum ist das Universum im Großen so regelmäßig, d. h. homogen und isotrop? Warum ist die heutige Dichte des Universums so nah an der kritischen Grenze, bei deren Überschreitung der Kosmos sich wieder zusammenziehen würde? Dies sind Eigenschaften des Universums, die im Standardmodell auf Rand- und Anfangsbedingungen zurückgehen. Es ist die besondere Leistung des auf den frühesten Frühzustand anzuwendenden Modells des Inflationären Universums, für diese «Rätsel» gesetzesartige Begründungen zu liefern: Das Quantenvakuum bewirkt bei gravitativer Abstoßung eine beschleunigte Expansion (Antigravitation). Diese inflationäre Epoche überführt zu extrem frühen Zeiten in die von der Standardtheorie benötigten Anfangsbedingungen. Wissenschaftstheoretisch liegen jedoch Extrapolationen vor, die bisher in einem irdischen Laboratorium nicht bestätigt werden können; es werden die nächsten Beschleunigergenerationen übersprungen. Kosmologie und Elementarteilchenphysik kommen in einen Bereich unauflösbar wechselseitiger Abhängigkeit.

Anschließend erläutert *Gustav Andreas Tammann* «Die Bestätigung des Urknalls durch Beobachtungen» aus der Sicht der Astronomie. Im Zentrum seiner Argumentation steht die 1965 zufällig entdeckte und bereits 1949 angenommene Hintergrundstrahlung des Universums, die sich durch große Isotropie auszeichnet. Ihre Temperatur beweist, daß das Universum früher heiß war. Schließlich führt Tammann die Synthese der leichten Elemente an. Der Prozentsatz Helium, den das Universum heute enthalte, sei mehr, als die Sterne gebrannt haben könnten. Das Helium konnte jedoch gebildet werden, als das Universum rund 180 Sekunden alt und etwa eine Milliarde Grad heiß war. Während der kosmischen Evolution wurden die chemischen Elemente also regelrecht «gekocht»: «im richtigen Mischungsverhältnis», befindet Tammann, damit «das Leben losgehen konnte».

Der anschließende Beitrag stammt von dem Physiker *Heinz Dehnen* über «Entstehung und Entwicklung der Strukturen im Universum». An eindrucksvollen Beispielen zeigt er, wie es zu den galaktischen Gestalt- und Körperbildungen des heutigen Universums kam, die letztlich die Evolution des Lebens und damit die Existenz des Menschen ermöglichten.

Einige moderne Kosmologen beantworten die Fragen nach dem regelmäßigen Aufbau des Universums durch eine teleologische Überlegung, die wieder an Leibnizens Rechtfertigung Gottes (Theodizee) erinnern läßt: Weil es in dieser Welt Beobachter gibt, muß das Universum durch Gesetze regiert sein und Anfangsbedingungen besitzen, welche die Existenz dieser Beobachter zulassen. Damit setzt sich *Bernulf Kanitscheider* in seinem Beitrag «Naturphilosophie, Kosmologie und das Anthropische Prinzip» kritisch auseinander. Gegenüber dem Anthropischen Prinzip verweist er auf die Vorteile des Modells vom Inflationären Universum.

Teleologische Prinzipien waren in der Wissenschaftsgeschichte häufig mit theologischen Überlegungen verbunden. Damit ist der Rahmen für den Vortrag des Theologen *Alfons Deissler* vorgegeben, der aus der Sicht des Alttestamentlers über «Biblische Schöpfungsgeschichte und physikalische Kosmogonie» berichtet. Aus den Schöpfungserzählungen der Bibel zeigt er, daß sie keine naturhistorischen «Werde-Geschichten» sein wollen, sondern eine theologische Botschaft in den Weltbildern von damals (z. B. für ein Nomadenvolk) artikulieren. Dadurch wird – darin haben Augustinus, Thomas und Galilei recht – die Erforschung der Natur an die Ratio freigegeben, die selber allerdings auch nicht in eine neue ideologische Dogmatik erstarren darf.

Mit *Kurt Hübner* folgt abschließend ein Philosoph, der sowohl die Grundlagen der Wissenschaft als auch die des Mythischen erforscht hat. Im Sinne seines Buches «Kritik der wissenschaftlichen Vernunft» stellt er den hypothetischen Charakter kosmischer und biologischer Evolutionstheorien heraus. Im Sinne seines Buches «Die Wahrheit des Mythos» wendet er sich gegen jeden Reduktionismus, der ausschließlich wissenschaftliche Wahrheiten gelten lassen will. So ist auch die mythische Sprache des biblischen Schöpfungsberichts im wissenschaftlichen Zeitalter eine mögliche Sicht der Welt, wie Hübner in seinem Beitrag «Die biblische Schöpfungsgeschichte im Lichte moderner Evolutionstheorien» zeigt.

Das Personen- und Sachregister hat Frau Dr. Cornelia Liesenfeld (Universität Augsburg) nach Vorschlägen der Autoren hergestellt. Dem Verlag danken die Herausgeber für seine verständnisvolle Unterstützung bei der Drucklegung.

Kapitel I

Philosophie und Geschichte der Kosmologie

von Klaus Mainzer

Vorwort

Die Frage nach der Welt im Ganzen, dem Kosmos, seinem Anfang, seinem Werden, seinem Ende ist zugleich die Frage nach der Stellung des Menschen im Kosmos, seiner Vergangenheit und seiner Zukunft. Seit den Anfängen ihrer Kulturgeschichte beschäftigen sich Menschen mit dem Kosmos – Physiker, Astronomen und Philosophen, aber auch Schamanen, Priester und Theologen. Die Faszination dieses Themas ist vielschichtig. Daher trägt unsere Vorlesungsreihe «Vom Anfang der Welt» den Untertitel «Wissenschaft, Philosophie, Religion, Mythos». Eine frühe Motivation zur Beobachtung des Himmels war sicher technisch-praktischer Natur. Die periodischen Bewegungen der Himmelskörper dienten der zeitlichen und räumlichen Orientierung, der Navigation, der Herstellung von Kalendern, der Einteilung der Jahreszeiten, von fruchtbaren und unfruchtbaren Perioden, der Beachtung der Naturzyklen, von denen das menschliche Leben abhängt. Die empirische Astronomie hat hier ihre Ursprünge. Zugleich schien aber die unveränderliche Wiederkehr des Gleichen am Himmel den Sitz der Götter und ewigen Mächte zu offenbaren, die auf die Naturzyklen und das menschliche Leben Einfluß nehmen. Hier liegen Ursprünge von Religion und Mythos.

Nach einem gängigen Vorurteil des 19. Jahrhunderts sind jedoch Mythos und Religion durch die Naturwissenschaft überwunden. So lehrte Auguste Comte (1798–1857) eine lineare Fortschrittsgeschichte der menschlichen Kultur in drei Stufen, wonach der theologischen und mythologischen Frühgeschichte das metaphysische Zeitalter und schließlich das wissenschaftliche oder positive Zeitalter folgten.[1] Zwar hat für manchen fortschrittsgläubigen Zeitgenossen die Naturwissenschaft die Rolle einer Ersatzreligion eingenommen, in der nun Naturwissenschaftler anstelle von Schamanen und Priestern die letzten Menschheitsfragen enträtseln sollen. Aber Physiker wie Theologen wehren sich heute in der Regel aus gutem Grund gegen jeweils überzogene Ansprüche: Physik ist keine Ersatzreligion und Religion keine Ersatznaturwissenschaft.

Eine wichtige Aufgabe der Philosophie sehe ich darin, diese unterschiedlichen Ansätze begrifflich und methodisch zu unterscheiden. Wissenschaft, Religion und Mythos sind je verschiedene Sichtweisen der

Welt mit unterschiedlichen Methoden und Zielen, die begrifflich auseinanderzuhalten sind, um Widersprüche und Anmaßungen zu vermeiden, die aber gleichwohl aufeinander bezogen sind und gegenseitige Denkanstöße geben können.

Diese methodisch-kritische Unterscheidung ist heute an der Schwelle zum nächsten Jahrtausend wieder von großer Aktualität, da in vielen Lebensbereichen ein «New Age» ganzheitlichen Denkens propagiert wird, in dem neue und alte Mystik mit naturwissenschaftlichem Wissen vermischt wird, um so die wachsende Entfremdung in einer durch Technik bestimmten Lebenswelt zu überwinden. Die Gefahren, die auf diesem Weg lauern, liegen auf der Hand. Neue und alte Irrationalismen könnten Grenzen und Probleme überdecken, deren Wahrnehmung für eine nüchterne Einschätzung von Wissenschaft und Technik notwendig sind. Es gilt einerseits erneut wie Kant im Zeitalter der Aufklärung gegen die «Träume eines Geistersehers»[2] anzutreten.

Andererseits ist aber auch das Zerrbild einer positivistisch gesonnenen Wissenschaftstheorie zu korrigieren, die Philosophie der Naturwissenschaften instrumentalistisch auf Methodologie verkürzen will. Der «working scientist» weiß heute sehr wohl, daß die modernen Naturwissenschaften voller naturwissenschaftlicher Probleme, in der Sprache der Tradition voller metaphysischer Fragen stecken. Wer die nüchterne Auseinandersetzung mit diesem Tatbestand meidet, wer gar versucht, Naturphilosophie und Metaphysik aus der Vordertür im Haus der Naturwissenschaften zu vertreiben, läßt Mirakel, Mystik und unverstandene Wunder zur Hintertür herein. Die physikalische Kosmologie ist ein geeignetes Thema, um das wechselseitige Verhältnis von Wissenschaft, Naturphilosophie und Metaphysik, aber auch von Religion und Mythos zu beleuchten.

Im folgenden werde ich zunächst die wissenschaftshistorischen Epochen der physikalischen Kosmologie skizzieren. Hier zeigt sich, daß die Kosmologie von der jeweiligen Entwicklung in Mathematik, Physik und Technik abhängig ist. Bildlich gesprochen können die Kosmologen nur soweit in das Universum schauen, wie ihre mathematisch-physikalischen Hypothesen und technischen Instrumente reichen – von der Geometrie und den Quadranten der antiken-mittelalterlichen Astronomen über die Mechanik und Fernrohre der neuzeitlichen Physiker bis zur Quanten- und Relativitätstheorie und den Radioteleskopen moderner Astrophysiker.

Das jeweilige Bild vom Kosmos ist aber nicht nur eine Projektion und Hochrechnung des jeweiligen technisch-naturwissenschaftlichen Wissens. Es ist zugleich ein Bild des Menschen und seiner eigenen Werteinschätzung, seiner Hoffnungen, Träume und Ängste – von den Ordnungsvorstellungen im griechischen Kosmos über die Erlösungssehnsucht im geschlossenen Weltbild des Mittelalters bis zu Kants Ehrfurcht vor dem bestirnten Himmel über uns, aber auch von den Götterkämpfen früher Mythologien bis zum Krieg der Sterne in Science Fiction und moderner Politik.

1. Von der Mythologie zum geozentrischen Kosmos

In den modernen Strömungen ganzheitlichen Denkens kommt die Sehnsucht nach einem einheitlichen Weltbild zum Ausdruck, das eine hochtechnisierte und spezialisierte Wissenschaft nicht mehr liefern kann und will. In den alten Hochkulturen wurden demgegenüber Technik und Wissenschaft, sofern sie schon entwickelt waren, zwanglos mit Mythos und Religion in einer Einheit begriffen.[3]

So wird im Emblem eines chinesischen Kaisermantels die Dynamik des Universums durch einen feuerspeienden Drachen symbolisiert, der sich aus einem Ei, der «Perle des Uranfangs», windet. Die Entwicklung des Universums entspricht dem taoistischen Yang- und Yin-Prinzip. Yang erzeugt den Anfang, Yin die Vollendung.

Ähnlich wie die alten Chinesen besaßen auch die Azteken neben mythologischen Deutungen des Universums eine hochentwickelte Astronomie, die der religiösen und profanen Zeiteinteilung diente. Auf aztekischen Kalendersteinen ist im Zentrum der Sonnengott dargestellt, der die Zeitmaße schafft. In den Klauen hält er blutende Menschenherzen, aus denen er seine Energie schöpft. Der erste Ring um das Zentrum erhält die zwanzig aztekischen Tagesnamen. Der zweite Ring mit V-förmigen Sonnenstrahlen steht für den blauen Himmel. Der äußere Ring mit zwei Feuerschlangen verkörpert die gegensätzlichen Kräfte der kosmischen Energie.

Wesentlich friedvoller wirken die kosmologischen Bilder der polynesischen Naturvölker. Jede der unzähligen Heimatinseln Polynesiens wird als eine eigene Lebenswelt mit unterschiedlicher Vegetation, Tieren und Menschen aufgefaßt, über die sich je ein eigener Himmelsdom wölbt. Der offene Horizont jedes Himmelsdoms erlaubt die Kommunikation der Inseln untereinander.

Auch die Kosmologie des alten Ägyptens verarbeitet die Lebensbedingungen der damaligen Menschen. Das Leben Ägyptens spielt sich auf den schmalen fruchtbaren Ufern im Niltal ab, begrenzt durch Wüste und Gebirge, überwölbt vom Himmelsdach. Der Kosmos des alten Ägyptens (ca. 3000–2000 v. Chr.) stellt sich daher als eine enge Röhre dar.

Die ägyptische Astronomie ist rein phänomenologisch, d. h. sie beschreibt nur qualitativ Beobachtungen, rechnet kaum (im Unterschied zu den Babyloniern) und erklärt nicht durch geometrische Modelle oder physikalische Theorien (im Unterschied zu den Griechen). Am täglich einmal rotierenden Fixsternhimmel dienen die auf- und untergehenden Sterne zur Einteilung der Nacht. In sogenannten «Sternenuhren» wird die Nacht in zwölf Intervalle unterteilt, die durch den Aufgang bestimmter Sterne unterschieden werden. Damit erhält man eine grobe Einteilung der Nacht in zwölf «Stunden», die natürlich nicht exakt unserer Zeiteinteilung entsprechen. Das Jahr wird in 36 «Dekane» zu je 10 Tagen eingeteilt. Der Aufgang eines Sterns verschiebt sich alle 10 Tage um eine «Stunde», um nach 12×10 = 120 Tagen zu verschwinden und später erneut aufzutauchen. Solche Tabellen werden den Toten zur Orientierung im Jenseits auf dem Sargdeckel mitgegeben.

Die modernen Erklärungen für dieses regelmäßige Auftauchen und Untergehen der Sterne verweisen auf die Rotation der Erde um die eigene Achse und die Sonne. Die Ägypter greifen bei Erklärungen auf mythologische Erzählungen zurück, wonach sich am Himmel immer dasselbe Schauspiel von Tod und Wiedergeburt der Sternengötter wie z.B. Osiris (Orion) und Isis (Sirius) abspielt. Der heliakische Aufgang (kurz vor Sonnenaufgang) von Sirius bei Beginn des ägyptischen Kalenders fällt mit der Nilüberschwemmung, dem Beginn der fruchtbaren Periode Ägyptens zusammen. Der alte *Isis-Kult* für die Göttin der Liebe verbindet irdische Fruchtbarkeit und Leben mit der Sternenmythologie der Auferstehung und Wiedergeburt.

Wechseln wir in das alte Kulturland am Euphrat und Tigris, so finden wir auch dort Elemente der Lebenswelt in die Kosmologie verwoben. Der babylonische Epos Enuma-Elish beschreibt, wie aus der Mischung der feuchten Urelemente Apsu (Süßwasser), Ti'amat (Meer) und Mummu (Wolken) erste Göttergenerationen entstehen: z.B. Anu als Gott des Himmels, Ea als Gott der Erde. Die Analogie zur Landentstehung in Mesopotamien am Euphrat und Tigris ist offensichtlich. Schließlich provoziert die Vielheit der Götter erste Götterkämpfe. Der Sieger erläßt Gesetze für die menschliche und himmlische Ordnung. Es ist der Beginn einer geregelten Rechtssprechung, Kalenderbestimmung und Astronomie.

Die babylonische Astronomie beobachtet, stellt Tabellen auf und macht Prognosen (z.B. für Mondfinsternisse), erklärt aber nicht mit geometrischen Modellen oder physikalischen Theorien (wie später die Griechen), d.h. sie ist eine empirisch-induktive Wissenschaft nach positivistischem Ideal. Im Zentrum des astronomischen Interesses steht die Mondbeobachtung als Grundlage eines Mondkalenders und Mondkultes. Die Babylonier stellen dazu genaue Tabellen für den heliakischen Aufgang des Mondes her. Dazu müssen bereits komplizierte Veränderungen beachtet werden, von denen die Sichtbarkeit des Mondes abhängt (z.B. Abstand Mond – Sonne, periodische Abweichungen von der Ekliptik, veränderliche Neigung der Ekliptik am Horizont während der unterschiedlichen Jahreszeiten). Die babylonischen Tabellen sind zwar nur approximativ. Aber das sind unsere Tabellen auch. Sie erlauben jedenfalls Prognosen z. B. einer Mondfinsternis, wenn Vollmond ist und der Mond genau in der Ekliptik steht. Die moderne Erklärung, daß dann die Erde den Mond beschattet, ist den Babyloniern natürlich fremd, da sie über kein Planetenmodell verfügen. Dennoch stellen sie genaue Tabellen über z. B. die erste und letzte Sichtbarkeit der Planeten am Himmel auf.

Zentral ist für die Babylonier die Astrologie. Tierkreiszeichen im Zodiak werden als Götter und Schicksalsmächte gedeutet, die das Wetter (und damit die Ernte) und das Schicksal des Herrschers (und damit die Politik) beeinflussen. Nach babylonischer Auffassung ist Astrologie also von empirischem Wissen abhängig, da sie genaue Kenntnisse von Stern- und Planetenkonstellationen voraussetzt. Die Verbindung von Mythologie und Wissenschaft wird am engen Verhältnis der babylonischen Astrologie und Astronomie besonders deutlich.

Die vorsokratischen Naturphilosophen kritisieren erstmals Naturmythen und suchen nach den Ursachen von Sein und Werden.[4] Wasser, Feuer, Luft und Erde werden von Thales bis Empedokles als Urstoffe genannt. Bemerkenswert für die Kosmologie ist besonder Anaxagoras. Er lehrt, daß Sterne, Sonne und Mond aus einer kosmischen Wirbelbewegung der Elemente entstanden sind, die durch den Geist (νοῦς) als Zentrifugalkraft ausgelöst wurde. Den antiken Naturmythologen hält er entgegen, daß die Sonne nichts weiter als ein glühender Stein sei. Das bringt ihm zwar einerseits den Atheismusvorwurf seiner Zeitgenossen ein, andererseits aber den Ruhm, ein Vorläufer kosmologischer Wirbeltheorien der Neuzeit (z. B. von Descartes und Kant) zu sein.

Bei den Pythagoräern kommt es zu einer merkwürdigen Durchdringung von Mathematik und Mythologie, die kosmologisch begründet wird. Der Kosmos in seinen vollkommenen mathematischen Proportionsverhältnissen gilt als Abbild göttlicher Harmonie. Sonne, Mond und Planeten werden erstmals als mathematisch vollkommene Kugeln gesehen, die von Göttern auf vollkommenen Sphären bewegt werden. Auch die Erde gilt als Kugel, die z. B. eine Erklärung des wandernden Horizontes bei der Seefahrt erlaubt.

Die antike Kosmologie diskutiert im wesentlichen drei homozentrische Sphärenmodelle. Das Modell des Philolaos (ca. 450 v. Chr.) nimmt im Zentrum ein Zentralfeuer an, das wie ein Herd das Haus des Kosmos beheizt und beleuchtet. Die Sonne ist danach eine Kristallkugel, die das Zentralfeuer nur spiegelt. Charakteristisch ist die Vermischung von mythischen und wissenschaftlichen Überlegungen. Da zehn eine heilige Zahl ist, wird wegen Erde, Sonne, Mond, Fixsternsphäre und den fünf Planeten auf die Existenz einer (nicht beobachteten) Gegenerde geschlossen.

Aristarch von Samos (310–230 v. Chr.) schlägt bereits ein heliozentrisches System vor, in dem der Fixsternhimmel mit der Sonne im Zentrum ruht und von der Erde umkreist wird. Entscheidender Einwand ist nicht nur der anthropozentrische Hinweis, daß dieses Modell dem Selbstverständnis der damaligen Menschen widerspricht, sondern das astronomische Argument, daß keine Richtungsänderung (Parallaxe) beobachtbar ist. Der Grund dafür sind die ungeheueren Entfernungen, die für die damaligen Astronomen nicht vorstellbar und abschätzbar waren.

Demgegenüber weist das geozentrische Modell (seit ca. 4. Jahrhundert v. Chr.) erhebliche Vorteile in der damaligen Diskussion auf. Es erlaubt eine Erklärung des rotierenden Fixsternhimmels um die ruhende Erde, der Sonnenbewegung auf der Ekliptik, der Jahreszeiten und auf- und untergehender Sterne während der Nacht. Zusammen mit der anthropozentrischen Auszeichnung der menschlichen Lebenswelt wuchs damit diesem Modell eine unerschütterliche Überzeugungskraft zu, die Aristoteles (384–322 v. Chr.) durch seine Physik naturphilosophisch untermauerte.

Danach wird der Kosmos in die sublunare Welt der Erde, der Lebenswelt von Mensch, Tier und Pflanze, und der supralunaren Welt des Himmels mit den ewigen Stern- und Planetenbewegungen um die zentrale Erde eingeteilt. Planeten bewegen sich gleichförmig auf Kugelsphären um die ruhende Erde. Die Fixsternsphäre schließt den endlichen Kosmos ab. Eine selber unbewegte Anfangsursache, der «unbewegte Beweger», hat das Sphärensystem in Bewegung gesetzt. Nach der Aristotelischen Erdphysik streben die Körper auf der Erde jeweils ihrem natürlichen Ort zu: Die schweren Körper fallen mit konstanter Geschwindigkeit zum Mittelpunkt der Erde, die leichten Körper streben zur Peripherie der Mondsphäre.

Das homozentrische Sphärenmodell mit seiner bestechend einfachen Symmetrie hat auch die Platonische Naturphilosophie beeindruckt. Als schließlich rückläufige Planetenbewegungen beobachtet wurden, haben daher Philosophen und Astronomen darin keine Falsifikation gesehen. Vielmehr versuchte man die Kernannahme des antiken kosmologischen Prinzips, nämlich Geozentrismus und gleichförmige Bewegung der Planetensphären durch geometrische Kniffs und Ad-Hoc-Hypothesen zu «retten».[5] So zeigte Eudoxos von Knidos (400–347 v. Chr.), der geniale Mathematiker, Astronom und Zeitgenosse Platons, wie Schleifenbahnen der Planeten entlang der Ekliptik durch raffiniert ineinandergeschachtelte Sphären kinematisch erzeugt werden können. Das Eudoxische Modell «rettet» zwar die Symmetrie des Platonischen Kosmos durch Einführung von (zusätzlichen homozentrischen) Sphären vollständig. Allerdings erweist sich die Epizyklen-/Deferententechnik von Apollonios (210 v. Chr.) und Aristarch (280 v. Chr.) als flexibler, um die beobachteten

Planetenschleifen zu erzeugen. Der Preis dieser Technik ist jedoch die Aufgabe eines gemeinsamen Mittelpunktes aller sich gleichförmig bewegender Sphären.

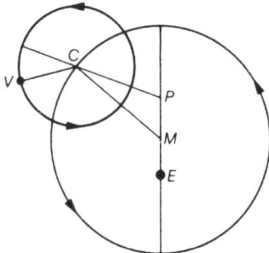

Abb. 1: Epizykel-Deferentenmodell nach Ptolemaios mit E Erde, M Deferentenkreismittelpunkt, P Ausgleichspunkt, C Epizykel-Mittelpunkt, V Planet (z. B. Venus). *Quelle:* K. Mainzer, Astronomie, in: J. Mittelstraß (Hrsg.), Enzyklopädie Philosophie und Wissenschaftstheorie Bd. 1, Mannheim/Wien/Zürich 1980, 202.

Die größte mathematische Genauigkeit in der antiken Astronomie erreicht Ptolemaios (ca. 150 n. Chr.), der die Epizykel/Deferententechnik mit der Annahme von Exzenter- und Ausgleichspunkten kombiniert (Abb. 1). Damit wird die Erde aber nicht nur außerhalb des Kosmosmittelpunktes gerückt, sondern auch als Bezugspunkt für die gleichförmigen Sphärenbewegungen aufgegeben. Ptolemaios leitet daher faktisch die Trennung der mathematisch präzisen Astronomie von der Aristotelischen Physik bzw. Naturphilosophie ein, die keine Erklärung für die Ad-Hoc-Hypothesen der Exzenter- und Ausgleichspunkte liefern kann.

Gleichwohl erhält das ptolemäisch-aristotelische Weltbild durch die *jüdisch-christliche Schöpfungs- und Heilslehre* im Mittelalter eine starke Stütze, die zur Verankerung in der Lebenswelt der damaligen Menschen führte. Der «unbewegte Beweger» von *Aristoteles* oder «Demiurg» *Platons* wurde bald schon mit dem christlichen Schöpfungsgott identifizert, obgleich weder Aristoteles noch Platon den Begriff eines personalen Gottes formuliert hatten. Ferner kam der Geozentrismus der anthropozentrischen Vorstellung des Christentums entgegen, wonach der Mensch im Zentrum des Heilsgeschehens steht. Die idealen mathematischen Proportionsgesetze des Kosmos in pythagoreisch-platonischer Tradition wurden bei *Augustinus* zu «Gedanken Gottes» und bereiteten die Vorstellung der «ewigen Naturgesetze» in der Neuzeit vor. In der antiken-mittelalterlichen Kosmologie bilden also Mathematik, Physik, Metaphysik und Theologie noch eine ungebrochene Einheit, die bald schon aufbrechen sollte.

2. Vom geozentrischen zum heliozentrischen Kosmos
(15.–16. Jahrhundert)

Die sogenannte Kopernikanische Wende vom geozentrischen zum heliozentrischen Kosmos wird häufig als Aufbruch zum neuzeitlichen Weltbild verstanden. Tatsächlich handelt es sich jedoch hier um eine neuzeitliche Metapher, die wissenschaftshistorisch nicht haltbar ist.[6]

Das ptolemäische System liefert, wie erwähnt wurde, nur geometische, aber keine physikalischen Erklärungen der Beobachtungen. Die Annahme von Ausgleichspunkten verletzt nämlich den aristotelischen Zentrismus und ist daher bloß eine mathematische Ad-Hoc-Hypothese. *Kopernikus* war demgegenüber zutiefst vom *antiken kosmologischen Prinzip* überzeugt, wonach sich Planeten gleichförmig auf Sphären bewegen gemäß dem Diktum, wonach das einfache auch das Wahre sei. Er ersetzte daher die Stellung der Erde durch die Sonne. Planeten bewegen sich nach Kopernikus gleichförmig auf Kreisbahnen um die Sonne. Rückläufige Planetenbewegungen werden als Effekte der Erdbewegung um die Sonne gedeutet. Das heliozentrische Modell ist in dem Sinne einfacher, daß es ohne Ausgleichspunkte auskommt. Osiander versucht, dem Heliozentrismus die weltanschauliche Brisanz zu nehmen, wenn er dieses Modell als bessere «Hypothese» bezeichnet. Für Kopernikus ist es jedoch das wahre, weil einfachere Modell der Wirklichkeit.

Der offensichtliche Widerspruch zur aristotelischen Physik und scheinbare Widerspruch zur herrschenden christlichen Weltanschauung ist jedoch nicht der entscheidende Einwand gegen Kopernikus in seiner Zeit. Schwerwiegender sind astronomische Bedenken, wonach das kopernikanische System damals keine besseren Werte und Prognosen erlaubte als Ptolemaios. Es benötigte zwar keine Ausgleichspunkte, aber nach wie vor Epizykeln und Exzenterpunkte.

Die empirischen Grundlagen für die tatsächlich revolutionierenden Umbrüche der Astronomie durch Kepler und Newton legte T. Brahe (1546–1601), der mit koordinierten Teams von Gehilfen in einem nahezu modern anmutenden Großobservatorium neue und genaue Tabellen aufstellt. Kosmologisch versucht er einen Kompromiß zwischen Heliozentrismus und aristotelischem Modell, indem er zwar die Erde als Mittelpunkt der Fixsternsphäre auszeichnet, aber die Planeten um die Sonne kreisen läßt, die wiederum mit dem Mond sich um die Erde bewegt. In Zeiten des weltanschaulichen und gesellschaftlichen Umbruchs fanden die tychonischen Systeme als Kompromiß von «Tradition» und damaliger «Moderne» noch Anfang des 17. Jahrhunderts ihre Anhänger.

Auch J. Kepler (1571–1630) versucht in seinem Jugendwerk «Mysterium cosmographicum» (1595) noch den Kompromiß zwischen Heliozentrismus und Platonismus, indem er die Abstände der Planetensphären

um die Sonne durch ein- und umbeschriebene platonische Körper auszeichnet. Kepler ist aber bereits zu sehr moderner Naturwissenschaftler,
um sich auf Dauer in platonischen Spekulationen zu verlieren. In seinem
Hauptwerk «Astronomia nova» von 1609 läßt sich schrittweise die
Auflösung des antiken-mittelalterlichen kosmologischen Prinzips verfolgen, wonach sich die Himmelskörper gleichförmig auf Sphären bewegen.
Planeten beschreiben nach Kepler vielmehr Ellipsenbahnen, in deren
Brennpunkt die Sonne steht. Der Radius Sonne – Planet durchläuft in
gleichen Zeiten gleiche Flächen (Abb. 2). In «Harmonice mundi» (1619)
wird auch das dritte Keplersche Gesetz formuliert.

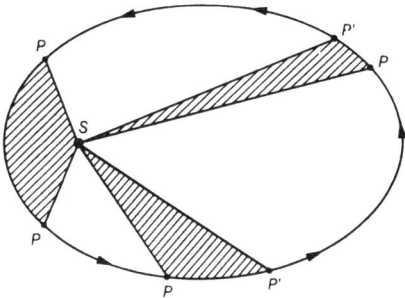

Abb. 2: Ellipsenbahn nach J. Kepler mit Planetenpositionen P, P′ und
Sonne S im Brennpunkt. *Quelle:* K. Mainzer, Astronomie, in: J. Mittelstraß
(Hrsg.), s. o. Bd. 1, 203.

Naturphilosophisch ist besonders bemerkenswert, daß Kepler erstmals
nicht nur eine neue Himmelskinematik vorschlägt, sondern dazu eine
neue Himmelsphysik fordert. Planeten werden nach Kepler nicht länger
durch «Intelligenzen» auf ihren idealen Bahnen gesteuert, sondern durch
Kraftfelder (species immateriata). Allerdings stellt sich Kepler solche
Kraftfelder unter dem Einfluß von Gilbert fälschlicherweise noch als
magnetische Wirkungen vor. Jedenfalls verbindet er die Himmelskinematik mit einer Frage, die erst durch Newtons Gravitationstheorie beantwortet werden konnte.

Der Aufbruch des geschlossenen mittelalterlichen Weltbildes wird von
einigen Naturphilosophen noch drastischer vollzogen als von den Astronomen. So betont der Mathematiker, Philosoph und Theologe N. Cusanus (1401–1464), daß die Welt wenigstens potentiell unendlich sei, d. h.
von uns als unbegrenzt erfahren wird. Jede begrenzende Sphäre kann
weiter hinausgeschoben werden. Der Erkenntnisprozeß gleicht dann
einer unendlichen Folge von Sphären, deren Radien beliebig vergrößert
werden, um schließlich in eine Gerade überzugehen. Daher hat die Welt

auch keinen Mittelpunkt. Gott ist der Grenzwert der Folge, in dem alle Gegensätze zusammenfallen (coincidentia oppositorum).

Während Gott aber bei Cusanus noch von einer (potentiell) unendlichen Welt unterschieden wird, propagiert G. Bruno (1548–1600) eine pantheistische Kosmologie. Die Welt ist (aktual) unendlich und besteht aus unendlich vielen Sonnensystemen, Erden und menschenähnlichen Populationen. Der unendliche Gott kann nämlich nur, so Bruno, Unendliches schaffen. Wo ist aber dann der Unterschied von Gott und Welt? Für die mittelalterlichen Theologen und Kosmologen, die von einem geschlossenen endlichen Kosmos ausgingen, der endlich lange zwischen Schöpfung und der Apokalypse des Jüngsten Gerichtes existiert, mußte Brunos Lehre eines zeitlich und räumlich unendlichen Kosmos eine ungeheure Provokation sein. Er bezahlte seine als gotteslästerlich empfundene Lehre mit dem Leben.

Solche dramatischen Konsequenzen finden wir in der chinesischen Kosmologie nicht. Auch hier tritt nämlich die Vorstellung von einem unendlich leeren Raum ohne Zentrum auf. Die Sterne sind in der Hsüan-Yeh-Kosmologie materielle Körper, die durch die Kraft eines «Himmlischen Windes» bewegt werden.

3. Der Kosmos im Zeitalter der klassischen Physik (17.–19. Jahrhundert)

Die neue Physik, mit der die aristotelische Physik ersetzt und die Grundlage der neuzeitlichen Kosmologie gelegt wurde, entwickelte sich schrittweise. Galileis Entdeckungen mit dem Fernrohr (1609/1610) tragen weiter zur Erschütterung der alten Kosmologie bei. So zeigen die Reliefs der Mondoberfläche, daß der Mond keine vollkommene Kugel ist. Die Satelliten des Jupiter widerlegen die häufig angeführte Auszeichnung der Erde durch einen Mond. Die beobachteten Phasen der Venus werden im Sinne des Heliozentrismus als wechselnde zentrale Sonnenbeleuchtung gedeutet. Galileis Dialog über die beiden Weltsysteme des Heliozentrismus und Geozentrismus ist zwar eine brillante Philippika gegen das alte System, kann aber physikalisch im strengen Sinn die Entscheidung nicht herbeiführen. Grundlegend ist Galileis Kritik an der aristotelischen Bewegungslehre, bei der Fall und Wurf als gleichförmig beschleunigte Bewegungen nachgewiesen werden.

Die cartesische Kosmologie ist bemerkenswert, da sie vorsokratische Entwürfe mit der neuen Mechanik verbindet. R. Descartes (1596–1650) beansprucht, alle physikalischen Phänomene auf korpuskulare Stöße zurückzuführen, die er mit den von ihm erstmals formulierten Stoßgesetzen mathematisch zu beschreiben versucht. Alle Kraftwirkungen werden also durch unmittelbare Kontaktkräfte im Sinne der Stoßgesetze erklärt und damit das Konzept von Fernwirkungen abgelehnt. Descartes' «physikalische Erklärung» der Planetenbewegung erinnert an Anaxagoras. So nimmt er einen kosmischen Wirbel von korpuskularen Teilchen an, der die Himmelskörper herumreißt. Die ständige Erhaltung dieser Bewegung wird durch den Impulserhaltungssatz erklärt, den Descartes aus den Stoßgesetzen erhält.

Bereits im Titel seines epochemachenden Hauptwerkes wird Newtons Anspruch deutlich, die neue und gemeinsame Physik für die Gesetze der Himmels- und der Erdphysik geliefert zu haben.[7] Der Titel «Philosophiae naturalis principia mathematica» (1687) besagt, daß Newton keine Trennung von der Philosophie beabsichtigt, sondern eine neue Naturphilosophie mit mathematischen Prinzipien und, wie er in seiner Methodologie verdeutlicht, auf der Grundlage von Beobachtung und Experiment. Die physikalischen Rahmenbedingungen der Newtonschen Kosmologie bilden die Lehre von Raum und Zeit, die Newtonschen Mechanikgesetze und das Gravitationsgesetz. Newtons absoluter Raum ist gewissermaßen ein unbegrenzt großer Behälter, in dem sich die kosmischen Ereignisse abspielen. Seine absolute Zeit geht davon aus, daß überall in diesem Raum die Uhren gleich gehen.

Mit Newtons Mechanikgesetz «lex inertiae» werden die gradlinigen Trägheitsbewegungen ausgezeichnet. Die gleichförmigen Kreisbewegungen der Antike gelten wegen ihrer Richtungsänderung nun als Beschleunigungen und keinesfalls als ausgezeichnet. Das zweite Kraftgesetz, wonach die Bewegungsänderung einer Masse durch eine beschleunigende Kraft ausgelöst wird, liefert das Kausalitätsgesetz der klassischen Physik. Nach dem dritten Mechanikgesetz («Wechselwirkung») entspricht jeder Kraft eine Gegenkraft. Zentral für die Kosmologie ist das Newtonsche Gesetz der Gravitation, die zu zwei sich anziehenden Massen direkt proportional und dem Quadrat der Entfernung der beiden Massen umgekehrt proportional ist. Die Gravitationskonstante wurde erstmals von Cavendish (1731–1810) experimentell bestimmt.

Die Erfolge dieser Kosmologie noch zu Lebzeiten Newtons sind grandios: Alte und neue Phänomene werden erklärt und prognostiziert. So gelingt eine Ableitung von Keplers Ellipsenbahnen aus der Gravitationstheorie. Ferner liefert sie das erste Beispiel in der Physikgeschichte für eine «Unifizierung» von Kräften, wie man heute sagt: Fall- und Wurfbewegung (Erdphysik) und Mondbewegung (Himmelsmechanik) werden aus derselben Kraft, der Gravitation nämlich, abgeleitet (Abb. 3). Damit ist die aristotelische Trennung von Erd- und Himmelsphysik endgültig aufgehoben. Populär wurde Newtons Erklärung von Ebbe und Flut.

Auf der Grundlage von Newtons Gravitationstheorie entwickelt I. Kant 1755 seine «Allgemeine Naturgeschichte und Theorie des Himmels,

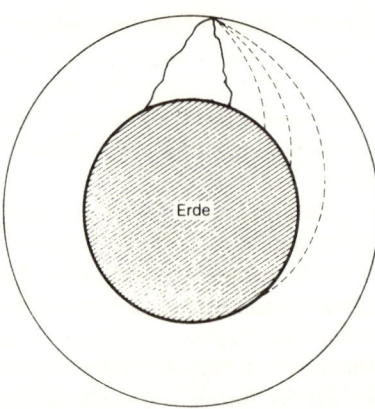

Abb. 3: Bildliche Darstellung von Newtons ‹Unifizierung›: Fallbewegung (Erdphysik) und Mondbewegung (Himmelsphysik) werden durch dieselbe Ursache Schwerkraft (Gravitationstheorie) erklärt. *Quelle:* K. Mainzer/J. Mittelstraß, Isaac Newton, in: J. Mittelstraß (Hrsg.), s. o. Bd. 2, 999.

oder Versuch von der Verfassung und dem mechanischen Ursprunge des ganzen Weltgebäudes, nach Newtonschen Grundsätzen abgehandelt». Kants Werk beinhaltet also eine Kosmogonie und eine Kosmologie. In seiner Kosmogonie begründet er eine wirkungsgeschichtlich einflußreiche Wirbeltheorie, mit der er die Entstehung des Planetensystems mechanisch erklärt und die später unter dem Titel Kant-Laplacesche Theorie bekannt werden sollte. Kant geht von einem Chaos frei beweglicher Partikel aus, in dem die Gravitation aufgrund verschiedener Dichten unterschiedlich wirkt. Mit zunehmender Konzentration kommt es nach Kant zur Bildung des Zentralkörpers der Sonne. Die Anziehung im Zentrum auf außerhalb fliegende Partikel führt zu Zusammenstößen, so daß abgedrängte Partikel schließlich die Planetenbildung einleiten. In seiner Kosmologie entwirft Kant eine Hierarchie kosmischer Systeme mit jeweiligen Gravitationszentren, die mit Sonne und Planeten beginnt, schließlich Sonnensysteme mit Sonnen und Planeten bildet, dann Galaxien von Sonnensystemen, Metagalaxien von Galaxien und – nach Kant – beliebig weiter strukturiert im unendlichen Raum. Wissenschaftshistorisch bemerkenswert ist, daß Kant von T. Wright's früher Theorie der Milchstraße beeinflußt wurde.

Im 17. und 18. Jahrhundert ist die physikalische Kosmologie noch eng mit teleologischen Überlegungen im Rahmen der Theodizee verbunden.[8] Leibnizens Idee, daß mathematische Extremalprinzipien das Universum als die beste aller denkbaren Welten auszeichnen, ist erkenntnisleitend für diese Epoche. Noch in Kants kritischer Philosophie, auf dem Höhepunkt der deutschen Aufklärung, klingt eine quasi-religiöse Verehrung für den

Kosmos an, wenn er in seiner Kritik der praktischen Vernunft die berühmten Worte schreibt, die noch heute auf seiner Grabtafel zu Königsberg stehen: «Zwei Dinge erfüllen das Gemüt mit immer neuer und zunehmender Bewunderung und Ehrfurcht, je öfter und anhaltender sich das Nachdenken damit beschäftigt: Der bestirnte Himmel über mir, und das moralische Gesetz in mir.»[9]

In der empirischen Stellarastronomie wirkt als Zeitgenosse Kants der Astronom W. Herschel (1738–1822). Die Beobachtung und Katalogisierung von Sternen hatte nach Kepler einen großen Aufschwung genommen. S. Marius entdeckte 1612 den Andromedanebel, Cysat 1618 den Orionnebel. Nach Messiers Nebelverzeichnis von 1784, das 103 Objekte umfaßte, legte Herschel 1802 eine Liste von 2313 Nebel- und 197 Sternhaufen vor. Als Beobachtungsinstrument dient ihm ab 1811 ein kanonenartiges Spiegelteleskop. Im Mittelpunkt von Herschels theoretischer Schrift von 1785 «On the Construction of the Heavens» steht sein Modell des Milchstraßensystems, das Kants Kosmologie wenigstens teilweise durch Bestimmung der (scheinbaren) Sterndichte realisiert.

Am Anfang der Astrophysik des 19. Jahrhunderts beginnt die Photometrie mit der Bestimmung von Helligkeitsskalen und die Spektroskopie mit Bestimmungen z. B. des Sonnenspektrums (Kirchhoff/Bunsen) und des Fixsternspektrums (Secchi). Die Sammlung von Beobachtungsdaten nimmt im 19. Jahrhundert ungeahnte Ausmaße an. Präzisionsmessungen am Meridiankreis, die in der Zeit von 1869 bis 1905 von 16 Sternwarten durchgeführt werden, erfassen 120 000 Sterne am Nordhimmel.

Im 19. Jahrhundert erhält die Gravitationstheorie als Grundlage der Astronomie eine neue Gestalt. Aus Newtons Fernwirkungstheorie der Gravitation, die von Leibniz und Huygens als obskur kritisiert wurde, formen Lagrange, Laplace, Poisson u. a. nach dem Vorbild der Anfang des 19. Jahrhunderts neuen Physik des Magnetismus und Elektrostatik eine mathematische Feldtheorie der Gravitation.[10] Dazu wird die Gravitationswechselwirkung eines Probekörpers in einer konstanten Masseverteilung mit festem Raumvolumen bestimmt. Aus Newtons Gravitationsgleichung wird Poissons Differentialgleichung. Die jeweilige Masseverteilung liefert die Nebenbedingung zur Lösung eines Gravitationsproblems durch die Potentialtheorie.

Wissenschaftstheoretisch kommt dieser Neufassung als Feldtheorie große Bedeutung zu, da so Paradoxien der Newtonschen Kosmologie mathematisch präzisierbar werden. So wird in der Verallgemeinerung des kopernikanischen Prinzips ein *Homogenitätspostulat* angenommen, wonach das Universum ein unendlicher euklidischer Raum mit statistischer Gleichverteilung der Massen ist. In der Tat – in einer sternenklaren Nacht scheint der Himmel für einen irdischen Beobachter überall gleich beschaffen unabhängig von der Beobachtungsrichtung. Auch für den

Astronomen, der im Laufe der Neuzeit mit immer stärkeren Fernrohren ins All blickte, änderte sich an diesem Eindruck nichts.

Nimmt man jedoch neben dem Homogenitätspostulat noch zusätzlich an, daß sich die Dichte und Helligkeit der Sterne räumlich und zeitlich nicht wesentlich verändern und schließlich Poissons Gravitationsgleichung für das ganze Universum verallgemeinerbar ist, dann ergibt sich, wie H. W. M. Olbers 1823 beweist, eine merkwürdige Paradoxie. Unter diesen Voraussetzungen müßte die Strahlungsdichte in jedem Punkt des Universums unendlich groß sein. Olbers Ad-Hoc-Hypothese, daß ein strahlungsabsorbierendes Medium das strahlend helle Universum verhindert, ist physikalisch nicht haltbar. Erst in der modernen relativistischen Kosmologie wird Olbers Paradoxon als Scheinproblem entlarvt: In der Nacht ist der Himmel dunkel, da das Universum expandiert.

Eine weitere Paradoxie formulierte H. H. von Seeliger 1894. Nach Poissons Gravitationstheorie lautet für eine konstante Strahlungsdichte ϱ im endlichen Volumen V das Gravitationspotential $\varphi = \int \frac{\varrho}{r} \, dV$. Bei unendlichem Universum mit endlicher konstanter Dichte ϱ wird das Gravitationspotential φ unendlich. Seeliger nahm daher als Ad-Hoc-Hypothese einen Faktor an, der die Gravitation bei großen Distanzen stärker als nach dem Newtonschen Gesetz abnehmen läßt und so ein grenzenloses Anwachsen der Potentiale verhindert. Als wissenschaftstheoretischer Einwand wurde gegen diese Ad-Hoc-Hypothese vorgebracht, daß in den «erreichbaren» kleinen Entfernungen zur Erde (z. B. Sonne) der Rückstoßeffekt wegen zu geringer Größe nicht prüfbar sei.

Einstein selber hat 1915 seinen sogenannten Verödungseinwand gegen die Newton-Poissonsche Kosmologie formuliert. Bei einem unendlichen Universum mit inselartiger Massenkonzentration in der «Mitte», also verschwindender Dichte in den Weiten des Universums und konstanten Gravitationspotentialen im Unendlichen gibt es keine Stabilität: Strahlungen und Himmelskörper, die Grenzgeschwindigkeiten überschreiten, verschwinden im unendlichen All.

Einen weiteren wichtigen Einwand gegen die Newtonsche Kosmologie lieferte die Astronomie: Die von Leverrier 1859 und von Newcomb 1895 genauer beobachtete Perihelbewegung des Merkur stimmt nicht mit der Berechnung aufgrund der klassischen Gravitationstheorie überein. Wissenschaftstheoretisch zieht es aber die Physik – wie historisch immer – vor, mit solchen Schwierigkeiten der alten Theorie zu leben, so lange noch keine Alternative vorhanden ist.

4. Der Kosmos im Zeitalter der modernen Physik

Übersetzt man die Newtonsche Raum-Zeit-Auffassung in die Sprache der modernen Geometrie, so ergibt sich folgende Situation: Raum und

Zeit bilden eine vier-dimensionale Mannigfaltigkeit $R^3 \times T$ von Ereignissen mit dem drei-dimensionalen Euklidischen Raum R^3 und der eindimensionalen Zeit T. Jedes Ereignis ist dabei durch drei Cartesische Raumkoordinaten aus R^3 und einer Galileischen Zeitkoordinate aus T bestimmt. Zu jedem festen Zeitpunkt werden drei-dimensionale «Raumschichten» gleichzeitiger Ereignisse unterschieden, die in der Abb. 4 als zwei-dimensionale Ebenen entlang der Zeitachse T geordnet dargestellt sind. Damit ist auch die *Kausalstruktur* der klassischen Raum-Zeit gegeben, denn jede Schicht der Gleichzeitigkeit läßt sich als Gegenwart interpretieren, welche die Zukunft (in Abb. 4 die darüberliegenden Ebenen) von der Vergangenheit (in der Abb. 4 die darunterliegenden Ebenen) trennt. Ebenso ist auch die Existenz beliebig schneller Signalübertragungen gegeben. Von den Bewegungen werden die gleichförmigen Trägheitsbewegungen (in der Abb. Geraden) nach dem Trägheitsgesetz gegenüber den Beschleunigungen (in der Abb. Kurven) ausgezeichnet.

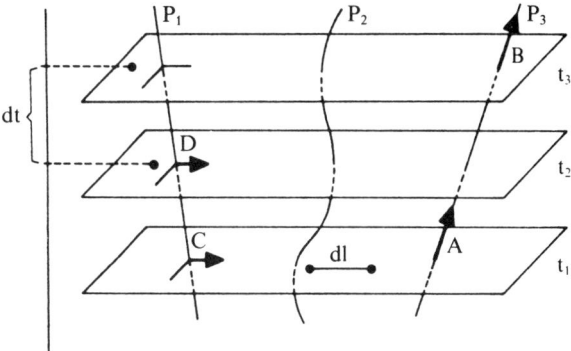

Abb. 4: 4-dimensionale Raum-Zeit $R^3 \times T$ der klassischen Mechanik mit 3-dimensionalen Gleichzeitigkeitsschichten (2-dimensionale Ebenen in der Zeichnung), geraden Linien als freien Bewegungen (P_1, P_3) und Kurven als Beschleunigungen (P_2). *Quelle:* K. Mainzer, Symmetrien der Natur. Ein Handbuch zur Natur- und Wissenschaftsphilosophie, Berlin/New York 1988, 264 (nach H. Weyl, Raum, Zeit, Materie. Vorlesungen über allgemeine Relativitätstheorie, Darmstadt 1961, 143).

Es ist eine Erfahrungstatsache der Maxwellschen Elektrodynamik, daß die Lichtgeschwindigkeit unabhängig vom Bewegungszustand der Lichtquelle ist. Aus diesem Prinzip der Konstanz der Lichtgeschwindigkeit zusammen mit Einsteins speziellem Relativitätspostulat, wonach alle gleichförmig gradlinig zueinander bewegten Inertialsysteme physikalisch gleichwertig sind, ergibt sich eine veränderte Raum-Zeit-Auffassung. Danach kann ein kausal Handelnder nur solche zukünftigen Ereignisse beeinflussen, die mit einer Geschwindigkeit kleiner oder gleich der Lichtgeschwindigkeit auftreten, die also in der Abb. 5 im oberen Licht-kegel der Zukunft des kausal Handelnden im Zentrum O liegen *(«zeitar-tige Ereignisse»).* Aus seiner Einflußsphäre ausgeschlossen sind die außer-halb des *Minkowski-Kegels* liegenden sogenannten *«raumartigen Ereig-nisse»* mit einer Geschwindigkeit größer als die Lichtgeschwindigkeit.

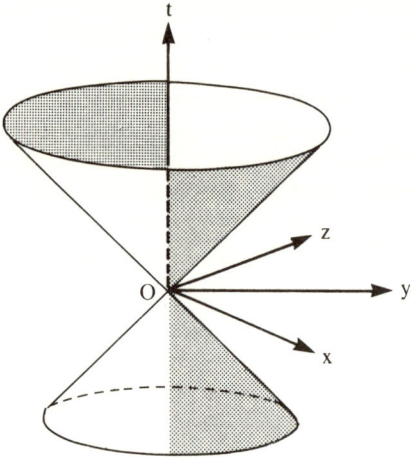

Abb. 5: Körper mit Lichtgeschwindigkeit bewegen sich im Minkowski-Modell auf den Geraden mit 45° zur t-Achse. Nach dem Satz des Pythago-ras bilden sie den Lichtkegel $t^2 = x^2 + y^2 + z^2$ (für c=1). *Quelle:* K. Mainzer, s. o. 373.

Eine berühmte Konsequenz ist die Widerlegung der absoluten Zeitauf-fassung Newtons. Die Zeitmessung ist nämlich in der speziellen Relativi-tätstheorie wegabhängig, wie anschaulich im sogenannten Zwillingspara-doxon zum Ausdruck kommt. Ein Zwillingsbruder auf einem unbe-schleunigten Heimatplaneten ist älter als der andere Zwillingsbruder, wenn dieser nach einer Weltraumreise zu einem anderen Stern mit großer Geschwindigkeit zum Heimatplaneten zurückkehrt. Jeder hat nach Ein-stein im Universum gewissermaßen seine eigene Zeit. Der große «Super-beobachter», der alle Uhren des Universum absolut und unabhängig von ihrem Weg synchronisieren könnte, bleibt ausgeschlossen. Was lange wie Science Fiction anmutete, ist heute durch Messungen mit Atomuhren bestens bestätigt.[11] In der allgemeinen Relativitätstheorie Einsteins werden zusätzlich Gravitationsfelder berücksichtigt. Den Zusammenhang mit der speziel-len Relativitätstheorie stellt das Äquivalenzprinzip von schwerer und träger Masse her, das Einstein 1907 zugrundelegte. Danach kann in einem

Gravitationsfeld in sehr kleinen Raum-Zeit-Abschnitten («lokal»), in denen sich das Gravitationsfeld nicht ändert, ein Inertialsystem gewählt werden, so daß die Gravitationswirkung aufgehoben wird. Heute ist uns dieses Phänomen durch Astronauten im Orbit, die während des freien Falls im Gravitationsfeld der Erde schwerelos sind, wohlvertraut.

Geometrisch werden Gravitationsfelder global durch die krummlinigen Koordinaten sogenannter Pseudo-Riemannscher Mannigfaltigkeiten beschrieben, in denen sich in sehr kleinen Bereichen («im unendlich Kleinen») eine lokale Minkowski-Metrik wählen läßt, die dort die Verhältnisse der Minkowski-Geometrie (physikalisch der speziellen Relativitätstheorie) beschreibt. In der Abb. 6 ist dazu der kleine Minkowski-Kegel in der Mannigfaltigkeit M vergrößert herausprojiziert. Die Situation ist analog zu den Riemannschen Mannigfaltigkeiten der Differentialgeometrie, in denen sich lokal die Euklidische Metrik wählen läßt. So kann nach Gauß die krumme Oberfläche einer Kugel durch unendlich kleine gerade (Euklidische) Stücke zusammengesetzt werden.

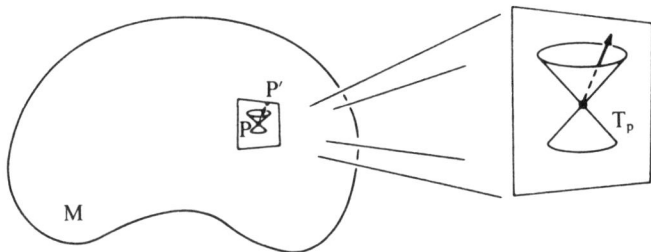

Abb. 6: Ein allgemeines Gravitationsfeld wird mathematisch durch eine Pseudo-Riemannsche Mannigfaltigkeit M mit lokaler Minkowski-Metrik im jeweiligen Tangentialraum T_P eines Punktes P beschrieben. *Quelle:* K. Mainzer, s. o., 382.

Der Krümmungstensor der Pseudo-Riemannschen-Mannigfaltigkeit entspricht physikalisch der Wirkung des Gravitationsfeldes. Variable Krümmungstensoren beschreiben inhomogene Gravitationsfelder, wie sie z. B. bei Schwankungen im Gravitationsfeld der Sonne vorliegen.

Unter diesen relativistischen Bedingungen gibt Einstein 1915 analog zu den Poisson-Laplaceschen Gleichungen der Newtonschen Gravitationstheorie die (kovariante) Form der relativistischen Gravitationsgleichungen an. Als erste Bestätigung der Einsteinschen Theorie wurde die von Eddington gemessene Krümmung von Lichtstrahlen im Gravitationsfeld der Sonne gewertet (Abb. 7). Ebenso gelang nun eine Erklärung der Perihelbewegung des Merkur. Weitere Bestätigungen mit wissenschaftstheoretisch unterschiedlichem Bestätigungsgrad folgten, die an anderer Stelle diskutiert wurden.[12] Zentral für unser Thema ist es, daß die

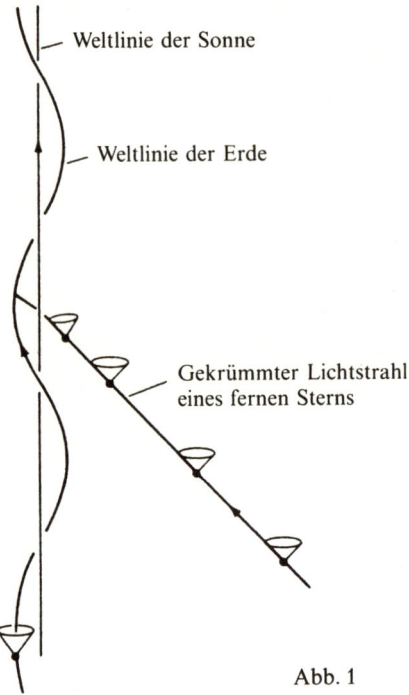

Abb. 1

Abb. 7: Beugung eines Lichtstrahls von einem fernen Stern in der Nähe der Sonne für einen Beobachter auf der Erde. *Quelle:* K. Mainzer, s. o., 379.

relativistische Gravitationstheorie das Fundament der modernen Kosmologie bildet.

Den Anstoß für die Idee eines expandierenden Universums lieferte 1929 die Spektroskopie. Spektren von sehr weit entfernten Galaxien weisen Rotverschiebungen (d. h. hin zu größeren Wellenlängen) auf. Die Rotverschiebung $\Delta\lambda/\lambda$ (mit relativem Zuwachs der registrierten Wellenlänge λ) ist ein Maß für die Geschwindigkeit, mit der sich die Galaxien entfernen. Die Erklärung liefert der Doppler-Effekt, wonach Wellenlängen des von einer bewegten Lichtquelle ausgesandten Lichtes einem ruhenden Beobachter größer erscheinen, wenn sich die Lichtquelle entfernt.

Geometrisch kann die Vorstellung einer kosmischen Evolution durch ein neues kosmologisches Prinzip charakterisiert werden, das räumliche Homogenität und Isotropie der Raum-Zeit zu jedem Zeitpunkt ihrer Entwicklung postuliert. Anschaulich (vgl. Abb. 8) erscheint danach einem Beobachter P der räumliche Zustand des Universums zu jedem Zeitpunkt in der Zukunft (+) und Vergangenheit (−) homogen und isotrop. Als Realisation eines geeigneten Bezugssystems kann z. B. das Standardkoordinatensystem in der Milchstraße mit räumlichen Koordinaten zu charakteristischen Galaxien und einer geeigneten Standarduhr (z. B. periodisch abnehmende Strahlungstemperatur eines schwarzen Körpers) als Zeitkoordinate gewählt werden.

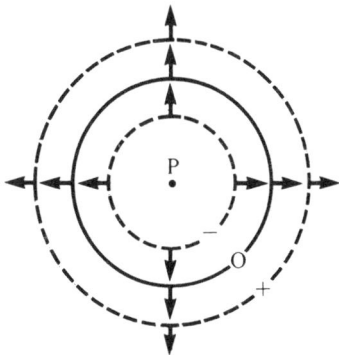

Abb. 8:   Nach dem Kosmologischen Prinzip erscheint einem Beobachter in P der räumliche Zustand des Universums zu jedem Zeitpunkt in der Zukunft (+) und Vergangenheit (−) homogen und isotrop. *Quelle:* K. Mainzer, s. o. 389.[13]

Unter Voraussetzung dieses Kosmologischen Prinzips folgt rein geometrisch (also philosophisch gesprochen «a priori») die Geometrie des Universums im Großen. Das Universum ist dann eine vier-dimensionale Raum-Zeit-Mannigfaltigkeit, deren drei-dimensionale Unterräume isotrop und homogen («maximal symmetrisch») sind. Die mathematische Grundlage bildet die Theorie der symmetrischen Räume, die von E. Cartan u. a. durch Verallgemeinerung der Helmholtz-Lie-Riemannschen Theorie der Räume mit konstanter Krümmung entwickelt wurde.[13]

Daraus ergibt sich mathematisch zwanglos die berühmte Robertson-Walker-Metrik als kosmische Metrik des Universums, die 1935/36 von den gleichnamigen Autoren vorgeschlagen wurde. Charakteristisch für diese Metrik ist das Auftreten eines zeitabhängigen «Weltradius» R(t) und eines Parameters k, der die Werte −1, 0 und 1 annehmen kann.

Für den Fall k=+1 rechnet man sofort zu jedem Zeitpunkt ein endliches räumliches Volumen der Welt und einen geodätischen Umfang aus. In diesem Fall ist also das Universum zu jedem Zeitpunkt endlich, aber unbegrenzt – vergleichbar der Oberfläche einer Kugel. Falls jedoch k=0 oder k=−1 ist, erweist sich das Volumen des Universums zu jedem Zeitpunkt als unendlich.

Unter Voraussetzung des Kosmologischen Prinzips läßt sich die Robertson-Walker-Metrik mit ihren drei Modellen («Friedmann-Modelle») als Lösung der Einsteinschen Gravitationsgleichungen nachweisen. Damit erhält die kosmische Geometrie im Großen ein physikalisches Fundament. In der Abb. 9 sind die möglichen Entwicklungsmodelle noch einmal dargestellt.

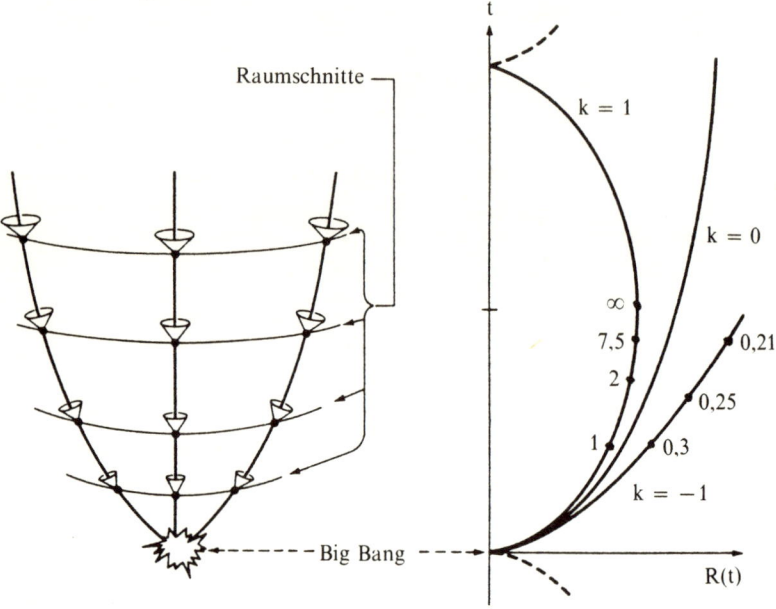

Abb. 9: Übersicht über die drei Friedmann-Modelle mit ‹Weltradius› R(t). *Quelle:* K. Mainzer, s. o., 392.

Ausgehend von einer Anfangssingularität der Raum-Zeit, dem Urknall bzw. Big Bang, mit dem Raum und Zeit allererst entstehen, konnte das Universum mit Weltradius R(t) im Fall k=1 expandieren, um dann wieder zu kollabieren. Möglich wäre in diesem Fall auch ein oszillierendes Universum, in dem sich dieser Vorgang immer wiederholt. Für die Fälle k=0 und k=−1 expandiert das Universum nach der Anfangssingularität unbegrenzt. In der Abb. 9 sind zu jedem Zeitpunkt auch die Raumschnitte festgehalten, die für k=−1 eine drei-dimensionale Lobatschewski-Geometrie mit negativer Krümmung, für k=0 eine drei-dimensionale Euklidische Geometrie ohne Krümmung und k=1 eine sphärische oder elliptische Geometrie mit positiver Krümmung besitzen.

Neben der Spektroskopie liefert heute auch die Radioastronomie wichtige Hinweise für die Urknalltheorie. Eine 1965 von Penzias/Wilson entdeckte homogene und isotrope Mikrowellenhintergrundstrahlung läßt auf eine heiße und dichte Frühphase des Universums schließen. Darüber wird in diesem Buch noch ausführlich berichtet.[14]

Wissenschaftstheoretisch wird uns ferner zu beschäftigen haben, wie zwischen den Möglichkeiten eines geschlossen oder offen expandierenden Universums entschieden werden kann. Die Beobachtungen der Fluchtbewegungen alleine liefern nämlich keine empirische Entscheidungsbasis. Nur so viel sei an dieser Stelle erwähnt, daß nach den bisherigen Messungen der Massendichte das Universum knapp unter einem kritischen Wert liegt, bei dem die Gravitation Oberhand über die Expansion nach dem Urknall gewinnt und kontrahiert. Die physikalische Erklärung, aufgrund welcher Kräfte das Universum expandiert, gelingt jedoch vermutlich erst, wenn die Relativitätstheorie mit der Quantenmechanik als moderner Materietheorie vereinigt wird und das Universum als expandierendes Hochenergielaboratorium gedeutet werden kann.

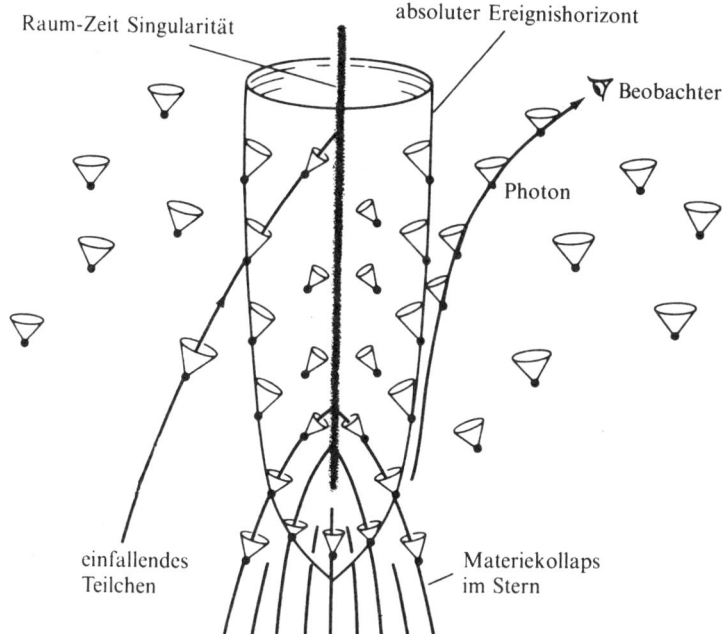

Abb. 10: Mathematisch wird ein ‹schwarzes Loch› durch eine 3-dimensionale raum-zeitliche Oberfläche (‹absoluter Ereignishorizont›) beschrieben, der alle von außen eintretenden Signale «verschluckt» und keine Signale oder Partikel nach außen läßt. Im Zentrum wird eine raum-zeitliche Singularität angenommen, in der die Krümmung der Raum-Zeit unendlich wird. *Quelle:* K. Mainzer, s. o., 387 (nach R. Penrose, The Geometry of the Universe, in: L. A. Steep (Hrsg.), Mathematics Today, New York/Heidelberg/Berlin 1978, 83–125).

Wissenschaftstheoretisch liefern die Friedmann-Modelle insofern bereits eine wissenschaftliche Theorie des Universums, als sie z. B. durch den Wert der Massendichte prüfbar und entscheidbar werden.

Eine bis heute nicht entschiedene geometrische Merkwürdigkeit sind mögliche raum-zeitliche Singularitäten, in denen die Krümmung des Universums unendlich wird und daher Signale, Teilchen und ähnliches gewissermaßen verschluckt werden. Wissenschaftstheoretisch stellen sie daher die Endpunkte kausaler Ereignisketten dar. Die Rede ist von den sogenannten «Schwarzen Löchern» (Abb. 10), die physikalisch nach dem Kollaps eines Sterns vermutet werden.

Wissenschaftstheoretisch und -historisch ist interessant, daß die moderne Kosmologie bereits zwischen mehreren mathematisch möglichen Versionen eines kosmologischen Prinzips auf der Grundlage relativistischer Gravitationstheorie und neuen Beobachtungen entschieden hat. So hatten H. Bondi und T. Gold 1948 ein stärkeres sogenanntes «Vollkommenes Kosmologisches Prinzip» postuliert, wonach das Universum nicht nur räumlich, sondern auch zeitlich isotrop und homogen sei. Unter dieser Voraussetzung ergibt sich eine kosmische Geometrie, wonach das Universum insgesamt eine vier-dimensionale homogene und isotrope («maximal symmetrische») Mannigfaltigkeit ist. Nimmt man zusätzlich die Expansion eines solchen Universums an, dann muß unaufhörlich von irgendwoher Materie zugeführt werden, um räumlich und zeitlich die Materiedichte konstant zu halten. Eine entsprechende «creatio ex nihilo» erinnert an Newtons Ad-Hoc-Hypothese einer Energiezufuhr für sein Universum, das aufgrund des Reibungsverlustes (und der Newtonschen Leugnung eines Erhaltungssatzes) unter «kosmischer Schwindsucht» litt und daher von Zeit zu Zeit eines erneuten göttlichen Anstoßes bedurfte. Der ontologische Preis, mit dem solche Hypothesen bezahlt werden, ist sehr hoch. Mit der Mikrowellenhintergrundstrahlung liegt jedoch mitt-

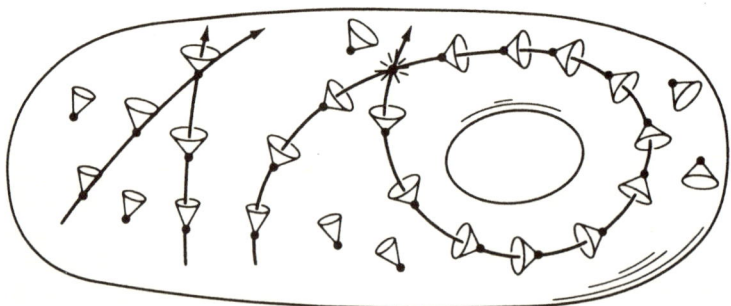

Abb. 11: Raum-Zeit-Mannigfaltigkeit mit geschlossenen zeitartigen Weltlinien. *Quelle:* K. Mainzer, s. o., 387 (nach R. Penrose, s. o.)

lerweile eine empirische Erklärung vor, die auf ein früheres heißeres und dichteres Stadium des Kosmos schließen läßt.

Eine schwächere Version ist das sogenannte «Partielle Kosmologische Prinzip» nach K. Gödel von 1949. Danach ist das Universum nur homogen, aber nicht isotrop. Die damit verbundene kosmische Geometrie besitzt als mathematische Möglichkeit geschlossene zeitartige Weltlinien (Abb. 11), die hochgradige Science-Fiction-Situationen heraufbeschwören. In diesem Universum könnte ein Beobachter ohne weiteres eine «Reise in die Vergangenheit» antreten, um dann dem eigenen früheren Ich zu begegnen. In diesem Fall liefert die Mikrowellenhintergrundstrahlung eine empirische Widerlegung, da sie gerade isotrop ist.

5. Zusammenfassung

Das Bild des Universums hat sich also in diesem Jahrhundert grundlegend gewandelt. Die Säkularisation der Neuzeit scheint auch den bestirnten Himmel über uns entgöttert zu haben. Selbst die Ehrfurcht vor den ewigen Naturgesetzen des Universums, die noch das 18. und 19. Jahrhundert bewegte, ist einer eher technisch-praktischen Einstellung gewichen. An die Stelle früherer Weltbilder treten kosmologische Modelle, die auf der Grundlage unseres derzeitigen technisch-physikalischen Wissens hochgerechnet werden. Dennoch lassen sich die früheren Weltbilder und modernen Modelle nach einigen gemeinsamen Kriterien klassifizieren, wie das auf dem Checkboard der Tabelle 1 dargestellt ist.

Dazu gehören Fragen wie z.B., ob das Universum ein Zentrum besitzt oder keines, einen Anfang und/oder ein Ende hat, endlich oder unendlich sei, euklidisch oder nicht-euklidisch, begrenzt oder unbegrenzt, statisch oder evolutiv. Charakteristisch ist z.B., daß der zunächst überwiegende Geozentrismus (x_e) erst durch den Kopernikanischen Heliozentrismus (x_s) ersetzt wird, um schließlich kosmologischen Symmetrieprinzipien zu weichen, wonach das Universum nirgends ausgezeichnet ist bzw. sich gleichförmig entwickelt. Auffallend ist auch, daß die Frage nach Anfang oder Ende des Universums die alten Weltbilder stark bewegte, im Zeitalter der klassischen Physik aber nur noch in religiösen und weltanschaulichen Kontexten diskutiert wird, da die Frage durch die Physik Newtons nicht entschieden ist. Erst bei der Diskussion der modernen Modelle wird das Problem eines offenen oder geschlossenen Universums eine physikalisch entscheidbare Frage. Auffallend ist auch, daß die kosmologischen Weltbilder bis in unser Jahrhundert statisch sind. Erst nach Einstein werden mit den Friedmann-Modellen kosmologische Evolutionsmodelle untersucht, während die Evolution des biologischen Lebens und der menschlichen Gesellschaft bereits im 19. Jahrhundert diskutiert

Tabelle 1: Zusammenfassung: Kosmologische Modelle

	Zentrum	Anfang	Ende	endlich	unendlich	euklidisch	nichteukl.	begrenzt	unbegr.	statisch	evolutiv
Frühe Naturvölker (z. B. Polynesien)	X_E	X	X	X				X		X	
China (z. B. Hsüan-Yeh)		X			X				X	X	
Ägypten	X_E		X					X		X	
Babylonien	X_E	X	X							X	
Antike	$X_{E(E)}$	X	X			X		X		X	
Mittelalter	X_E	X	X	X		X		X		X	
Cusanus		X	X		X	X		X		X	
Kopernikus/ Galilei/Kepler	X_S	X	X	X		X		X		X	
Bruno					X	X			X	X	
Klassische Physik					X	X			X	X	
Moderne Physik (Standard) k=1		X	X	X			X		X		X
k=0		X			X	X			X		X
k=−1		X			X		X		X		X

wird. Eine Ausnahme bildet Kants Planetentheorie im 18. Jahrhundert, die erstmals eine kosmische Entwicklung thematisiert.

Trotz der offensichtlichen Säkularisation der Kosmologie in Neuzeit und Moderne beflügeln auch die heutigen physikalischen Modelle die

Phantasie, und an ihren Rändern blühen und wuchern alte und neue Mythologien. So kann die Frage, was «vor» dem Urknall war, nicht vernünftig physikalisch gestellt werden, da es Zeit erst nach dem Urknall gibt. Was tat Gott vor der Schöpfung? Er saß – frei nach Luther – in seinem Paradiesgärtlein und schnitzte Ruten für Leute, die dumme Fragen stellen.

Die Frage nach der Zukunft läßt sich demgegenüber schon präziser stellen. Die Szenarien der einzelnen Weltmodelle werden noch in anderen Beiträgen des Buches eingehend ausgemalt. Daher nur einige Hinweise: Falls die Materiedichte einmal einen bestimmten kritischen Wert erreicht, die Gravitation also die Oberhand gewinnt, und die Expansion des Universums gestoppt wird, dann scheinen nach allem, was wir wissen, in der Tat die Glocken der Apokalypse den Kollaps des Universums einzuläuten. Alle Phasen der Expansion werden noch einmal rückwärts durchlaufen. Die Energien der kosmischen Photonen werden so groß, daß Sterne, Planeten und alle makroskopischen Strukturen des Kosmos wieder zerstört werden. Ungeheures Ansteigen der Temperaturen bei gleichzeitiger Kontraktion bis zur Anfangssingularität: Der germanische Mythos vom Weltenbrand drängt sich auf oder Dantes Inferno oder die Apokalypse des Johannes. Nach dem Kollaps wäre auch eine erneute Expansion möglich, dann wieder Kontraktion usf., Nietzsches ewige Wiederkehr des Gleichen oder das oszillierende Universum als kosmischer Mythos vom Sisyphos, das immer wieder expandieren muß, um schließlich doch nur zu kollabieren.

Und im Falle fortschreitender Expansion? Langsam werden die Galaxien dunkler, gehen die kosmischen Energieöfen aus. Ausgebrannte Sterne stürzen in sich zusammen. Die absolute und endgültige Energiekrise tritt ein. Das Universum wird dunkler und kälter. Nur noch ab und zu ein Aufflackern in den Weiten des Raumes, verursacht durch das Explodieren von Schwarzen Löchern, bis auch deren letzte Aschenreste zerfallen sind. So tritt das expandierende Universum eine nie endende Reise in die Leere an. Die chinesische Hsüan-Yeh-Kosmologie drängt sich auf, in der am Ende nur noch ein «himmlischer Wind» (Gravitation) weht.

Wo bleibt in diesen Szenarien das Leben? Die Antworten, die auf diese Frage von heutigen Physikern gegeben werden, übertreffen in ihrer Phantastik alle bekannten Science-Fiction-Vorstellungen. So spekuliert F. J. Dyson vom California Institute of Technology darüber, daß Leben und Bewußtsein nicht an Zellen und Erbsubstanz (DNS) gebunden sein müßte, sondern auch an komplexe Strukturen in geeignetem Material.[15] Die Visionen von empfindsamen und denkenden Computern oder auch kosmischen Wolken werden entworfen, von Zivilisationen, die sich in einen kosmischen Winterschlaf begeben, um auch diese Katastrophen zu «überleben». Man merkt, moderne Spekulationen unterscheiden sich von den Mythologien vergangener Jahrhunderte nur durch eine neue Bildsprache.

Es war Immanuel Kant, der in seiner kritischen Philosophie den Unterschied zwischen einem weltanschaulichen oder religiösen Weltbild und wissenschaftlicher Forschung hervorhob. Mit logischen Methoden, also nur durch bloßes Nachdenken, lassen sich, so argumentiert Kant, die metaphysischen Ansichten über das Universum nicht entscheiden. Auf metaphysischer Basis, so Kant, führt die Frage nach Anfang und Ende, nach Endlichkeit oder Unendlichkeit der Welt zu hoffnungslosen Streitereien und Widersprüchen.

Erst auf der Grundlage physikalischer Theorien, Beobachtungen und Messungen werden kosmologische Modelle entscheidbar. So konnte die Entscheidung über Geo- oder Heliozentrismus erst auf der Grundlage Newtonscher Physik gegenüber der Aristotelischen Naturphilosophie entschieden werden. Die kosmologischen Paradoxien der Newtonschen Physik lösten sich erst unter Voraussetzung der relativistischen Gravitationstheorie Einsteins auf. Über einige der heutigen möglichen Evolutionsmodelle wird vermutlich erst endgültig entschieden werden können, wenn eine vereinigte Quanten- und Relativitätstheorie die kosmische Entwicklung der physikalischen Fundamentalkräfte und Elementarteilchen erklären kann.

Solche Entscheidungen sind nicht mit Glaubenskämpfen zu verwechseln. Ein physikalisches Modell, auch wenn es sich aufgrund besserer Erklärungskraft und empirischer Bestätigungen durchgesetzt hat, bleibt insofern hypothetisch, als es von der zugrundegelegten physikalischen Theorie und ihrer empirischen Bestätigung abhängig ist. Demgegenüber hängt eine religiöse Glaubensentscheidung nicht von hypothetischem naturwissenschaftlichem Wissen ab, sondern wird aufgrund eines Vertrauensverhältnisses (z. B. gegenüber der Offenbarung) oder aufgrund einer bestimmten Lebenseinstellung getroffen. Daher sollte man auch kritisch z. B. mit dem Schöpfungsbegriff in naturwissenschaftlichen Kontexten umgehen. So benötigen z. B. Newton oder Bondi in ihren kosmologischen Modellen nicht Gott als den Schöpfer. In diesem Fall würde nur eine physikalische Ad-Hoc-Hypothese, nämlich die Notwendigkeit einer Materie- und Energiezuführung für die Stabilität des Systems, religiös verbrämt. Zudem könnte eine solche Argumentation die fatale Folge haben, daß dieses Modell samt seiner Ad-Hoc-Hypothese widerlegt wird (wie seinerzeit der Geozentrismus) und dann als Widerlegung religiöser Glaubensansichten interpretiert werden könnte.

Dazu gehören auch suggestive Schlüsse, nach denen die Anfangssingularität (‹Big Bang›) der Standardtheorien vorschnell mit einem religiösen Schöpfungsakt verbunden wird. Obwohl viele Astronomen die Urknall-

Theorie favorisieren, haben die Anhänger einer Steady-State-Theorie noch längst nicht aufgegeben. Sie versuchen neuerdings z.B. die Mikrowellen-Hintergrundstrahlung und ihre Gleichmäßigkeit mit einem Modell zu erklären, das sich nicht notwendig auf den Ursprung des Universums bezieht.[16]

Auch S. W. Hawking stellt die Frage, was die Rolle eines Schöpfers in einem Universum sei, das ohne Singularitäten und Grenzen vollständig durch eine vereinigte Theorie erklärt werden könnte. In Interviews bekennt er sich daher freimütig als Agnostiker. In seinem Buch ‹A Brief History of Time›[17] wechseln physikalische Erklärungen und mathematische Modelle unmittelbar mit religiösen Fragen und theologischen Formulierungen. Das mag für Bestsellerauflagen und Besprechungen in bekannten Nachrichtenmagazinen sorgen, verführt aber den Laien zu Kurzschlüssen zwischen Gebieten, die kritisch zu trennen sind. Eine philosophische Grundlagenanalyse naturwissenschaftlicher, theologischer und mythologischer Äußerungen ist daher dringender denn je. Hawking, der ohne Zweifel ein brillanter Mathematiker und Physiker ist, beklagt in seinem Buch, daß sich die moderne Philosophie nach Wittgenstein im Unterschied zu ihren spekulativen Traditionen darauf beschränke, nur noch Sprach- und Methodenanalyse zu treiben. Ich sehe darin eher einen Fortschritt nach Kant, der erstmals kritisch die Frage nach den Voraussetzungen und Grenzen (natur-)wissenschaftlicher Methoden stellte und sie von religiösen (oder atheistischen) Äußerungen unterschied. Die philosophische Arbeit am Begriff ist offenbar längst nicht abgeschlossen und stellt sich immer wieder neu.

Gleichwohl wurde die physikalische Kosmologie bis heute von weltanschaulichen Fragen inspiriert und umgekehrt. So erweist sich am Ende der bestirnte Himmel über uns auch heute noch als das, was er für die Menschen seit Anbeginn war – nicht nur ein Gegenstand ihrer wissenschaftlichen Neugierde, sondern auch eine Projektion ihrer Ängste, Hoffnungen und Wünsche.

Kapitel II

Die Kosmologie der Griechen

von Jürgen Mittelstrass

1. Mythische Eier

Wir leben heute in einem wissenschaftlichen Weltbild, ohne wenn und aber. Wer wissen will, wie die Welt beschaffen ist, fragt, wenn er nicht von allen guten Geistern verlassen ist, nicht Gurus, die sich auf der Rückseite dieses Weltbildes zu drängeln beginnen, oder Seherinnen, die auch heute noch ihr gutes Auskommen haben. Er fragt vielmehr die Zunft der Naturwissenschaftler und diejenigen, die deren Welt durch soziale und philosophische Konstruktionen der Wirklichkeit (philosophisch hier im weitesten, das Erkenntnisinteresse aller Geisteswissenschaften einschließenden Sinne) ergänzen und erweitern.

Dieses Weltbild ist, wie wir heute ebenfalls wissen, nicht in allen Hinsichten komfortabel und problemlos, doch immer noch das beste, das wir haben, solange wir auf Rationalität und nicht auf deren Widersacher setzen. Auch hat dieses Weltbild Platz für viele kleine private Weltbilder; es füllt den Kopf und hält die Seele für andere Dinge frei – im wiederum rationalen Vertrauen darauf, daß die Uhren der wissenschaftlichen Welt richtig gehen. Auch die Lebenswelt, die inmitten und am Rande der wissenschaftlichen Welt ihre eigene Wirklichkeit und ihre Selbständigkeit bewahrt, weiß eben, daß die Trinkwassergewinnung aus verdreckten Flüssen keine Hexerei und ein Blitzableiter etwas ungemein Praktisches, auch dem Blitzeschleuderer Zeus Standhaltendes ist. Wer heute das wissenschaftliche Weltbild verlassen will, muß weit gehen – nach außen oder nach innen.

Was selbstverständlich ist, wie das wissenschaftliche Weltbild, war es in der Regel nicht immer. Meist ist das Selbstverständliche aus dem Unverständlichen entstanden, durch dessen Verständlichmachen. Auch das Selbstverständliche hat eine Geschichte und einen Anfang, im Werden des Menschen und im Werden seiner Welt. So auch im Falle des wissenschaftlichen Weltbildes selbst. Mit dem griechischen Denken schreiben wir den Anfang dieses Weltbildes als Anfang der (wissenschaftlichen) Kosmologie.

Warum erst mit dem griechischen Denken? Gab es vorher keine Vorstellungen von der Welt, in der wir leben? Kein Ausmessen dieser Welt in der Erfahrung, in der Phantasie, in dem, was rationale Kulturen hochmütig den Aberglauben nennen? Gewiß gab es derartige Vorstellungen, vor allem in Form kosmogonischer Mythen, in denen die Welt das Resultat der Zerstörung eines Urwesens ist. Hübsche, wenn auch manchmal nicht gerade besonders friedliche Beispiele sind die Entstehung von Himmel und Erde aus der Teilung eines Welteies in der altindischen Kosmogonie, aus einem anderen Ei, das Thot als Ibis auf einem Urhügel inmitten der Urflut legte, im ägyptischen Mythos, aus dem Zerfall des Urwesens Panku in der chinesischen Kosmologie, der Spaltung Tiamats durch den Gott Marduk im babylonischen Mythos, des urzeitlichen Riesen Ymir in der germanischen Kosmogonie. Meist waren Größere zugange als wir, als es um die Entstehung und Ordnung der Welt ging. Kosmische Dimensionen verlangen – das leuchtet schließlich jedem ein – von denjenigen, die da tätig werden, selbst ein kosmisches Format. Kosmogonie ist nichts für Zwerge, auch wenn diese dann häufig für die Welt, die da entsteht, charakteristisch bleiben. Nicht anders im Falle des biblischen Mythos von der Erschaffung der Welt. Auch hier schafft ein Gott, dessen Geist auf dem Wasser schwebt, der seine Sache allerdings wesentlich friedlicher als in den meisten der zuvor genannten Mythen tut, und intelligenter, nämlich durch das Wort. Außerdem ist die ‹erste› Welt hier ein Garten, kein Schlachtfeld mit gespaltenen Kriegern oder dem Kampf von Tag und Nacht, der Elemente und irgendwelcher subalterner Götter.

Und die Griechen? Ging es bei diesen anders zu, so daß wir sagen könnten, hier beginne unser wissenschaftliches Weltbild? Zunächst keineswegs. Die alten Kosmogonien im antiken Griechenland sind Theogonien. Wer wissen will, wie die Welt beschaffen ist, wird in endlose Familienstreitigkeiten unter Göttern hineingezogen. Da ist Homer mit dem genealogischen Anfang von Okeanos, Uranos, Kronos und Zeus, Hesiod mit seinen Urwesen Chaos, Gaia und Eros, später den Titanen, unter denen Kronos mit der Entmannung seines Vaters, offenbar einer besonders bemerkenswerten kosmogonischen Tat, viele andere überragt. Da ist ein Fragment des Musaios, das alles aus Tartaros und Nyx (der Nacht) werden läßt, und in der orphischen Dichtung wiederum die Nacht, die sich mit dem Winde vermählt und ein silbernes Ei legt, aus dem Eros schlüpft. Daß Eros in vielen dieser Mythen eine bedeutende Rolle spielt, versöhnt zweifellos mit den sonst wenig angenehmen kosmogonischen Umweltbedingungen und macht alles ungemein lebensweltlicher, nicht jedoch wissenschaftlicher. Was also bedeutet die Rede von einem wissenschaftlichen Anfang der Kosmologie bei den Griechen?

Sie bedeutet, daß die Geschichte bisher unvollständig erzählt wurde. Es fehlt der Hinweis auf den aus unserer Sicht schließlich erfolgreichen Versuch, in der physischen Welt mit kausalen Erklärungen Fuß zu fassen, und es fehlt, damit zusammenhängend, das, was vor allem die Philosophen unter den Wissenschaftlern den Anfang der Vernunft nennen. Nun ist so, vom Anfang der Vernunft zu reden, nicht weniger geheimnisvoll als die mythische Rede vom Anfang der Welt. Allerdings ist hier nicht von Eiern die Rede, aus denen Himmel und Erde und Eros schlüpfen, sondern vom Werden einer Rationalität, die auch noch die unsere ist. Deren Paradigma aber ist die wissenschaftliche Rationalität, der erst sehr viel später, nämlich in der Neuzeit, selbst, wie den mythischen Eiern, eine Teilung bevorstehen wird: die Teilung in eine wissenschaftliche und eine philosophische Rationalität. Wenn wir in den Texten nicht der mythischen Dichter, sondern der Vorsokratiker und der Athener Klassik (mit Platon und Aristoteles) lesen, dann lesen wir die Entdeckung dieser (noch ungeteilten) Rationalität, zu der auch die kosmologische gehört.

Nun birgt auch die Rede von Entdeckung, bezogen auf den Anfang der Rationalität (oder der Vernunft) erhebliche Schwierigkeiten. Schließlich werden die Dinge nicht so einfach gewesen sein, daß eines Tages (vermutlich in der Nähe Milets) die Vernunft die Augen aufschlug, sich über Regenbögen, Planetenbewegungen, Magnetsteine und einiges andere wunderte und alsbald zur Erklärung dieser wunderbaren Dinge schritt. Doch soll es hier auf derartige Schwierigkeiten nicht ankommen.[1] Festgestellt sei nur, daß einige Erklärungen, auf die wir bei den Griechen in bisher unbekannter Form stoßen, physikalischer Art waren. Mit ihnen beginnt die wissenschaftliche Kosmologie – und meine eigentliche Vorlesung. Also die Fakten oder: wie die Kosmologie jung war und wie sie erwachsen wurde.

2. Thales-Welten

Der Kosmos beginnt seine wissenschaftliche Karriere in archaischer Schlichtheit. So jedenfalls aus unserer Sicht. Aus der Sicht der Zeitgenossen mag das ganz anders ausgesehen haben. Schließlich wird man auch einen Mann wie Thales nicht deswegen zu den (schon damals wenigen) Weisen gezählt haben, weil er sich auf das Einfache verstand. Trotzdem ist sein Kosmos einfach: eine wasserumschlossene Scheibenwelt unter einer Himmelshalbkugel. Bei Anaximander wird diese Scheibenwelt zu einer Zylinderwelt im Mittelpunkt einer Vollkugel, die das Universum darstellt – mit einer erstaunlichen astronomischen Komponente: im Anaximandrischen Modell drehen sich die Planeten auf festen Kreisbahnen unter der Erde durch. Man kann sich diese Bahnen wie um die Zylinderwelt im Mittelpunkt des Kosmos gelegte, poröse Fahrradschläuche vorstellen, die eine feurige Sphäre einschließen und aus deren Löchern diese Sphäre leuchtet: die Planeten.

Parmenides, der Eleate, fügt dieser Vorstellung die tägliche Rotation des sphärischen, endlichen Kosmos hinzu, Anaxagoras und Empedokles

die Annahme von Zentrifugalkräften in einem kosmischen Wirbel, Philolaos die Annahme einer ‹kosmischen Homogenität› aller Himmelskörper
einschließlich der Erde. Keine Rede mehr von gespaltenen Urwesen,
Eiern und dem Bündnis von Tartaros und Nyx. Der Kosmos nimmt eine
diesseitige Form an. Dasselbe gilt von seinem Werden. An die Stelle der
Götter treten physische Stoffe und Prinzipien wie das Thaletische Wasser, das grenzenlose Apeiron Anaximanders, die Elemente des Empedokles, die allerdings bei diesem wieder sehr menschliche Leidenschaften,
nämlich Liebe und Streit, in Bewegung halten. In der hier entstehenden
Kosmologie sind Mensch und Welt – ein Mensch mit welthaften Orientierungen in kosmologischen Dingen und eine Welt mit menschlichen
Zügen – unter sich.

Nicht ganz. Der Weg ‹vom Mythos zum Logos›, wie man den griechischen Beitrag zur europäischen Geistesgeschichte einmal genannt hat[2], ist
nicht mit einem Schritt getan. Eine derartige Vorstellung wäre auch zu
platt, wie umgekehrt die Vorstellung, in den kosmologischen Erklärungen zumal der vorsokratischen Philosophie spiegele sich ein neues Verhältnis zum Sein, zu metaphysisch wäre. Naturphilosophie, mit der wir
es hier in Form von Kosmologie zu tun haben, schließt beides ein: eine
neue Richtung des Erklärens (sie ist die eigentliche Entdeckung, von der
zuvor die Rede war) und die Transformation älterer, zumal mythischer
Orientierungen in diese Richtung. Das kommt besonders deutlich in der
Verbindung griechischer naturphilosophischer Vorstellungen mit religiösen oder (im philosophischen Sinne) theologischen Elementen zum Ausdruck.

3. ‹Alles ist voller Götter›

Wer nach einer Formel suchen sollte, die diese Verbindung wiedergibt,
stößt auf den Thales zugeschriebenen Satz ‹alles ist voller Götter› (πάντα
πλήρη θεῶν).[3] Dieser Satz gilt üblicherweise im Rahmen der Naturphilosophie als Indiz für Hylozoismus, d. h. für die Annahme, daß Leben
bzw. ein Vermögen der Selbstbewegung eine Eigenschaft der Materie bzw.
bzw. des ‹Stoffes› ist, aus dem die Dinge sind. Eine derartige Einordnung
aber ist höchst problematisch. Sie erfolgt nämlich auf dem Hintergrund
einer dualistischen Konzeption von Geist (Seele) und Materie, die zumindest der milesischen Naturphilosophie, auf die sie hier bezogen wird,
ebenso unbekannt war wie die Platonische Unterscheidung zwischen
Leben bzw. Seele als dem Prinzip der Selbstbewegung und Materie als
dem (in einigen Fällen) durch dieses Prinzip ‹Beseelten›.[4] Hylozoismus
besagt daher in diesem Falle auch nicht eine (explizite) Negation des
Gegensatzes von belebter und unbelebter Materie bzw. lebendem und
unbelebtem Stoff, sondern die schlichte Nicht-Existenz eines solchen

Gegensatzes. Wo dieser Unterschied, der Unterschied zwischen Negation und Nicht-Existenz, vernachlässigt wird, nimmt eine naturphilosophische Vorstellung einen theoretischen Charakter an, der ihr ursprünglich gar nicht angehört. Im Thaletischen Falle wird dies im übrigen durch
die Aristotelische Verbindung der Nachricht über die ‹Beseelung› des
Magnetsteins[5] mit dem zitierten Satz von der Allgegenwart der Götter
geschehen sein.

Dieser Satz zeugt denn auch weder von der Vorwegnahme eines
Platonischen oder Aristotelischen Begriffs der Seele, noch von irgend-
welchen animistischen Vorstellungen auf einem dualistischen Hintergrund. Was er vielmehr zum Ausdruck bringt, ist ein neuartiges Vertrauen in die Wohlordnung der Welt. Diese wird hier als eine vom
Göttlichen durchzogene Ordnung angesehen, auf die sich nunmehr die
wachsende Vorstellung von der Verläßlichkeit des Wissens über die
(physische) Welt zu stützen beginnt. Und das ist keine mythische oder im
Sinne von Hylozoismus spekulative Vorstellung, sondern eben jene
Vorstellung, die sich dann in der Entwicklung der griechischen Philosophie und Wissenschaft zunehmend konkretisiert. Heraklits Satz «Tretet
ein, auch hier sind Götter»[6] läßt sich als eine geistreiche Anspielung auf
den Thaletischen Satz auffassen.[7]

Ist diese Deutung des Thaletischen Satzes richtig, hätten wir das
Entscheidende über die beibehaltene Rolle des Göttlichen in der griechischen Naturphilosophie schon in den Blick genommen. In dieser Naturphilosophie ist das Göttliche ein innerweltliches Moment der Ordnung
und der Verläßlichkeit. Oder anders ausgedrückt: in der Göttlichkeit der
Welt liegt ihre eigentliche Intelligibilität. Insofern wäre aber auch der
Umstand, daß etwa in der Naturphilosophie des Empedokles alle wesentlichen Prinzipien und Elemente Götternamen tragen, nichts dieser
naturphilosophischen Konzeption Äußerliches, sondern Ausdruck einer
Religiosität, die eine wissenschaftliche Rolle zu spielen beginnt. Ähnlich
bei Anaximander und Heraklit. So werden in einem berühmten Spruch
des Anaximander Werden und Vergehen als ein Rechtsprozeß dargestellt,
in dem göttliches Recht zur kosmologischen Ordnung wird: «Woraus
aber das Werden ist den seienden Dingen, in das hinein geschieht auch ihr
Vergehen nach der Schuldigkeit; denn sie zahlen einander gerechte Strafe
und Buße für ihre Ungerechtigkeit nach der Zeit Anordnung.»[8]

In diese von Dike gestiftete Rechtsgemeinschaft der Dinge werden
schließlich auch die Götter selbst eingebunden – aus einer Verrechtlichung der kosmologischen Sprache, die in manchem noch an Hesiod
erinnert, wird eine Kosmologisierung der theologischen Sprache. Das
Göttliche geht in einer neuen, einer naturphilosophischen Ordnung der
Welt auf. Nach Heraklit ist Gott «Tag Nacht, Winter Sommer, Krieg
Frieden, Sattheit Hunger»[9], d. h., auch hier verknüpft sich die Idee

natürlicher Strukturen (unter Hervorhebung periodischer und gegensätz-
licher Elemente) mit Gesichtspunkten einer göttlichen Ordnung, für
deren innere Dynamik bei Heraklit wiederum das Feuer, also ein Element
des Kosmischen, steht.[10] Noch deutlicher Diogenes von Apollonia: die
Ordnung der Welt wäre «nicht möglich ohne Denken; daß die Welt von
allem Maße hat, von Winter und Sommer, Nacht und Tag, Regen und
Wind und Sonnenschein. Auch das übrige kann man, wenn man nachdenken will, so geordnet finden: so schön wie nur irgend machbar»[11].
Die Wohlordnung der Welt verweist im griechischen Denken auf ihre
innere Göttlichkeit. Dabei ist es dieselbe Semantik, die hier die Aus-
drücke, die für das Göttliche stehen (τὸ θεῖον, ὁ θεός, θεός ohne
Artikel), miteinander verbindet. Diese Semantik legt weder auf einen
Polytheismus noch auf einen Monotheismus fest. Die Rede von ‹dem
Gott›, die sich auch in der griechischen Naturphilosophie findet, ist nicht
anders zu verstehen als die Rede von ‹dem Menschen›.[12] Daß bei Platon
die Rede von Gott im Zusammenhang steht mit der Rede von einem
‹Urheber und Vater der Welt›[13], steht dem nicht entgegen. Gemeint ist ein
prädikativ bestimmbares Sein, eben das göttliche, das für die Ordnung
der Welt und ihren Bestand, zumal in kosmologischer Bedeutung, steht.

Entsprechend ist auch der Ausdruck ‹Theologie› (θεολογία) zu verstehen. Er besagt, so bei seinem vermutlich ersten Auftreten bei Platon[14],
nichts anderes als das ‹Reden über Gott bzw. das Göttliche›, Wendun-
gen, die z. B. auch bei Xenophanes[15] und Empedokles[16] greifbar sind.
Was sich ändert, ist das Verhältnis zur ‹Mythologie›, zum mythischen
Reden über Gott bzw. das Göttliche. Die Perspektive wechselt von der
mythischen Vergewisserung zur erklärenden Naturphilosophie. Zugleich
wird auf dem Wege der Übertragung des Prädikats ‹göttlich› auf die in der
Naturphilosophie herausgestellten Prinzipien der Akzent von den ‹Göttern› auf das ‹Göttliche› (θεῖον) verschoben. Was ‹alles umfaßt›, ‹alles
lenkt›, was immer ist und war, wie das ‹Apeiron› (ἄπειρον) bei Anaximander, ist, auch weil es dieselbe Funktion einnimmt, die bei den
Dichtern, etwa bei Homer und Hesiod, im ‹mythischen Reden›[17] die
Götter haben, selbst ‹göttlich›, das ‹Göttliche›. Das Apeiron, so Aristoteles, «ist das Göttliche. Denn es ist unsterblich und unvergänglich, wie
Anaximander und die meisten Naturphilosophen sagen»[18].

Die Vorstellung von der Göttlichkeit der Welt, d. h. einer vom Göttlichen durchzogenen und ‹gelenkten› Welt, ist also nicht einfach ein
mythischer Rest, der sich hartnäckig in philosophischen Konzeptionen
einer geordneten und intelligiblen Welt hält. Sie widerspricht auch nicht
der sich im griechischen Denken entwickelnden Idee des rationalen
Denkens und der rationalen Naturforschung. Diese Vorstellung bringt
vielmehr eben diese Idee und die mit ihr verbundene Idee der Intelligibilität einer geordneten Welt philosophisch prägnant zum Ausdruck. Ratio-

nale Naturforschung gibt sich hierin als ein Geschenk des Himmels und der Erde zu erkennen. Eines griechischen Himmels, an dem nach gemeingriechischer Überzeugung die Götter sichtbar werden, und einer griechischen Erde, auf der die Ordnung von Werden und Vergehen ewigen und daher göttlichen Regeln folgt. Naturwissenschaft und Theologie der sichtbaren Welt sind Ausdruck ein und derselben Idee, der Idee, in der sichtbaren Welt wissenschaftlich Fuß zu fassen. Die eine, die Naturwissenschaft der sichtbaren Welt, betont die Rationalität der Forschung, die andere, die Theologie der sichtbaren Welt, die Intelligibilität ihres Gegenstandes.

Insofern steht nun aber auch die griechische Idee der Naturforschung in Gegensatz zu der dann bei Augustin einsetzenden Vorstellung, daß es gerade die Entgöttlichung der Welt ist, die die eigentliche Voraussetzung für eine rationale Naturforschung bildet. Für diese Vorstellung ist es entscheidend, daß der forschende Blick in die Welt eben nicht auf Götter oder göttliche Ordnungen trifft, sondern ‹nur› noch auf Natur und Gesetze, unter denen Natur steht. Nicht göttliche Gesetze, sondern Naturgesetze. Deswegen ist aber auch in späteren Entwicklungen mit der Vorstellung einer entgöttlichten Welt, die nur noch in Form einer geschaffenen Welt eine Erinnerung an Göttliches mit sich führt, die Vorstellung einer Enttheologisierung der Wissenschaft verbunden. Mit beiden Vorstellungen, einer Entgöttlichung der Welt und einer Enttheologisierung der Wissenschaft, verlassen Philosophie und Wissenschaft ihren griechischen Anfang.

Auch in dieser Perspektive aber nimmt dieser Anfang keinen mythischen Charakter an. Der Grund ist, daß die Rede vom Göttlichen und einer rationalen Naturforschung als Theologie im griechischen Denken einen anderen Sinn hat als in der mit Augustin einsetzenden Entwicklung. Die Rationalitätsidee selbst ist davon nicht berührt. Sie betrifft im griechischen wie im späteren Denken die Aufgabe und Voraussetzung, in der sichtbaren Welt wissenschaftlich Fuß zu fassen. Allerdings geschieht dies im griechischen Denken auf eine Weise, die einer ursprünglichen Religiosität entgegenkommt: in der kosmologischen Sprache der griechischen Naturforschung ist das Göttliche selbst Teil der zu erforschenden Welt. Mehr noch: es ist auch Teil der forschenden Vernunft selbst. In den «Troerinnen» läßt Euripides Hekabe beten: «Du, der du die Erde trägst und auf ihr ruhst, wer immer du bist, schwer zu erahnen und zu wissen, Notwendigkeit der Natur oder Geist der Menschen, ich bete dich an: auf lautlosem Wege wandelnd, führst du die Dinge der Sterblichen nach dem Recht.»[19] Es ist wohl diese Einheit von Rationalität und Religiosität, die der griechischen Naturforschung und damit der griechischen Idee von Philosophie und Wissenschaft ihr eigentümliches Profil verleiht.

Der Spruch des Anaximander mit seiner Verrechtlichung der kosmologischen Sprache bzw. seiner Kosmologisierung der rechtlichen und religiösen Sprache stellt in diesem Sinne nicht nur eine Episode im griechischen vernünftigen Denken dar. Sein Sinn ist auch in Hekabes Gebet präsent. Allerdings in den erläuternden Worten Walter Burkerts so, daß sich in der Tragödie «die kosmisch verwurzelte göttliche Gerechtigkeit nicht minder denn die menschliche als Illusion (erweist); auch das ‹neue› Gebet verhallt ins Leere»[20]. Wo der Blick in die Welt existentielle Züge annimmt, werden die Unterschiede zwischen griechischen und nicht-griechischen Orientierungen blaß.

4. Griechische Astronomie

Der auch im modernen Sinne exakte Kern der griechischen Kosmologie, die in ihrem Wesen eine neue Form philosophischer und wissenschaftlicher Rationalität, in ihrer Sprache die beschriebene Einheit von Rationalität und Religiosität darstellt, ist die Astronomie. In der griechischen Astronomie werden die Planetenbewegungen zum ersten Mal nicht lediglich in protokollierten Beobachtungen, wie dies in der babylonischen Astronomie der Fall war, sondern in qualitativen kinematischen Modellen erfaßt. In diesen Modellen werden die Planetenbewegungen (einschließlich der Sonnenbewegung) geometrisch auf Kurvenbewegungen um die als ruhend oder um ihre Achse rotierend gedachte Erde zurückgeführt. Sie stellen darin ein geozentrisches Weltsystem dar; Weltzentrum und Erdzentrum sind identisch. Von Anaximanders Schläuchen bis zu Eudoxos' homozentrischen Sphären ist es dabei nur ein kleiner Schritt, allerdings ein exakter. In der Darstellung dieses Schrittes will ich mich hier auf wenige modellbeschreibende Bemerkungen beschränken, um im folgenden die wissenschaftstheoretischen und philosophischen Aspekte der griechischen Kosmologie, letztere im Anschluß an die eben vorgetragenen Überlegungen zur Einheit von Rationalität und Religiosität, stärker hervorzuheben.

Das Eudoxische System stellt vielleicht die bedeutendste Leistung der griechischen Astronomie dar. Mit ihm beginnt eine Entwicklung, die ihren Höhepunkt im Ptolemaiischen System findet, das dann seinerseits die nach-griechische Entwicklung bis hin zu Kopernikus bestimmt. Mit Eudoxos fallen gewissermaßen die astronomischen Würfel. Was sie zeigen, bleibt der Form nach das wissenschaftliche Wesen der Astronomie. Dabei erfolgen im Eudoxischen System alle planetarischen Bewegungen mit gleicher Winkelgeschwindigkeit auf Kreisbahnen, deren Achsen durch das Erdzentrum gehen. Das System weist 27 konzentrische Sphären auf, wobei die äußerste die Fixsternsphäre ist und je 3 Sphären die Sonnen- und Mondbewegung, je 4 Sphären die Bewegungen der übrigen (damals bekannten) Planeten erklären. Die Rotationsachsen der sich gleichförmig, aber mit unterschiedlicher Geschwindigkeit bewegenden Sphären sind verschieden orientiert (Abb. 1). Durch Superposition der einzelnen sphärischen Bewegungen erfolgt eine Erklärung der Planetenanomalien, z. B. der sogenannten Hippopede der äußeren Planeten (d. h. einer Kurvenbewegung in Form einer liegenden 8).

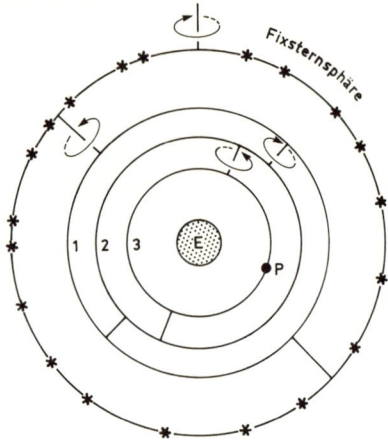

Abb. 1: Das System der homozentrischen Sphären zur Erklärung der Bewegung eines Planeten P um die Erde E. Die Drehung der Sphäre 1 liefert die jährliche Planetenbewegung von W nach O, die Drehungen der Sphären 2 und 3 liefern neben den jährlichen Haltepunkten die Rückläufigkeit des Planeten sowie die Veränderung in der Breite.[21]

Von einem geozentrischen Weltbild spricht man nun nicht nur dann, wenn wie im Eudoxischen System alle Planetenbewegungen geometrisch auf Kurvenbewegungen um die als ruhend oder um ihre Achse rotierend gedachte Erde zurückgeführt werden, sondern auch dann, wenn diese Bewegungen um fiktive ‹exzentrisch› gelegene Punkte erfolgen. Eben dies charakterisiert die nach-Eudoxische Entwicklung der griechischen Astronomie. Eudoxos hatte die periodischen Schleifenbewegungen der Planeten durch Kombinationen gleichförmiger Kreisbewegungen erklärt, doch gelang es ihm noch nicht, Schwankungen der Planetenabstände sowie Geschwindigkeitsänderungen darzustellen. Aus diesem Grunde benutzen bereits Apollonios von Perge (um die Wende vom 3. zum 2. vorchristlichen Jahrhundert) und Hipparchos von Nikaia (im 2. vorchristlichen Jahrhundert) exzentrische und epizyklische Bewegungen, die Ptolemaios mit der zusätzlichen Annahme von Ausgleichspunkten kombiniert (Abb. 2). Im Ptolemaiischen System bewegt sich ein Planet kreisförmig um einen fiktiven Punkt P, der seinerseits auf einem gegenüber der Erde exzentrisch gelegenen Kreis, dem Deferenten, um die Erde läuft. Da die Beobachtungen zur Annahme einer ungleichförmigen Bewegung des Epizykelmittelpunktes P zwingen, womit das Axiom der Gleichförmigkeit dieser Bewegungen verletzt wäre, bestimmt Ptolemaios einen weiteren fiktiven Punkt A, als Ausgleichspunkt (punctum aequans) bezeichnet, auf den bezogen die Planetenbewegung gleichförmig verläuft und der insofern die Planetenbewegung wieder ‹gleichförmig macht›. Der Ausgleichspunkt liegt auf der Absidenlinie, der Linie zwischen Perigäum (Punkt größter Erdnähe) und Apogäum (Punkt größter Erdferne), der Erde symmetrisch in bezug auf den Deferentenmittelpunkt D gegenüber. Die Bewegung eines Planeten läßt sich nunmehr exakt beschreiben, wenn man nicht den Radiusvektor DP, sondern den Radiusvektor AP relativ zur Absidenlinie gleichförmig rotieren läßt. Allerdings ist damit die Gleichförmigkeit der Planetenbewegung nur über die Einführung einer fiktiven Kreisbahn, eben den Kreis um A mit dem Radius AP′ (circulus aequans), zurückgewonnen. Die Bewegung von P auf dem Deferenten bleibt dagegen ungleichförmig, ein Umstand, der bis hin zu Kopernikus dann der eigentliche Angelpunkt der Kritik am Ptolemaiischen System bleiben wird.

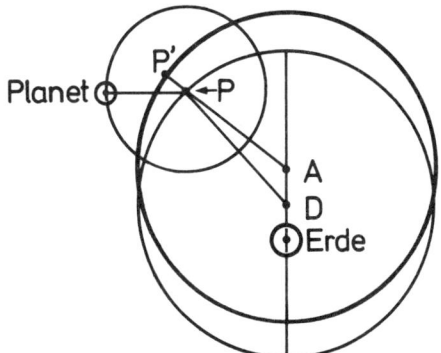

Abb. 2

Die Einführung der Epizykeln dient der Erklärung der beobachteten, zeitweilig retrograden, d. h. dem üblichen Umlaufsinn entgegengesetzten, Bewegungen: in der Nähe des Perigäums sind die Umlaufgeschwindigkeiten des Planeten auf Deferent und Epizykel einander entgegengesetzt, so daß (bei entsprechender Anpassung der Umdrehungsgeschwindigkeiten) retrograde Bewegung auftritt. Dieses Modell erklärt zugleich, warum die scheinbare Helligkeit des Planeten gerade bei seinen Retrogressionen maximal wird; in diesem Falle ist er nämlich der Erde am nächsten (Abb. 3). Im Ptolemaiischen System ist die Bewegung aller Planeten mit der Sonnenbewegung verknüpft. Dies zeigt sich z. B. daran, daß für die (kopernikanisch ausgedrückt) äußeren Planeten der Radiusvektor P – Planet stets parallel zur Richtung der Sonne, wie sie von der Erde aus gesehen wird, ist. Daher beträgt die Umlaufzeit eines Planeten auf seinem Epizykel gerade ein Erdjahr. Dieser Befund wird innerhalb des Ptolemaiischen Systems nicht weiter erklärt. In gleicher Weise ist die Behauptung $\overline{AD} = \overline{DErde}$ eine rein empirische Anpassung ohne theoretische Rechtfertigung. Die relative Größe von Deferent und Epizykel kann aus Beobachtungsdaten erschlossen werden.

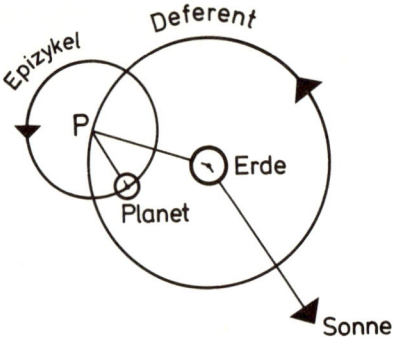

Abb. 3

Das Ptolemaiische System erlaubt, abgesehen von der Merkurbewegung (extreme Exzentrizität), eine exakte Beschreibung der Planetenbahnen, die später selbst von Keplers System nur wenig übertroffen wird. Bei kleiner Exzentrizität der Ellipse, in deren einem Brennpunkt im Keplerschen System die Sonne steht, gleicht diese ohnehin weitgehend einer exzentrischen Kreisbahn und verhält sich ihr anderer Brennpunkt nahezu wie der Ausgleichspunkt im Ptolemaiischen System. Beide Systeme sind zudem durch Koordinatentransformation in bezug auf Sonne und Erde ineinander überführbar. Auch bei geometrischer Äquivalenz von geozentrischer und heliozentrischer Hypothese, die bereits Hipparchos geläufig war, entsprach allerdings das geozentrische Ptolemaiische System trotz Exzentern, Epizykeln und Ausgleichspunkten der herrschenden Aristotelischen Physik in stärkerem Maße, als dies heliozentrische Hypothesen jemals konnten. Auch heliozentrische Hypothesen gab es dabei bereits in der Antike, bei Aristarch von Samos (4. und Anfang des 5. Jahrhunderts) und Seleukos von Seleukeia (um dieselbe Zeit). Als kinematische (kräfte-freie) Modelle der Planetenbewegungen waren sie allerdings aus dem schon genannten Grunde geozentrischen Hypothesen unterlegen: diese galten auch als dynamisch, nämlich durch die Aristotelische Physik, ausgezeichnet. Außerdem blieb heliozentrischen Modellen das Fehlen von Parallaxen, d. s. Richtungsänderungen der Fixsterne, unter den griechischen astronomischen Entfernungsvorstellungen unerklärbar. Erwähnt seien schließlich auch noch das Planetenmodell des Philolaos, eines Pythagoreers um die Mitte des 5. Jahrhunderts, das ein Zentralfeuer an die Stelle der Erde im geozentrischen System setzt und durch die intelligente Erfindung einer Gegenerde die Zahl der Himmelskörper auf die in pythagoreischen Kreisen so geschätzte Zehnzahl (‹Tetraktys›) bringt, sowie heliozentrische Annahmen bei Herakleides Pontikos, einem Schüler Platons und Mitglied der älteren Akademie. Dabei wird Herakleides Pontikos wohl zu Unrecht die Begründung des sogenannten ‹ägyptischen› Systems zugeschrieben, in dem sich die beiden inneren Planeten, Venus und Merkur, um die Sonne drehen, die sich ihrerseits wie die übrigen Planeten, der Mond und die Fixsternsphäre um die Erde dreht. Dieses System ist zwar in der Antike geläufig und stellt – was wiederum den entwickelten Charakter der antiken Astronomie vor Augen führt – eine modifizierte Vorwegnahme des sogenannten Tychoni-schen Systems dar, wahrscheinlich wurde es jedoch erst nach 200 v. Chr., auf der Basis der Epizyklentheorie, entwickelt. Kosmologisch vertrat Herakleides ferner, vermutlich von Demokrit beeinflußt, die Annahme einer (räumlichen) Unendlichkeit der Welt.

5. ‹Rettung der Phänomene›

Soweit ein Blick auf die inhaltlichen und modellhaften Vorstellungen der griechischen Astronomie. Deren hohem sachlichen Niveau entspricht ein hohes methodologisches oder wissenschaftstheoretisches Niveau. Die dargestellten planetarischen Modelle sind nämlich nicht einfach irgend-welche Erfindungen, die sich, im Glücksfall in Verbindung mit empiri-schen Daten, einer ungewöhnlichen, eben griechischen Phantasie verdan-ken, sondern auch (und in erster Linie) Ausdruck eines Forschungspro-gramms, das sich selbst über bestimmte astronomische Prinzipien organi-siert.

Auch dieses Programm und diese Prinzipien sind eine großartige Leistung des griechischen Denkens. Die Formel für Programm und Prinzipien lautet: σῴζειν τὰ φαινόμενα (‹Rettung der Phänomene›). Sie wird Platon zugeschrieben, stammt aber wohl eher von Eudoxos.[22] Das Programm besagt, daß die ‹Phänomene›, d. h. in diesem Falle die Bahn-bewegungen der Planeten, erklärt (‹gerettet›) sind, wenn eine Rückführung der augenscheinlichen Unregelmäßigkeiten dieser Bewegungen auf kreisförmige Bewegungen mit gleichförmiger Winkelgeschwindigkeit gelingt. Gleichförmigkeit (d. h. gleichförmige Winkelgeschwindigkeit) und Kreisförmigkeit bilden hier die beiden Prinzipien einer sich gegenüber der allein empirisch orientierten vor-griechischen Astronomie in Form qualitativer kinematischer Systeme darstellenden griechischen Astronomie. Konstitutiv sind dabei (1) die Unterscheidung zwischen einer wirklichen (oder wahren) Bewegung und einer scheinbaren Bewegung, (2) die Identifikation der wirklichen (oder wahren) Bewegung mit einer kreisförmigen und gleichförmigen Bewegung und (3) die Erklärung der scheinbaren Bewegung, d. h. der Bahnanomalien, als der wirklichen (oder wahren) Bewegung, wie sie einem Beobachter auf der Erde erscheinen muß.

Qualitativ sind die diesem Forschungsprogramm entsprechenden Modelle, weil sie für die Kreisform der Bewegungen keine Angaben über die Größe der entsprechenden Radien enthalten und weil mit Ausnahme etwa der Unterscheidung von täglicher und jährlicher Rotation keine Geschwindigkeiten angegeben werden. Das wird erst bei Hipparchos anders, bei dem charakteristischerweise wieder babylonischer Einfluß erkennbar ist, und der zugleich über die für quantitative Betrachtungsweisen in der Astronomie unentbehrliche Trigonometrie verfügt.

Bis in die Neuzeit hinein werden alle astronomischen Erklärungen dem Programm einer ‹Rettung der Phänomene› und den diesem Programm zugrunde liegenden Prinzipien der Kreisförmigkeit und der Gleichförmigkeit aller planetarischen Bewegungen methodologisch verbunden bleiben. Selbst das Kopernikanische System ist in dieser Hinsicht nicht revolutionär, sondern eher konservativ und griechisch. Erst die Keplersche Astronomie beendet diese griechische Geschichte der Astronomie, indem sie gleich beide Prinzipien fallenläßt. Die Keplersche Wende ist daher auch die eigentliche ‹kopernikanische› Wende in der Geschichte der Astronomie.[23]

6. Aristotelische Kosmologie

Die Keplersche Wende beendet aber nicht nur die im engeren Sinne griechische Geschichte der Astronomie, sie beendet auch die griechische Geschichte der Kosmologie, die untrennbar mit der Geltung der Aristotelischen Physik verbunden ist. Die kinematischen Modelle der griechischen Astronomie finden nämlich ihre dynamische Erklärung in der Aristotelischen Physik, speziell der Aristotelischen Elemententheorie. Das führt zugleich zur Auszeichnung geozentrischer Modelle, historisch zur Dominanz des Ptolemaiischen Systems, weil nur diese, nicht die heliozentrischen Alternativen, der Aristotelischen Physik entsprechen (oder besser, nämlich im Blick auf die Besonderheiten des Ptolemaiischen Systems mit Exzentern, Epizykeln und Ausgleichspunkten: zu entsprechen scheinen).

Aristoteles hat sich dabei seine für das kosmologische und astronomische Denken so folgenreiche Vorstellung von der physikalischen Ordnung der Welt nicht leicht gemacht. Davon zeugen z. B. seine Überlegungen zur Elemententheorie, die hier zur Demonstration dieses Umstandes in aller Kürze vorgestellt werden sollen. In den Aristotelischen Schriften finden sich mehrere Varianten einer solchen Theorie. Diese Varianten treten häufig in ein und derselben ‹Vorlesung› auf, z. B. in «De caelo». Das ist für den Leser außerordentlich verwirrend, zumal man sich nicht einmal sicher sein kann, ob hinter den astronomischen Partien von «De caelo» durchgängig das (in B 12 faßbare) Eudoxische System steht oder ob man sich nicht (z. B. in B 10) mit einer wesentlich primitiveren ‹Timaios-Theorie›, einer Theorie, die nur *eine* Bewegungsform für jeden Planeten kennt, begnügen muß. In diesem Falle stünden dann in Wahrheit zwei verschiedene Astronomien an der Wiege der Aristotelischen Kosmologie.

Darauf soll es hier aber nicht ankommen, sondern allein darauf, daß die Aristotelische Kosmologie kein leicht hingeworfenes spekulatives Stück einer unerwachsenen Naturphilosophie ist. Aristoteles entwickelt vielmehr unterschiedliche Konzeptionen, stellt sie nebeneinander, wägt sie gegeneinander ab. Die Bilanz fällt nicht eindeutig aus. Aristoteles ist kein genialer, sondern ein gründlicher Mann. Begriffliche Arbeit nimmt die durch das Schwächerwerden mythischer Vorstellungen freiwerdende Stelle phantasievoller Visionen ein. Ausdruck dieser Arbeit sind die genannten Varianten seiner Elemententheorie.

In seiner Arbeit über «Werden und Vergehen» (B 1–5) geht es Aristoteles um ein System, in dessen Rahmen den ringförmig angeordneten vier Elementen jeweils zwei Eigenschaften zugeschrieben werden (Feuer: warm-trocken, Luft: warm-feucht, Wasser: kalt-feucht, Erde: kalt-trocken). Diese Eigenschaften sind von Element zu Element austauschbar. Der dadurch mögliche Übergang der Elemente ineinander erfolgt im Falle einander gegenüberliegender Elemente (Erde – Luft bzw. Feuer – Wasser) in der Regel über ein Nachbarelement, ist aber auch ‹direkt› möglich und geht in diesem Falle nur ‹schwerer› vor sich, weil sich gleich zwei Eigenschaften auf einmal wandeln müssen. Voraus liegt natürlich die Annahme, daß es überhaupt vier Elemente gibt (Aristoteles: ‹die vier einfachen Körper unserer Erfahrung›), gesucht ist eine Begründung für die angegebene Zahl, die diese Annahme rechtfertigt.

Die hier skizzierte Elemententheorie besteht dann im wesentlichen einfach darin, daß zwei Paare konträrer physikalischer Eigenschaften auf alle möglichen Weisen miteinander kombiniert werden. Die Paare selbst liefert eine vorausgehende Überlegung, in der die bekannten Eigenschaften auf vier reduziert werden. Gewisse einschränkende Bedingungen stecken dabei bereits in der gewählten Formulierung: um konträre Eigenschaften handelt es sich, weil ‹warm› und ‹kalt› bzw. ‹trocken› und ‹feucht› nicht zusammen auftreten können; die Eigenschaftspaare sollen kombiniert werden, weil es auf die Reihenfolge der jeweiligen Eigenschaften nicht ankommt.

Diese Konzeption bildet die Grundlage für weitere Überlegungen in «De caelo». Hier wird versucht, die Elemente und ihre Zahl nicht im Hinblick auf äußere Eigenschaften, sondern durch die Analyse zusammengesetzter Körper zu bestimmen. Zugrunde liegt die auch aus der Aristotelischen Metaphysik (Δ 3) geläufige Definition, wonach als Element gelten soll, was selbst nicht mehr der Art nach teilbar ist. Was nicht teilbar ist, lehrt die Erfahrung. Erfahrung trat dabei schon in der zuvor beschriebenen Konzeption als fundierend auf. Allerdings leistet die jetzt vorgetragene Theorie der Elemente nicht, was sich Aristoteles von ihr erwartet. Die Situation erweist sich als der in der vorausgegangenen Konzeption entgegengesetzt: «Dort finden wir eine ausgeführte Theorie, vermissen aber eine gültige Definition des Elements, hier dagegen haben wir die Definition, es fehlt aber die Theorie.»[24]

Auch das ist bei Aristoteles nicht das letzte Wort in dieser Sache. In «De caelo» (Δ 1–5) finden wir zwei weitere Ansätze zu einer Elemententheorie, die nun explizit im Rahmen einer kinetischen Theorie der Elemente, einer Theorie, die von ‹natürlichen› Bewegungsformen ausgeht, diskutiert werden. Aristoteles geht dabei wie bei der Betrachtung von Bewegungen im allgemeinen so auch bei der Ortsbewegung im besonderen erneut von der alltäglichen Erfahrung aus. Diese lehrt, daß z. B. Feuer immer steigt und Erde immer fällt, wenn sie sich selbst überlassen bleiben. Das führt bei Aristoteles zur Annahme eines ‹natürlichen› Verhaltens der Dinge, terminologischer ausgedrückt: zu einer Theorie des ‹natürlichen Dinges› (φύσει ὄν). Eine kosmologische Theorie, die über die Natur im ganzen spricht, ist nach Aristoteles erst möglich aufgrund dieser spezielleren Theorie. Ein größerer Zusammenhang wird erst über die (durch die Erfahrung nahegelegte) Annahme ‹artspezifischer› Bewegungen hergestellt.

Die physikalischen Eigenschaften ‹schwer› und ‹leicht› sind in diesem Sinne ‹artspezifische› Bewegungen. ‹Schwer› ist, was eine Bewegung nach unten, ‹leicht›, was eine Bewegung nach oben ausführt, wobei ‹schwer› und ‹leicht› in einer absoluten Bedeutung verstanden werden. Feuer und Luft sind also immer leicht, Wasser und Erde immer schwer. Damit ist aber zugleich eine auf ein System zweier natürlicher Bewegungen hin entworfene Elemententheorie selbst ein ‹zweipoliges› System (Seeck). In der Tat sieht es auch so aus, als ob dort, wo ein derartiges System die

Ordnung von vier Elementen leisten soll, dies nur durch weitreichende Umbildungen der Konzeption möglich ist. Ohne derartige Umbildungen lassen sich stets nur zwei Paare von Elementen voneinander unterscheiden, nicht aber die beiden jeweils zu einem Paar zusammengefaßten Elemente selbst. Dazu muß die hier zugrundeliegende Theorie der natürlichen Bewegung durch eine Theorie der natürlichen Örter ersetzt werden, was in einem weiteren Kapitel (Δ 4) zu einer neuen Konzeption führt.

Nun läßt sich die eben geschilderte Theorie der natürlichen Bewegung durchaus auch als eine Theorie der natürlichen Örter auffassen, sofern hier nämlich den beiden auftretenden Örtern (‹oben› und ‹unten›) jeweils genau *eine* Bewegung zugeordnet ist. Wenn die in der ursprünglichen Konzeption wirksame Vorstellung, wonach die Elemente im idealen Fall schalenförmig um den Weltmittelpunkt gelagert sind, also von einem System mit zwei Elementen unterschieden sein soll, muß jetzt unter dem ‹natürlichen› Ort eines Elements etwas anderes verstanden sein. Tatsächlich überschneiden sich an dieser Stelle zwei gelegentlich sogar terminologisch voneinander unterschiedene Bedeutungen von ‹Ort›, nämlich als ‹Zielpunkt› der Bewegung (τόπος) und als ‹Raum›, den ein Element einnimmt (χώρα): «In der Schichtentheorie ist der ‹Zielpunkt› der drei unteren Elemente (Erde, Wasser, Luft) derselbe (nämlich der Erdmittelpunkt), der ‹Raum› ist für jedes ein anderer. Dieser Raum kann dann für die relative Bewegung als Zielpunkt gelten.»[25] Die Eigenschaften ‹schwer› und ‹leicht› treten hier in einer relativen Bedeutung als ‹unter und über etwas treten› auf, da den ‹Zwischenelementen› Wasser und Luft im Rahmen der ursprünglichen ‹Schichtentheorie› beides zukommt: Wasser tritt unter Luft und über Erde, Luft unter Feuer und über Wasser.

Nicht genug mit dieser ergänzten und modifizierten Konzeption. Es gibt noch eine weitere. Der Vier-Elementen-Theorie der bisherigen Überlegungen tritt ebenfalls in «De caelo» (A 1–4) eine Fünf-Elementen-Theorie gegenüber. Die ‹irdischen›, sublunaren Elemente werden durch ein ‹himmlisches›, supralunares Element ergänzt. Damit versucht Aristoteles, den mit dem Eudoxischen System scheinbar besiegelten ‹ontologischen Riß› zwischen sublunarer und supralunarer Welt mit physikalischen Mitteln wieder zu überwinden. Zwar wird dabei in gewissem Sinne genau das Gegenteil erreicht, insofern es auch Aristoteles gerade auf die Sonderstellung des fünften Elements ankommt, doch überwiegt bei all dem ein harmonisierendes kosmologisches Interesse, das einer erfolgreichen Astronomie mit einer von Hause aus durchaus ‹irdischen› Elemententheorie unter die Arme zu greifen sucht. In jedem Falle ist die Fünf-Elementen-Konzeption bei Aristoteles eine physikalische, nicht etwa eine metaphysische Hypothese. Diese Hypothese läßt sich als eine Erweiterung des vorausgegangenen ‹Zweiersystems› verstehen, insofern zu den zwei natürlichen Bewegungen der irdischen, jeweils paarweise zusammengefaßten Elemente nun eine dritte natürliche Bewegung tritt. Diese ist als kreisförmige Bewegung die ‹elementare› Bewegung der himmlischen Körper. Trotzdem bedeutet diese Erweiterung der Elemententheorie um ein fünftes Element eine schwerwiegende Modifikation. So gilt für das fünfte Element z. B. nicht mehr die Konzeption eines natürlichen Ortes, sofern diese die Ruhestellung eines Elements nach Erreichen dieses Ortes vorsieht, das fünfte Element sich aber in seinem natürlichen Ort, der supralunaren Sphäre, beständig gleichförmig bewegt. Diesen seinen Ort soll es außerdem nicht verlassen können, was im Rahmen des ‹Zweiersystems› die Preisgabe der Möglichkeit einer der natürlichen Bewegung (κατὰ φύσιν) immer zugeordneten naturwidrigen Bewegung (παρὰ φύσιν) bedeutet. Mehr noch. Es entsteht das Problem, wie sich unter Rekurs auf eine einfache Theorie der einfachen geometrischen Kurven (Kreis und Gerade), also auf ein mit zwei Größen operierendes System, die Annahme dreier natürlicher Bewegungen begründen läßt. Damit hängt auch eine weitere Schwierigkeit zusammen, die sich mit dem Versuch verbindet, die Elemente auf einfache Bewegungen zurückzuführen, d. h. aus einer Theorie einfacher Bewegungen eine Theorie einfacher Körper abzuleiten. Der Aristotelische Satz ‹der einfache Körper muß eine einfache Bewegung haben› erweist sich als nicht umkehrbar, da es einerseits im System der irdischen Elemente immer zwei einfache Körper gibt, die eine der beiden hier auftretenden Bewegungen gemeinsam haben, und andererseits nach Aristoteles auch die zusammengesetzten Körper ‹gemäß dem Überwiegenden› eine einfache Bewegung ausführen.

Verwirrend? Gewiß. Doch zeigt die Wiedergabe nur (und dies sollte sie zeigen), daß die Aristotelische Kosmologie nicht einfach ein dogmatisches Lehrstück ist, das der astronomischen und physikalischen Forschung die eigentliche Zukunft (im neuzeitlichen Sinne) ohne Begründung in der Sache versperrt. Vielmehr stellen die Aristotelischen kosmologischen Überlegungen selbst ein anspruchsvolles Stück einer neuen naturwissenschaftlichen Rationalität dar.

7. *Aristoteles-Welt und Platon-Welt*

Allerdings ist mit der Aristotelischen Kosmologie, zu der auch eine Modifikation des Eudoxischen Systems gehört (Met. Λ 8), über die weitere Entwicklung, die erst in der Keplerschen Wende ihr Ende findet, entschieden. Ihre wesentlichen, eine geozentrische Kosmologie begründenden Elemente sind (stark vereinfacht)[26]: (1) Der Aufbau einer Elemententheorie und einer Theorie natürlicher Örter (der Elemente), die kosmologisch ein geozentrisches System zur Konsequenz haben. (2) Die

Annahme, daß jede Orts- und Geschwindigkeitsänderung die Existenz einer wirkenden Kraft voraussetzt, womit in kosmologischen Zusammenhängen die Annahme eines ‹unbewegten Bewegers› (von der gleich noch die Rede sein wird) erforderlich wird. (3) Die Teilung des Kosmos in einen sublunaren Teil (‹Welt unter dem Mond›), der in der terrestrischen Physik ‹natürlicher› und ‹erzwungener› Bewegungen erfaßt wird, und einen supralunaren Teil (‹Welt über dem Mond›), bestimmt durch eine berückende Sphärenharmonie, die wiederum Gegenstand der Astronomie ist. (4) Die Annahme undurchdringbarer fester Äthersphären.

Im übrigen hat die Aristotelische Physik kosmologisch die Unterscheidung zwischen einer mathematischen (kinematischen, d. h. kräftefreien) und einer physikalischen (dynamischen) Astronomie zur Folge. Nach dem Aristoteles-Kommentator Simplikios ist es die Aufgabe der physikalischen Astronomie, das Wesen des Himmels und der Gestirne zu erforschen (wozu die Aristotelische Physik eine konkurrenzlose Voraussetzung bot), die Aufgabe der mathematischen Astronomie, zu beweisen, daß die supralunare Welt wirklich ein Kosmos, d. h. ein nach geometrischen Gesichtspunkten geordnetes System, ist (was durchaus auf der Basis unterschiedlicher, also auch heliozentrischer Annahmen geschehen konnte).[27] Die Welt der Griechen, die bis ins 16. Jahrhundert im wesentlichen unverändert bleiben wird, ist zur Aristoteles-Welt geworden.

In der Aristoteles-Welt verbindet sich ein wissenschaftliches Weltbild mit Elementen einer philosophischen Kosmologie. Was zu Beginn über die Einheit von Rationalität und Religiosität gesagt wurde, die das naturphilosophische Denken der Griechen bestimmt, findet hier seinen (nun selbst ein wenig neben der Sprache der Rationalität gesprochen) überwältigenden Ausdruck. Bevor ich dies deutlich zu machen suche, aber noch ein Blick auf eine andere Welt, die nicht weniger eindrucksvoll und nicht weniger griechisch ist als die Aristoteles-Welt: die Platon-Welt.

In der Platon-Welt, d. h. in der kosmologischen Konzeption, die Platon im «Timaios» entwickelt, wird die Idee einer philosophischen Kosmologie geboren.[28] Im «Timaios» schafft ein gewaltiger Handwerker, der Demiurg, die Welt nach einem idealen Plan oder Muster, dem ‹Kosmos› der Platonischen Ideen. Nach dem Vorbild eines ‹vollkommenen Lebewesens›, als welches dieser Kosmos hier erscheint, entsteht der Kosmos als ein selbst beseeltes, vernünftiges Lebewesen[29], als ein sichtbarer Gott in Gestalt einer vollkommenen Kugel[30]. Seine Seele, die ‹Weltseele›, hat ein astronomisches Sein; sie wird durch die (mathematische) Ordnung der Kurvenbahnen der Planeten gebildet. Zugleich fungieren die Himmelskörper als ‹Werkzeuge der Zeit›[31]; die Zeit (χρόνος), mit dem Himmel entstanden, ist ein Abbild der Ewigkeit (αἰών).[32] Die Himmelskörper für sich genommen sind ‹sichtbare und entstandene Götter›[33], die Erde ‹die erste und ehrwürdigste Göttin innerhalb des

Himmels»[34]. Der Mensch ist in diesem Kosmos, der aus lauter Göttlichem gebildet selbst ein lebendiger Gott ist, eine ‹Pflanze›, die «nicht in der Erde, sondern im Himmel wurzelt»[35]; er verbindet die Erde mit dem (ihm verwandten) Himmel[36]. Und so weiter. Zu diesem Kosmos gehören noch andere, nicht weniger phantastisch anmutende Elemente. Darunter der Raum als ‹Amme des Werdens›[37], Elemente, die aus stereometrischen Körpern gebildet sind[38], Seelen, die allesamt ihren eigenen Stern besitzen, zu dem sie nach dem Tode des Körpers zurückkehren[39].

Ist das, so möchte man noch einmal verwundert fragen, das neue vernünftige Denken, das sich aus dem Mythos erhebt und den Anfang von Philosophie und Wissenschaft bildet? Ist das Wahrheit, die neue kosmologische Wahrheit, oder Dichtung, die Phantasie Homers und seiner Welt? Oder haben wir es vielleicht nur mit einer Fiktion zu tun, mit der auf anschauliche Weise, nämlich durch die Erzählung einer Geschichte, beschrieben wird, was selbst ungeworden und als Kosmos Gegenstand einer ganz andersartigen Forschungsform ist?

Vieles spricht dafür, daß die zuletzt genannte Alternative den Intentionen Platons entspricht. Dies läßt sich durch einen Blick auf Platons Ideenlehre verdeutlichen, auf die die Kosmologie des «Timaios» ausdrücklichen Bezug nimmt. In ihrer klassischen Konzeption erlaubt diese Ideenlehre eine Wissenschaft von der Natur, d. h. dem sichtbaren Bereich des Werdens und Vergehens, nicht. Hier, im «Timaios», aber wird der Kosmos als das Produkt eines planvollen Herstellungsvorgangs, als ein Artefakt, vorgestellt. Und Artefakte erlauben in der Platonischen Konzeption einen sie erklärenden Rückgriff auf ideentheoretische Verhältnisse. Das heißt: Die Vorstellung, die physische Welt lasse sich dadurch erklären, daß man sie als eine ‹ins Werk gesetzte› Welt, eben als ein Artefakt, sehen lernt, nähert die kosmologische Rede, wie wir ihr im «Timaios» begegnen, der geometrischen Rede über geometrische Ideen und deren (stets unvollkommene) Realisierungen an, die den Standardeinführungstext der Ideenlehre darstellt. In der Verwendung von Modellen, etwa mechanischen Modellen der Planetenbewegungen, aber auch in stereometrischen Modellen der Elementenbildung gewinnt, zumindest im Prinzip, die kosmologische Konzeption Platons ein methodisches Profil, das ohne diesen Zusammenhang in reiner Phantastik unterzugehen droht.

Platon scheint es mit der Andeutung eines derartigen Zusammenhangs im «Timaios» auf sich bewenden zu lassen. Ihn interessiert ohnehin die Frage, wie sich die Seele «vom Werden zur Wahrheit und zum Sein» umlenken lasse[40], mehr als die Frage, wie Naturphilosophie als Wissenschaft möglich sei. Im «Timaios» heißt es dazu unmißverständlich: «Wir wollen uns klarmachen, daß Gott uns eben darum das Gesicht erdacht und geschenkt hat, damit wir die Umläufe des Weltgeistes am Himmel wahrnehmen und von ihnen Gewinn hätten für die unerschütterten Umläufe des Denkens in uns, die jenen unerschütterlichen verwandt sind.»[41] Platons Auffassung der Mathemata, die nach seiner pädagogischen Konzeption im «Staat» die Vernunft auf den Weg bringen, nämlich Geometrie, Arithmetik, Astronomie und rationale Harmonielehre, bestätigt diese Vorstellung. Die Vernunft hat es mit Konstruktionen zu tun, nicht mit empirischen Verhältnissen, die nach Auskunft der Ideenlehre ohnehin nicht wissenschaftsfähig sind.

Das kommt vor allem in Platons Beurteilung der Astronomie zum Ausdruck, sofern diese sich geometrischer Modelle bedient. Im «Staat»[42] ist dieses Modell eine Spindel, deren Wirteln die planetarischen Bewegungen darstellen. Genauer stellen die Wirteln, die einen Wulst um die Spindelachse bilden, acht ineinandergepaßte Kugelschalen dar, die jeweils eine eigene Bewegung um die gemeinsame Achse ausführen. Insofern Platon dabei ineinandergepaßte Kugelhälften beschreibt, erscheint das ganze System aufgeschnitten. Es erlaubt dem Betrachter einen Einblick in seine Funktionsweise und gibt sich insofern auch als ein mechanisches Modell zu erkennen. Im «Timaios»[43] ist es ein Bändermodell, das im systematischen Zusammenhang mit der Bildung der Weltseele die Haupthimmelskreise der astronomischen Koordinaten (Horizont, Ekliptik, Äquator) zur Darstellung bringt (Abb. 4).

Der Hinweis, daß in diesem Modell die entsprechenden Bänder ‹von außen› und ‹von innen› herumgeführt werden, obgleich sie gleich lang sein sollen und darum eigentlich ohne Verformung des inneren Bandes nicht ineinanderpassen würden, macht deutlich, daß auch hier nicht nur eine geometrische Konstruktion, sondern tatsächlich ein mechanisches

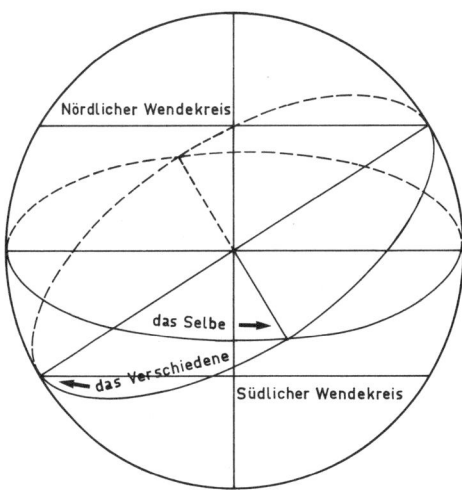

Nördlicher Wendekreis

das Selbe ➔

◀ das Verschiedene

Südlicher Wendekreis

Abb. 4

Modell gemeint ist. Beide Modelle entsprechen im übrigen einander. Die
acht ineinandergeschlungenen Bänder, die die Planetenbahnen im «Timaios» darstellen, treten in dem zuerst beschriebenen Modell als die
Ränder der Kugelschalen auf, wenn man sie in der Aufsicht betrachtet.
Das Bändermodell ist allerdings dem Kugelschalenmodell insofern überlegen, als in letzterem die Schiefe der Ekliptik nicht dargestellt werden
kann; die Ränder der Kugelschalen erscheinen ‹von oben› als Kreise[44], die
auf einer Ebene liegen.

Auffallend ist nun wiederum, daß Platons Beschreibung astronomi-
scher Modelle kaum einem astronomischen Forschungsprogramm wie
dem einer ‹Rettung der Phänomene›, sondern mythischen Erzählungen
folgt. Im «Staat» ist das astronomische Modell Teil der Beschreibung
eines Ortes, den die Seelen betreten, um über ihr zukünftiges Schicksal
zu entscheiden. Die Spindel dreht sich im ‹Schoße der Notwendigkeit›[45],
ihre Wirteln, auf denen singende Sirenen sitzen, werden durch die
Moiren Lachesis, Klotho und Atropos in Bewegung gehalten. Im «Timaios», dessen Kosmologie zu Beginn ausdrücklich in die Nähe mythischer Rede gesetzt wird[46], bilden die astronomischen Verhältnisse, wie
schon hervorgehoben, die Weltseele ab. Auch im «Phaidros» vereinigt
sich die wandernde Seele für einen Moment mit der Bewegung des
Himmels[47]; im «Phaidon» wird in einem als ‹schönes Wagnis›[48] bezeich-
neten Mythos die ‹wahre Erde› beschrieben, eine Erde, die sich auf keiner
Landkarte der Geographen findet, sondern in einem Himmel, den auch
die Götter bewohnen. Nur mythische Wanderer wie der Pamphylier Er
im «Staat» scheinen Zugang zu dieser Welt zu haben, deren Topographie
auf eine eigentümliche Weise mit dem Schicksal der Seele zusammenzuhängen scheint.

In jedem Falle ist der Abstand zur Erklärung einer phänomenalen Welt
groß – und durch die Platonische Ideenlehre vorgegeben. Danach gehört
auch die planetarische Welt zur Sphäre der Erscheinungen, von denen es
nach Platons Vorstellung keine Wissenschaft gibt. Also handelt es sich
hier auch um eine Art Astronomie des ‹Unsichtbaren›. Glaukon, der, als
die Rede auf die Astronomie kommt, unwillkürlich den Blick zum
sichtbaren Himmel hebt, wird gescholten.[49]

Das ist allerdings nicht Platons letztes Wort in Sachen Astronomie. Die
Wende bringt auch hier die Eudoxische Astronomie. Unter ihrem Ein-
fluß identifiziert Platon in seinem Spätwerk, den «Nomoi», den astrono-
mischen Himmel seiner intellektuellen Mythen mit dem empirischen
Himmel, dem Himmel über Athen. Denn diese Astronomie war in der
Lage, die Phänomene zu ‹retten›, d. h. empirische Unregelmäßigkeiten
als bloße – auf den Betrachter und seine Stellung im astronomischen
System bezogene – Erscheinungen geometrischer und in mechanischen
Modellen erfaßbarer Regelmäßigkeiten zu erklären. Was man zu ahnen

begonnen habe, daß nämlich ein den Himmelskörpern innewohnender Nus diese zu wunderbar genauen Bewegungsformen führe, ist nach Platon nun bewiesen[50]; zugleich werden in ungewöhnlicher Schärfe die ‹Materialisten› unter den Naturphilosophen kritisiert. Was also läge näher, damit die Tür zu einer Wissenschaft von der phänomenalen Welt, der konkreten Natur, weit geöffnet zu sehen?

Das Merkwürdige ist, daß Platon offenbar anders dachte. Statt die genannte Konsequenz zu ziehen, zerlegt er die phänomenale Welt in zwei Teile, denen wir schon bei Aristoteles begegnet sind: in eine Welt über dem Mond, in der, wie die Eudoxische Astronomie zeigt, gewissermaßen ‹ideale› Verhältnisse herrschen, und in eine Welt unter dem Mond, auf die die alten Platonischen Beurteilungen über die Theorieunfähigkeit der Erscheinungen weiterhin zutreffen. Das heißt: Platon akzeptiert unter dem Eindruck der Eudoxischen Astronomie den Umstand, daß die Unterscheidung zwischen Ideen und Erscheinungen selbst in gewissem Sinne sichtbar geworden ist; aber für ihn resultiert daraus kein über die Astronomie hinausgehendes Programm der Naturforschung. Statt dessen ist die Erleichterung unverkennbar, mit der er im Blick auf die gemeingriechische Gestirnfrömmigkeit eine Konsequenz dieser astronomischen Rückkehr von einem jenseitigen Himmel zum Himmel über Athen registriert: aus einer intellektualisierten Frömmigkeit kann wieder der Glaube an die alten Götter werden. Der astronomische Logos, so heißt es in den «Nomoi», hat dem ‹alten Nomos›, daß die Götter existieren, wieder Gültigkeit verschafft.[51]

Die Dinge sind nicht einfach, aber sie fügen sich nach dem zuvor über die griechische Einheit von Rationalität und Religiosität Gesagten: Der Gewinn, den die ‹neue› Astronomie auch in Platons Augen darstellt, wird in erster Linie nicht naturwissenschaftlich, sondern theologisch ausgewiesen. Die Theoria der Astronomie hat die Verbindung auch zu religiösen Lebensformen wieder hergestellt. Und das hat bei Platon nun selbst Weiterungen für seine politische Philosophie. Platons ‹zweitbester› Staat, wie ihn die «Nomoi» entwerfen, nimmt Züge einer Theokratie an. Religion wird erneut, diesmal auf dem Boden des vernünftigen Denkens, zum tragenden Element aller Institutionen; das Wichtigste ist, von den Göttern die ‹richtigen Vorstellungen› zu haben, und entsprechend gut oder nicht gut zu leben[52]. ‹Atheismus› ist nicht nur aus religiösen, sondern auch aus theoretischen Gründen unzulässig[53]: die ‹sichtbaren› Götter dokumentieren die Existenz des Göttlichen in der Welt. Wer sie leugnet, verstößt nicht nur gegen die Gesetze des Volksglaubens, er gerät auch in Widerspruch zum Wissen der Astronomie. Er ist theoretisch ‹blind›, versteht die vernünftige Ordnung der Welt (jedenfalls der supralunaren) nicht, zu der nun die Ordnung des Menschen in eine neue Harmonie treten soll – was wiederum ganz vorsokratisch gedacht ist. Bei

Philippos von Opus, einem Schüler Platons, geht das sogar so weit, daß den Gestirnen ein Anspruch auf Opfer, Gebete und Feste zugesprochen wird.[54] Die kultische Praxis erhält durch die Naturforschung, gerade auch durch die noch in unserem Sinne exakte, in diesem Falle astronomische Forschung, neue Impulse.

Bei Platon selbst bleibt allerdings die in eine neuartige Nähe zur Naturforschung geratende Religiosität intellektuell. Sie entspricht ohnehin einem ekstatischen Moment, das immer schon Bestandteil seiner Konzeption einer philosophischen Theoria war. Gemeint ist die Verbindung von Göttern und Seelen, die sich gleicherweise an einem imaginären Himmel in der Anschauung der Ideen verlieren. Nicht zufällig greift Platon dabei auf mythische Rede zurück. Nicht das noch nicht vernünftig Gesagte, sondern eine dem vernünftigen Sagen zugrundeliegende transrationale Erfahrung kommt hier in ihrer eigenen Form zu Wort. Am eindrucksvollsten wohl im «Phaidros», wo die Seele einem Wagenlenker mit einem geflügelten Pferdegespann mit zwei ungleichen Pferden, einem gutwilligen und einem bösartigen, gleicht: «Der große Führer am Himmel, Zeus, fährt in seinem geflügelten Wagen voran, alles ordnend und besorgend; ihm folgt das Heer der Götter und Dämonen, in elf Abteilungen geordnet. (...) Vielfältig und selig sind die Schau und die Bewegung innerhalb des Himmels, wo sich das Geschlecht der seligen Götter bewegt, indem ein jeder das Seine tut; ihnen folgt, wer will und kann; denn Neid steht außerhalb des Chors der Götter. Wenn sie aber zum Mahl und Gelage ziehen, wenden sie sich steil hinauf zur höchsten Wölbung über dem Himmel. Da fahren die Gespanne der Götter, die gleichmäßig dem Zügel gehorchen, mit Leichtigkeit, die andern aber mit Schwierigkeit. Denn das Pferd, das an Schlechtigkeit Anteil hat, drückt nach unten. (...) Den Ort über dem Himmel hat noch keiner der hiesigen Dichter besungen, und nie wird ihn einer nach Gebühr besingen. (...) Das ungefärbte, ungeprägte, unberührte Sein, das wahrhaft ist, das nur vom Nus, dem Lenker der Seele, zu schauen ist, mit dem es die Art wahren Wissens zu tun hat, dies ist es, was diesen Ort einnimmt.»[55] Im Kosmos geht es auch nach Platon wahrhaft göttlich zu.

8. Noch einmal: die Göttlichkeit der Welt

Nüchterner, wie immer, Aristoteles. Auch dessen kosmologische Konzeptionen aber haben Konsequenzen, die über das, was Philosophie und Wissenschaft in ihren naturphilosophischen Bahnen zu sagen haben, weit hinausreichen. Und auch diese Konsequenzen bedienen sich in zentralen Stücken einer theologischen Sprache. Das kommt schon in dem Gesichtspunkt der Göttlichkeit der Welt zum Ausdruck, der sich auch bei Aristoteles wiederfindet. So muß z. B. in dem verlorenen Aristotelischen

Dialog «Über die Philosophie» die Anknüpfung an Platons Vorstellungen im «Timaios» mit Händen zu greifen gewesen sein. Auch Aristoteles spricht hier vom Kosmos als einem ‹großen sichtbaren Gott›[56], auch wenn dieser nicht geschaffen, wie bei Platon, sondern ungeworden und ewig ist. Dabei nimmt die Aristotelische These von der Ewigkeit der Welt der Vorstellung von der Göttlichkeit der Welt nichts von ihrer ursprünglichen Überzeugungskraft. Im Gegenteil, sie verstärkt diese noch: ‹ungeworden› und ‹unvergänglich› sind alte Eigenschaften des Göttlichen; sie werden hier zu Eigenschaften nicht nur der Prinzipien der Welt – wie des Apeiron bei Anaximander –, sondern auch dieser selbst. Ausführlich muß Aristoteles in diesem Zusammenhang Fragen des Ursprungs des Gottesbegriffs und des Zusammenhangs von kosmischer Ordnung und göttlichem Wesen erörtert haben, bis hin zu der (uns gleich wieder begegnenden) Verbindung der Begriffe des Göttlichen und des reinen Geistes.[57]

Im einzelnen lassen sich zwei kosmologische Konzeptionen der Göttlichkeit der Welt bei Aristoteles unterscheiden. Die erste Konzeption, die sich in «De caelo» findet, ist eine unverändert Platonische: Das Ganze des Himmels wird «αἰών» genannt, wobei der Name von ἀεὶ εἶναι abgeleitet ist, denn er ist unsterblich und göttlich; und abhängig von ihm haben alle anderen Dinge ihre Existenz und ihr Leben, einige deutlicher, andere undeutlicher. Denn wie in den populär-philosophischen Werken über das Göttliche oft dargelegt worden ist, muß das Göttliche als Erstes und Höchstes völlig unveränderlich sein. Jetzt sehen wir, daß dem so ist, und diese Worte finden ihre Bestätigung. Denn es gibt nichts Höheres, das ihn bewegen könnte (...) – wenn es das gäbe, wäre ein solches Wesen noch göttlicher – noch enthält es irgend etwas Schlechtes, noch fehlt ihm irgend etwas an der ihm zukommenden Vollkommenheit. Er befindet sich auch in unaufhörlicher Bewegung, was auch dem Beweis entspricht; denn die Dinge hören nur auf, sich zu bewegen, wenn sie den ihnen angemessenen Ort erreicht haben; aber für einen kreisförmig bewegten Körper fallen Ausgangs- und Endpunkt zusammen»[58]. Der Himmel als ‹erster Körper› (πρῶτον σῶμα) – was sich auch als eine Konsequenz der Platonischen, unter dem Eindruck der Eudoxischen Astronomie erfolgten Zerlegung des Kosmos in eine sublunare und eine supralunare Welt verstehen läßt – und darin, wiederum ganz Platonisch, als das sichtbar gewordene Göttliche.

Wesentlich weiter geht die zweite Konzeption, die wir im 8. Buch der «Physik» und im 12. Buch der «Metaphysik» finden. Teils in Anspielung auf die an der Selbstbewegung der Seele orientierte Platonische Idee einer Selbstbewegung der Gestirne, teils als Konsequenz eines Aristotelischen Endlichkeitsprinzips für Ursachen, formuliert Aristoteles hier die Idee eines ersten, unbewegt Bewegenden, eines ‹unbewegten Bewegers› (πρῶτον κινοῦν ἀκίνητον ἀίδιον). Da nach Aristoteles die uneingeschränkte Geltung des Prinzips, daß alles, was bewegt wird, von einem anderen bewegt wird[59], in einen unzulässigen infiniten Regreß, und die Annahme eines Anfangs der Bewegung in logische Widersprüche führt (Anfänge erfolgen in einem ‹Jetzt›, das seinerseits Ende einer Dauer ist[60]), muß, was in einer kausal geordneten Bewegungskette den Anfang bildet, in kosmologischen Zusammenhängen die oberste Sphäre bzw. deren Bewegungsursache bewegen, ohne selbst bewegt zu sein. In Aristotelischer Terminologie: ein ‹erstes Prinzip›, das selbst ‹ewig› und ‹unbewegt› ist.

Wie aber geht das, wenn dabei nicht das Endlichkeitsprinzip für Ursachen außer Kraft gesetzt werden soll? Die Aristotelische Antwort ist genial: «In dieser Weise (...) bewegt das Begehrte und das Gedachte; es bewegt, wiewohl es nicht bewegt wird.»[61] Lebensweltliche Erfahrung und kosmologische Reflexion greifen ineinander, methodische Prinzipien (in diesem Falle Endlichkeitsprinzipien für Ursachen und Begründungen) werden zu kosmologischen. Das ganze dient – auch noch in der hochspekulativen, im Grunde wieder auf Platonische Vorstellungen zurückgreifenden Annahme einer Pluralität von unbewegten Bewegern, genauer von 56 unbewegten Bewegern, entsprechend der hier angenommenen Anzahl planetarischer Bewegungsformen[62] – als begriffliche Konstruktion zur Darstellung einer phänomenologisch so nicht erfaßbaren Einheit der Welt. Von einem derartigen Prinzip, dem Prinzip des unbewegt Bewegenden, so schließt Aristoteles diese Konstruktion ab, «hängt der Himmel ab und die Natur»[63].

Aber das ist noch nicht alles. Das unbewegt Bewegende, allein im Denken erfaßt, nimmt in der Aristotelischen Darstellung selbst göttliche Züge an. Es ist als das, was ‹zuletzt› begriffen wird, auch das ‹höchste› Begriffene, als das, wovon Himmel und Erde abhängen, auch das Göttliche, Gott. Zugleich ist die Weise, in der es begriffen wird, auch seine eigene Weise, nämlich Denken. Das höchste Prinzip ist selbst die reine Gegenwart, die reine Aktualität des Denkens bzw. der Vernunft. Vernunft aber ist, nach Aristoteles, Inbegriff des Lebens[64]; also lebt das unbewegt Bewegende: «Wir sagen also, daß der Gott ein lebendiges, ewiges und bestes Wesen ist. Dem Gott kommt demnach ununterbrochenes, fortdauerndes und ewiges Leben zu; denn das ist eben der Gott.»[65]

Wenn aber im Denken das Denken und das Gedachte eins werden[66], dann gilt das nicht nur für die göttliche, sondern auch für die menschliche Gegenwart des Denkens. Die von Aristoteles in diesem Zusammenhang geprägte Formel vom sich selbst denkenden Denken (νόησις νοήσεως[67]) erfaßt auch das philosophische Denken selbst. Aus einem kosmologischen Prinzip, wie es der Begriff des unbewegt Bewegenden darstellt, wird eine metaphysische Chiffre für die Vernunft und für die Theoria.

Oder anders formuliert: in der νόησις νοήσεως, dem sich selbst denkenden Denken, wird die Struktur des Kosmos, versinnbildlicht durch das
unbewegt Bewegende bzw. den unbewegten Beweger, zur inneren Struktur des Wissens bzw. der Vernunft oder des Geistes. Daß Theoria und
Vernunft (Nus) immer ‹bei sich› sind, macht sie zu Inbegriffen einer
vernünftigen (oder eben göttlichen) Autonomie.

9. Griechischer Idealismus

Damit geht der Weg des griechischen Denkens, der griechischen Kosmologie, von der *Göttlichkeit der Welt* zur *Göttlichkeit der Vernunft,* des
Nus.[68] Das griechische Denken hat eine neue Qualität erreicht: Die
Philosophie der Natur führt in einer äußersten ‹Anstrengung des Begriffs› zur Philosophie des Geistes und mißt dabei selbst Dimensionen
aus, in denen wir, weit später, nämlich im Rahmen des sogenannten
Deutschen Idealismus, das *idealistische* Denken zu beschreiben pflegen.
Allerdings nicht auf dem Hintergrund eines metaphysischen Dualismus
von Geist und Natur. Und das ist zugleich das Besondere und Großartige
an diesem griechischen Denken. Ihm gelingt noch, im Sinne einer
selbstverständlichen Voraussetzung, was dem Idealismus zum Problem
werden wird: in einer philosophischen Kosmologie die ursprüngliche
Einheit von Geist und Natur zu denken.

So gesehen aber ist es mit der vermeintlichen Überlegenheit der
neuzeitlichen profanen Vernunft gegenüber der griechischen Vernunft
nicht allzu weit her. Tatsache ist, daß die neuzeitliche Vernunft mit ihrem
Verlust der ursprünglichen Einheit von Geist und Natur auch einen
wesentlichen Teil ihrer Orientierungsfunktionen verliert. In der griechischen Vernunft waren Wissen und Leben, desgleichen Leben und Natur,
Natur und Geist noch ineinandergearbeitet, in der neuzeitlichen Vernunft fällt das alles auseinander. Wir verstehen uns nicht mehr, wir
verstehen die Welt, die wir gemacht haben, nicht mehr und wir verstehen
die Welt, die wir nicht gemacht haben, nicht mehr. Was wir nicht mehr
verstehen, verstand das griechische Denken, in Philosophie und Wissenschaft, als das im eigentlichen Sinne Göttliche. Für uns mag das heute
nicht mehr als eine Chiffre sein für etwas, über das die Entwicklung,
auch und gerade die des vernünftigen Denkens, längst hinweggegangen
ist. Nur sieht es so aus, als hätten wir nichts mehr an seine Stelle zu
setzen.

Kapitel III

Physikalische Kosmologie I: Das Standardmodell

VON JÜRGEN AUDRETSCH

Zuerst war nur das Chaos und die Nacht da und der finstere Erebos und der weite Tartaros, aber Erde, Luft und Himmel gab es noch nicht. In den grenzenlosen Klüften des Erebos aber gebiert zuerst die schwarzgeflügelte Nacht ein Windei. Diesem entsproß im Kreislauf der Horen Eros, der Sehnsuchterregende, dessen Rücken von seinen goldenen Flügeln erglänzt; er ähnelt auch dem dahersausenden Wirbelwind. Der paarte sich im weiten Tartaros mit dem geflügelten nächtlichen Chaos und heckte unser Geschlecht und förderte es zuerst ans Licht. Vorher gab es kein Geschlecht der Unsterblichen, bevor Eros alles miteinander vereinte. Wie aber das eine mit dem anderen vereint wurde, da entstand der Himmel und der Okeanos und die Erde und das unsterbliche Geschlecht all der seligen Götter

Aristophanes, Vögel (414 v. Chr.)

Wenn man das Geschehen am Himmel über Jahre und sogar über mehrere Menschenalter hin verfolgt, so zeigt sich kein Wandel. Alles scheint unverändert zu sein oder sich in stets gleicher Weise zu wiederholen. Die Menschen haben diesem Eindruck früh mißtraut. Sie haben die Welt als eine Einheit begriffen und sich für Geburt und Entwicklung dieser Welt in unterschiedlichsten mythologischen Schilderungen ein teilweise dramatisches Geschehen vorgestellt. Die obige Stelle aus der orphischen Kosmologie des Aristophanes gibt eine Vorstellung hiervon.

Heute haben die immer präziseren Methoden der beobachtenden Astrophysik und die immer weiter entwickelten Theorien der Hochenergiephysik in der physikalischen Kosmologie zu einem Bild von der Entstehung des Universums und dem sich daran anschließenden kosmologischen Geschehen geführt, das an Dramatik des Ablaufs dem in vielen Mythologien nicht nachsteht. Allerdings ist an die Stelle des Rückbezugs auf die handelnden Götter oder den einen handelnden Gott der Versuch der Begründung einer systematischen zeitlichen Entwicklung mit Hilfe physikalischer Gesetze getreten. Dieser wissenschaftliche Zugang hat aber der Geschichte, die es da zu erzählen gibt, nichts an Faszination genommen. Die Welt als ganze, ihr Aufbau und ihre Entwicklung sind auch heute nicht nur in dem sogenannten Standardmodell Gegenstand abgeklärter und gesicherter Lehrmeinung, sondern reizen nach wie vor die Phantasie der Wissenschaftler zu darüber hinausgehenden neuen Spekulationen an. Wichtig ist es dabei, den Unterschied zwischen diesen Spekulationen und den mythologischen Bildern zu sehen. Das Szenarium, das die physikalische Kosmologie z. B. im Modell des Inflationären Universums für den frühesten Frühzustand des Universums entwirft, beruht auf einer exakten theoretischen Extrapolation empirisch bestätigter Theorien. Seine Prognosen sind testbar und können sich daher sehr wohl als falsch erweisen. So enthalten die Fortentwicklungen in der Kosmologie in den letzten Jahren zwar theoretisch durchaus kühne Grenzüberschreitungen, bleiben aber methodisch völlig im Rahmen üblicher exakter Naturwissenschaft.

Wir wollen dies in den folgenden zwei Kapiteln in aller Kürze darstellen und beginnen mit der Beschreibung des *Standardmodells* von der Entwicklung des Universums. Es gilt heute als dasjenige Modell, das das Geschehen bis in die ersten Minuten der kosmischen Entwicklung hinein zutreffend wiedergibt.

1. Warum ist es nachts dunkel?

Was kostet die einfachste kosmologisch relevante astrophysikalische Beobachtung? Was wird an Fernrohren, Radioteleskopen, Röntgensatelliten usw. benötigt? Wir haben uns daran gewöhnt, daß Kosmologie unter «big science» einzuordnen ist und daher auch das große Geld benötigt. Zumindest eine kosmologische Beobachtung kann allerdings kostenlos von jedermann gemacht werden. Sie gibt eine alltägliche Erfahrung wieder: Abgesehen vom schwachen Licht der Sterne ist der Nachthimmel schwarz. Und mit dieser Beobachtungstatsache läßt sich bereits das folgende naive kosmologische Modell widerlegen: Nehmen wir an, die Verhältnisse im Universum sind homogen, d. h. die Dichte der Sterne ist ungefähr überall gleich, und alle Sterne emittieren dieselbe Energie. Weiterhin vermuten wir, wie wir es von der Newtonschen Mechanik her gewöhnt sind, daß der Raum unendlich ausgedehnt ist. Die Energieabstrahlung der Sterne soll sich zeitlich nicht ändern, und auch das Universum soll ein ewiges Universum sein. Wir setzen voraus, es ist statisch und hat keinen zeitlichen Anfang. Wäre in einem solchen Universum der Nachthimmel schwarz? Bereits im Jahre 1823 hat Olbers im einzelnen darauf hingewiesen, daß unter den obigen Voraussetzungen tatsächlich der Himmel am Tag und in der Nacht unendlich hell sein müßte. Vor ihm hatten schon 1720 Halley und dann 1743 de Cheseaux Bedenken angemeldet.

Das Olbers'sche Ergebnis kann man sich leicht klarmachen (Abb. 1):

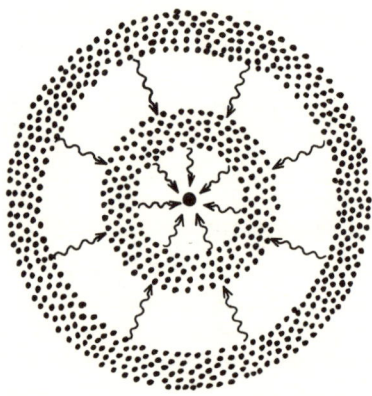

Abb. 1: Zum Olbers'schen Paradoxon. Aus allen konzentrischen Kugelschalen gleicher Dicke strahlt gleich viel Strahlungsenergie von den Sternen
auf die Erde ein.

Zwei Effekte stehen miteinander in Konkurrenz. Wir denken uns um die
Erde konzentrische Kugelschalen konstanter Dicke gelegt. Ein Stern aus
einer nahen Schale hat eine geringe Entfernung von der Erde und strahlt
intensiv auf sie ein. Ein Stern in einer weiter entfernten Schale strahlt
entsprechend schwächer auf sie ein. Andererseits enthält die nahe Schale
insgesamt weniger Sterne als die ferne Schale. Wenn man nun die
Verhältnisse mit Hilfe des Ausbreitungsgesetzes für Licht im einzelnen
durchdiskutiert, stellt man fest, daß diese beiden Effekte sich genau
wechselseitig aufheben und von jeder Schale gleich viel Licht auf die Erde
eingestrahlt wird. Da aber unendlich viele solcher Schalen vorliegen,
müßte es daher hier auch auf der Erde unendlich hell sein. Nun mag man
gegen diese Rechnung einwenden, daß bei ihr übersehen wurde, daß die
Sterne sich ja wechselseitig abdecken. Berücksichtigt man diesen Umstand in einer etwas genaueren Rechnung, so stellt man immerhin noch
fest, daß die Lichtenergie, die auf einer bestimmten Fläche auf der Erde
auftritt, so groß wie die Energie sein muß, die auf der Oberfläche eines
Sterns von einer Fläche gleicher Größe emittiert wird. Und auch von
einer solchen Situation kann tatsächlich nicht die Rede sein. Unser
einfaches kosmologisches Modell steht somit im Widerspruch zur All-
tagserfahrung.

Natürlich läßt sich das obige kosmologische Modell durch adhoc-
Annahmen und -Abänderungen so modifizieren, daß sich der Widerspruch auflöst. Eine einzige Beobachtung reicht zwar zu einer Widerlegung, erzwingt aber keinen speziellen Typ von kosmologischem Modell.
Es müssen weitere Informationen hinzukommen, damit die Annahme

Abb. 2: Eine bewegte Quelle (Auto) ermittiert Wellen einer bestimmten Frequenz. Der Doppler-Effekt besagt, daß der ruhende Beobachter eine höhere Frequenz registriert, wenn sich die Quelle auf ihn zubewegt, und eine niedrigere Frequenz, wenn sie sich von ihm fortbewegt.

bestimmter theoretischer Vorstellungen, auf denen sich dann ein Modell aufbauen läßt, plausibel wird.

Zur Auflösung des oben geschilderten sogenannten *Olbers'schen Paradoxons* setzt man heute bei der Strahlung an. Wie kann man es verhindern, daß jede Schale mit gleicher Intensität auf die Erde einstrahlt? Wellenbewegungen wie Schall und Licht zeigen einen *Doppler-Effekt* (Abb. 2). Wenn eine Quelle bestimmter Frequenz sich auf einen Beobachter zubewegt, so wird vom Beobachter eine höhere Frequenz registriert, die Wellen werden gewissermaßen gestaucht. Bewegt sich die Quelle hingegen vom Beobachter weg, so registriert er eine verringerte Frequenz, die ausgesandten Wellen erscheinen durch die Bewegung der Quelle gestreckt. In der kosmologischen Situation betrifft das die Lichtquellen. Wenn man annimmt, daß die Sterne eine hinreichend große, mit der Entfernung zunehmende von uns weg gerichtete Geschwindigkeit besitzen, dann werden durch diese Flucht der Sterne die jeweils von ihnen auf die Erde eingestrahlten Energiebeiträge durch Rotverschiebung so verringert, daß der Nachthimmel die gewohnte Schwärze annimmt. Diese Annahme allein reicht bereits zur Rettung des Phänomens. Wir haben theoretisch gefunden: Es gibt eine *kinematische* Auflösung des Strahlungsproblems. Wir werden auf die Frage zurückkommen, ob das Problem in unserem Universum auch tatsächlich so gelöst wird.

Eine Lehre läßt sich bereits an dieser Stelle ziehen: Die Welt im Großen wirkt in unseren Alltag hinein. Umgekehrt werden wir versuchen, das physikalische Geschehen im Kosmos aus der Alltagsphysik heraus zu begründen. Für den Frühzustand des Universums werden wir sogar noch über die Alltagsphysik hinaus gehen müssen und auf die Elementarteilchenphysik, also die Physik des extremst Kleinen, zurückzugreifen haben. Schon am Olbers'schen Paradoxon wird deutlich, daß Mikrokosmos und Makrokosmos nicht getrennt gedacht werden können.

An der obigen kinematischen Auflösung des Paradoxons lassen sich die Aufgaben der Kosmologie ablesen. Es ist die Bewegung der Sterne bzw. allgemeiner des Materieinhalts im Universum zu bestimmen. Die Strahlung im Universum spielt eine besondere Rolle: Wie ist sie beschaffen? Das in der Beobachtung Gefundene ist sodann dynamisch zu begründen. Gravitation wird hierbei eine besondere Rolle spielen. Wie können die Sterne voneinander wegfliegen, obwohl doch über Gravitation eine Anziehung zwischen ihnen besteht? Wenn das Geschehen nicht mehr zeitlich unveränderlich ist, wie sehen dann etwaige Stadien der Entwicklung des Universums aus? Wir wollen uns als Ausgangspunkt zunächst einen Überblick über die Materieverteilung im Universum beschaffen.

2. *Die Welteninseln fliehen*

Der Hauptteil der sichtbaren Materie im Universum ist in den Sternen zusammengeballt. Die Verteilung der Sterne selber zeigt wiederum eine Haufenstruktur: Sie sind dünn verteilt in Galaxien (Milchstraßensystem) enthalten, die bis zu 10^{11} Sterne umfassen. Auch die Galaxien treten in Anhäufungen auf, und so scheint das weiterzugehen. In den Galaxien ist der Abstand der Sterne ca. 10^8mal größer als ihr Durchmesser. Die Galaxien selber haben einen durchschnittlichen Durchmesser von 100 000 Lichtjahren. Auch sie sind dünn verteilt, denn ihre Abstände untereinander sind 10- bis 100mal größer als ihre Durchmesser. Diese sehr dünne Verteilung der Materie im Weltall und ihre Haufenstruktur lassen sich durch die beiden folgenden maßstabsgetreuen Modelle veranschaulichen: Wenn man die Sonne durch einen Stecknadelkopf darstellt, so hat das Sonnensystem einen Durchmesser von 10 Metern und der nächste Fixstern (α-Centauri) steht in der, verglichen hiermit, riesigen Entfernung von ca. 12 km (Sonnenradius: $6{,}96 \times 10^5$ km; mittlerer Bahnradius Pluto $5{,}9 \times 10^9$ km; Entfernung α-Centauri: $1{,}5 \times 10^{12}$ km). Ändern wir jetzt den Maßstab und stellen unsere gesamte Galaxie durch ein Zehnpfennigstück dar, so hat die uns unmittelbar benachbarte Galaxie, die Andromedagalaxie, eine Entfernung von 50 cm, und die entfernteste beobachtbare Galaxie weist immerhin einen Abstand von ca. 2 km auf (Scheibendurchmesser unserer Galaxie: 30 kpc; (1 Kiloparsec = $3{,}085 \times 10^{13}$ km; Entfernung Andromedagalaxie 0,68 Mpc; 1 Megaparsec = $3{,}26 \times 10^6$ Lichtjahre). Licht von dieser Andromedagalaxie ist bis zu uns ca. 1,5 Millionen Jahre unterwegs. Wir beobachten heute diese Galaxie in einem Zustand, der bereits diese Anzahl von Jahren zurückliegt.

Ein Blick auf diese Haufenstruktur zeigt, daß die Welt fast nur aus «Zwischenraum» besteht zwischen sehr weiträumig verteilten und in sich wieder nur sehr dünn mit Sternen angefüllten Galaxien als Materieinseln. Es entsteht so für die kosmische Materie das Bild eines Gases, in dem die Galaxien die Gasmoleküle darstellen. Die mittlere Dichte ϱ_{Mat} dieses Gases erhalten wir, wenn man sich in den Galaxien angehäufte Materie gleichmäßig verteilt denkt. Es ergibt sich dann der Wert

(1) $$\varrho_{\text{Mat}} = 5(+7, -3) \cdot 10^{-31} \text{ g cm}^{-3}$$

Die Zahlen in Klammern stellen die Fehlerschranken dar. Zur Veranschaulichung sei gesagt, daß sich der gleiche Wert für die Dichte ergibt, wenn sich in einem Volumen von 5 Kubikmetern nur ein einziges Wasserstoffatom befindet. Führt dieses kosmologische Modell des Galaxiengases nicht wiederum auf das Olbers'sche Paradoxon?

Zwei Ereignisse markieren den Beginn der modernen Kosmologie: die Entwicklung der Allgemeinen Relativitätstheorie durch Einstein im Jahre 1916, durch die die Konstruktion relativistisch korrekter kosmologischer Modelle ermöglicht wurde (wir kommen später darauf zurück), und die Entdeckung der Galaxienflucht durch Hubble im Jahre 1929. Hubble machte bei der Analyse des Lichts weit entfernter Galaxien eine bemerkenswerte Entdeckung. Er verglich die Lage der Spektrallinien im Licht dieser Galaxien mit der Lage der entsprechenden im Laboratorium erzeugten Spektrallinien und stellte fest, daß sie geringfügig zum roten Ende des Spektrums hin verschoben sind. Das Licht muß also auf dem Weg von den Galaxien zu uns eine Abnahme der Frequenz erfahren haben. Dabei erweist sich, daß bei einer jeden Galaxie die relative Rotverschiebung ($z = \Delta\lambda/\lambda$ der Wellenlänge λ) aller Spektrallinien übereinstimmt. Die Rotverschiebung z hat also einen für eine jede Galaxie charakteristischen Wert. Hubble trug die Rotverschiebungen entfernter Galaxien gegen ihre scheinbare Helligkeit auf und stellte fest, daß die entsprechenden Punkte alle auf einer Geraden liegen. Deutet man daher die scheinbare Helligkeit als Maß für die Entfernung der Galaxie, so ergibt sich, daß für alle Galaxien die Rotverschiebung z proportional mit deren Entfernung D wächst und daß der Proportionalitätsfaktor dabei von Typ und Ort der Galaxie unabhängig ist.

Bevor wir die Relation aufschreiben, wollen wir aber noch einen Schritt weiter gehen. Erinnern wir uns an die kinematische Auflösung des Olbers'schen Paradoxons. Auch Hubble hat sofort in diesem Sinne die Rotverschiebung der Galaxien als einen Doppler-Effekt gedeutet. Dann fliegen alle Galaxien mit sehr großer Geschwindigkeit radial von der Erde weg. Die Beobachtungen zeigen dabei im einzelnen, daß ihre Geschwindigkeit um so größer ist, je weiter sie von uns entfernt sind. Für alle Galaxien gilt einheitlich das Gesetz, daß die Fluchtgeschwindigkeit v ihrem jeweiligen Abstand von der Erde proportional ist *(Hubble-Gesetz)*:

(2) $$\vec{v} = H_0 \vec{s}$$

Dabei hat die Proportionalitätskonstante *(Hubble-Konstante)* den für alle Galaxien einheitlichen Wert

$$(3) \qquad H_o = (50 \pm 7) \; km \cdot sec^{-1} \cdot Mpc^{-1}$$

Hubble selber kam damals auf einen sehr viel größeren Wert. Das Hubble-Gesetz besagt, daß z. B. eine Galaxie im Abstand von einem Megaparsec mit einer Geschwindigkeit von etwa 50 km/sek von uns wegfliegt. Die Andromeda-Galaxie, die etwa nur halb so weit entfernt ist und daher noch zu den uns benachbarten Galaxien gehört, hat immerhin den halben Wert als Fluchtgeschwindigkeit.

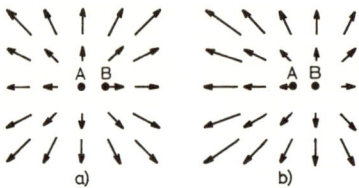

Abb. 3 Schematische Darstellung des Geschwindigkeitsfeldes der Galaxien, wie es von zwei verschiedenen Galaxien aus beobachtet wird. a) Geschwindigkeitsbewegung gemäß der Hubble-Relation gesehen von der Galaxie A. b) Vektoraddition zeigt, daß sich bei Verlegen des Bezugspunktes in die Nachbargalaxie B ein völlig gleichartiges Geschwindigkeitsfeld ergibt.

In der Abb. 3 a ist das Geschwindigkeitsfeld der Galaxien schematisch dargestellt, die Länge der Pfeile ist dabei ein Maß für die Geschwindigkeit der Galaxien. Diese Geschwindigkeitsverteilung der Galaxien gemäß der Hubble-Relation scheint in ungewöhnlich eindeutiger Weise den Ort unserer eigenen Galaxie vor dem aller anderen im Universum auszuzeichnen. Stehen wir im Mittelpunkt? Gibt es also nicht nur einen Mittelpunkt der Welt, sondern ist auch noch gerade in ihm das menschliche Leben entstanden? Schon eine einfache Umrechnung mit Hilfe der Gesetze der Vektoraddition zeigt, daß das nicht der Fall ist. Verlegt man bei einem Geschwindigkeitsfeld vom dargestellten Typ den Ausgangspunkt der Abstandsmessung von unserer Galaxie A in eine Nachbargalaxie B, so ergibt sich genau dieselbe Hubble-Relation (2) zwischen neuem Abstand und neuer Fluchtgeschwindigkeit. Auch ein Beobachter auf einer Nachbargalaxie würde also das gleiche *isotrope* Geschwindigkeitsfeld für die Galaxienbewegung (Abb. 3 b) registrieren. Das von Hubble entdeckte Geschwindigkeitsfeld ist tatsächlich gerade so beschaffen, daß keine Galaxie vor der anderen ausgezeichnet ist. Darüber hinaus stellt man noch fest, daß die Häufigkeitsverteilung der Galaxien im großen und ganzen *homogen* ist. Es tritt also in keinem Bereich und in keiner Richtung eine besondere Häufung auf. Zusammengenommen haben wir damit bezüglich der Galaxienverteilung und -bewegung zwei Aussagen erhalten: In jedem Punkt registriert ein Beobachter dasselbe Bild *(Homogenität)*, und in diesem jeweiligen Bild ist keine Richtung ausgezeichnet *(Isotropie)*. Für eine wesentlich bessere Absicherung der Annahme, daß die Verhältnisse im Universum homogen und isotrop sind, gibt es aber seit über zwanzig Jahren ein sehr viel zwingenderes Indiz: die kosmische Hintergrundstrahlung.

3. Kosmische Hintergrundstrahlung

Die Entdeckung der Hintergrundstrahlung durch Penzias und Wilson im Jahre 1965 war die größte kosmologische Entdeckung seit Hubble. Sie stellt den zweiten entscheidenden Schritt bei der Erforschung der Zusammensetzung des heutigen Weltinhalts dar. Das kosmologische Standardmodell, das wir hier beschreiben, erhielt eine unmittelbare empirische Bestätigung. Durch Messungen im Mikrowellenbereich konnte nachgewiesen werden, daß die Erde in einer elektromagnetischen Strahlung «badet», die die Intensitätsverteilung einer Schwarzen Strahlung von der Temperatur $T_0 = (2{,}75 \pm 0.05)$ Grad Kelvin hat und die auf uns isotrop aus allen Richtungen einstrahlt. Infolge ihrer hohen Intensität kann sie nicht von Sternen abgestrahlt sein, sondern muß kosmologischen Ursprungs sein. Schwarze Strahlung ist eine Strahlung mit einer Planckschen Spektralverteilung. Sie entsteht, wenn elektromagnetische Strahlung sich im thermischen Gleichgewicht mit einer sich auf einer speziellen Temperatur befindlichen Materie befindet. Dieser Umstand wird noch von Bedeutung sein, wenn wir den Ursprung der kosmischen Hintergrundstrahlung diskutieren. Die Spektralverteilung der Schwarzen Strahlung selber läßt sich ebenfalls durch die Gleichgewichtstemperatur charakterisieren.

Neben dem Umstand, daß diese kosmologisch so bedeutende Hintergrundstrahlung die Intensitätsverteilung einer thermischen Strahlung (Plancksches Spektrum) zu einer nur ca. 3 Grad über dem absoluten Nullpunkt liegenden Temperatur aufweist, sind zwei weitere Beobachtungstatsachen von entscheidender kosmologischer Bedeutung: Die Strahlung weist eine überraschend hohe Isotropie auf:

$$(4) \qquad \frac{\Delta T}{T} \leq 3 \cdot 10^{-4}$$

Mit einer für astrophysikalische Verhältnisse außerordentlich hohen Präzision strahlt die Hintergrundstrahlung aus allen Richtungen mit genau derselben Temperatur auf uns ein. Darüber hinaus enthält diese Strahlung ungewöhnlich viele Photonen. Wenn man sie mit der Zahl der Nukleonen im Universum vergleicht, dann stellt man fest, daß auf ein Nukleon ca. $10^{9 \pm 1}$ Photonen kommen. Zur Zeit überwiegt also die Zahl der Photonen im Universum die der Nukleonen um einen gewaltigen Faktor.

Wir wollen hiermit die Diskussion der Frage, woraus das Universum heute aufgebaut ist, abbrechen. Wir überschauen vom Sonnensystem aus nur einen geringen Teil des Universums. Wir können es nur von hier aus und zum jetzigen Zeitpunkt betrachten. Das zwingt zu folgendem Vorgehen: Die obigen Überlegungen, die vom Hubble-Gesetz und der kosmischen Hintergrundstrahlung ausgehen und zunächst nur ganz lokal gültig sind, dienen dazu, aus dem Beobachtungsmaterial plausible Hypothesen zu abstrahieren. Diese werden dann in einer stark verallgemeinerten Form zur Grundlage eines Modells gemacht, das schließlich wieder am astrophysikalischen empirischen Material überprüft wird. Besteht das Modell die Probe nicht, so ist es zu modifizieren. Die Theoriebeladenheit der Erfahrung ist bei diesem Verfahren unvermeidlich. Aber sie findet sich nicht nur in der Kosmologie, sondern in gleicher Weise in allen exakten Naturwissenschaften.

4. Modellannahmen

Die oben angeführten Beobachtungen in unserer unmittelbaren kosmischen Umgebung legen für das kosmische Substrat die folgenden idealisierenden und extrapolierenden *Modellannahmen* nahe: Der Inhalt des Universums besteht aus zwei Komponenten, einem Galaxiengas, das durch Energiedichte und Druck beschrieben wird, sowie aus elektromagnetischer Strahlung mit Planckschem Spektrum, die durch eine Temperatur charakterisiert werden kann. Darüber hinaus wird als Modellannahme vorausgesetzt, daß die Verteilung beider Materieformen überall und zu allen Zeiten homogen und isotrop war. Dieses sehr weitreichende sogenannte *kopernikanische Prinzip* (das manchmal auch *kosmologisches Prinzip* genannt wird) besagt, daß es in der Geschichte des Universums nie ein an seinem Inhalt ablesbares privilegiertes Zentrum und nie eine privilegierte Richtung gegeben hat. Man beachte, daß mit dieser Annahme für die Verteilung der Materie für alle Zeiten und damit auch für den frühesten Frühzustand des Universums das Modell eines Gases bzw. einer sogenannten idealen Flüssigkeit mit räumlich homogener Dichte und homogenem Druck vorausgesetzt wird.

Die Hubblesche Galaxienflucht demonstriert, daß die Materie im Universum in Bewegung ist. Wodurch wird das Verhalten von Materie und Strahlung im Universum bestimmt?

5. Geometrie des Universums

Als Wechselwirkungen, die den Aufbau und die Dynamik der Welt im Großen bestimmen, kommen nur die langreichweitigen Wechselwirkungen Gravitation und Elektromagnetismus in Betracht. Wir werden diese

Aussage für den frühesten Frühzustand später zu ergänzen haben. Die Elektrodynamik kennt als Quellen und Senken des Feldes Pole verschiedenen Vorzeichens, daher können elektromagnetische Felder abgeschirmt werden. Tatsächlich lassen sich empirisch keine für die Wechselwirkung der Galaxien untereinander relevanten elektromagnetische Felder nachweisen. Es gibt neben der kosmologischen Hintergrundstrahlung keine weiteren kosmologischen elektromagnetischen Felder. Gravitation ist demgegenüber langreichweitig und nicht abschirmbar, da es nur Massen eines Vorzeichens gibt. Sie ist daher die entscheidende kosmologische Wechselwirkung und bleibt im Standardmodell auch die einzige kosmologisch relevante Wechselwirkung. Gravitation bestimmt die Dynamik des Kosmos und damit auch seine zeitliche Entwicklung.

In der Einsteinschen Allgemeinen Relativitätstheorie von 1916 wird Gravitation durch gekrümmte Raum-Zeit beschrieben. Freie Massenpunkte bewegen sich auf der Geradesten (Geodäten) der jeweils vorliegenden gekrümmten Geometrie. Auf der Oberfläche einer Kugel wären dies z. B. die Großkreise. Im kosmologischen Zusammenhang bedeutet dies, daß die Galaxien durch die im Universum vorliegenden Krümmungsverhältnisse so *geführt* werden, daß ihre Bewegung gerade das Hubble-Gesetz widerspiegelt. In der Newtonschen Gravitationstheorie ist die Ruhemassendichte die Quelle des Gravitationsfeldes. In der Speziellen Relativitätstheorie wird gezeigt, daß Masse gemäß $E = mc^2$ (Energie ist gleich Masse mal Quadrat der Lichtgeschwindigkeit) nur eine spezielle Form von Energie darstellt. In konsequenter Verallgemeinerung wirken daher in der Allgemeinen Relativitätstheorie alle Formen von Energie, also auch Drücke, Spannungen usw. gravitierend und stellen so Quellen für die Gravitation beschreibende Krümmung der Raum-Zeit dar. Umgekehrt greifen auch Gravitationsfelder an allen Formen von Energie usw. an. Das hat u. a. zur Folge, daß Lichtstrahlen in Richtung und Frequenz vom Gravitationsfeld beeinflußt werden. So «fällt» z. B. ein Lichtstrahl, der die Sonne passiert, etwas auf diese zu. Dieser Effekt läßt sich als Lichtablenkung nachweisen. Licht, das gegen ein Gravitationsfeld anläuft, wird energieärmer, d. h. es erfährt eine Rotverschiebung. Diese gravitative Rotverschiebung kann im Laboratoriumsversuch gemessen werden. In der Theorie selber wird z. B. die Lichtablenkung wiederum so beschrieben, daß Lichtstrahlen längs den Geradesten einer gekrümmten Geometrie verlaufen (sie verbinden zwei Punkte auf dem kürzesten Wege) und so zum Beispiel bei der Lichtablenkung durch Krümmung auf die Sonne hin geführt werden. Gravitation wird also vollständig geometrisiert. Die Einsteinschen Feldgleichungen beschreiben im einzelnen, welche Krümmung der Raum-Zeit durch die Quellen erzeugt wird (Abb. 4). Die Forderung, daß diese Feldgleichungen gelten mögen, ist mit ein grundlegendes Postulat in unserem Standardmodell.

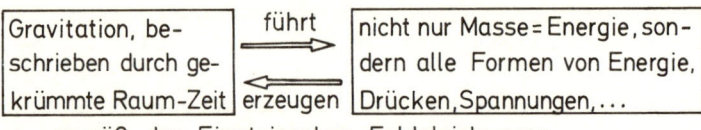

gemäß den Einsteinschen Feldgleichungen

Für die Kosmologie hat die Beschreibung der Gravitation mit Hilfe der Allgemeinen Relativitätstheorie eine wichtige Konsequenz. Die im Universum vorliegende Geometrie wird selber Gegenstand der Untersuchung. Sie ist nicht von vornherein vorgegeben, sondern ebenfalls empirisch zu ermitteln. Auf der Grundlage der oben beschriebenen Kopplung zwischen der Raum-Zeit-Geometrie und dem Inhalt der Raum-Zeit läßt sich nun die Geometrie des Universums leicht aus unseren Modellannahmen ableiten. Unsere stark vereinfachenden Modellannahmen haben die Vielfalt möglicher Geometrien drastisch eingeschränkt. Die stets und überall geforderte Homogenität und Isotropie des kosmischen Substrats erzwingt eine Weltgeometrie, die diese Symmetrie widerspiegelt. Die Forderungen übertragen sich auf die Geometrie selber und führen darauf, daß die Krümmung des dreidimensionalen Raumes in jedem Augenblick bezüglich ihrer Ortsabhängigkeit überall homogen und isotrop sein muß. Diese Eigenschaft haben aber nur die dreidimensionalen Räume konstanter Krümmung. Zu einer festen Zeit t, d. h. wenn man eine Momentaufnahme der Geometrie macht, sind somit die dreidimensionalen Räume der physikalischen Erfahrung Räume konstanter Krümmung. Die Weltgeometrie in ihrem Gesamtverlauf stellt dann eine zeitliche Abfolge solcher Räume dar.

Wie entwickelt sich deren konstante Krümmung ihrem Wert nach im Verlaufe der Geschichte des Universums? Wir beobachten eine Galaxienflucht, die Verteilung der Materie im Universum ändert sich also ständig. Die Materie wird verdünnt, ihre Dichte nimmt ab, ohne daß sich dabei Homogenität und Isotropie ändern. Dieses Ergebnis beruht auf der Beobachtung ferner Galaxien. Mit dem Fernrohr schauen wir aber tatsächlich nicht nur in die Ferne, sondern wegen der endlichen Laufgeschwindigkeit des Lichtes auch in die Vergangenheit. Auch in der Vergangenheit sehen wir Galaxienflucht und damit Materieverdünnung. Sich verdünnende Materie kann (gemäß den Einsteinschen Feldgleichungen) die Raum-Zeit nur immer schwächer krümmen. Wir können also genauer sagen, daß die Geometrie des Universums aus einer Abfolge von dreidimensionalen Räumen konstanter Krümmung besteht, deren Krümmung sich mit der Zeit ständig verringert, die also immer flacher werden.

Die geometrische Situation vereinfacht sich weiterhin auch dadurch, daß es nur drei Typen von Räumen konstanter Krümmung geben kann,

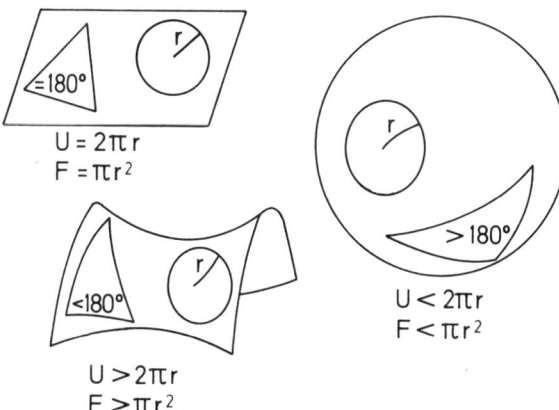

$$U = 2\pi r$$
$$F = \pi r^2$$

$$U > 2\pi r$$
$$F > \pi r^2$$

$$U < 2\pi r$$
$$F < \pi r^2$$

Abb. 5: Die Sattelfläche ist ein Raum ortsabhängiger negativer Krümmung. Die Kugeloberfläche und die Ebene sind Räume konstanter positiver bzw. verschwindender Krümmung. Das jeweilige Krümmungsvorzeichen kann unmittelbar in den Flächen selber durch Ausmessung der Winkelsumme im Dreieck oder des Umfangs bzw. der Fläche eines Kreises bestimmt werden. Ähnlich läßt sich im Prinzip auch die Geometrie des dreidimensionalen physikalischen Raumes ausmessen, ohne daß man hierzu diesen Raum verlassen müßte.

da für das Krümmungsvorzeichen ε nur die drei Möglichkeiten -1, o, $+1$ bestehen. Die zweidimensionalen Analoga (Entsprechungen) von zwei dieser Räume konstanter Krümmung sind in Abb. 5 dargestellt. Der dort gezeigte Raum negativer Krümmung ist kein Raum konstanter Krümmung. Man kann eine wichtige Tatsache ablesen: Die Geometrie dieser Flächen kann unmittelbar in der Fläche selber bestimmt werden. So ist z. B. im Raum positiver Krümmung die Winkelsumme in einem aus Geradesten (das sind hier die Großkreise) gebildeten Dreieck größer als 380°. Auch an Umfang und Fläche eines Kreises läßt sich ablesen, welches Krümmungsvorzeichen vorliegt. Diese Verhältnisse übertragen sich von den zweidimensionalen Abbildern auf den dreidimensionalen Erfahrungsraum im Universum. Die vorliegende Geometrie läßt sich ausmessen, ohne daß man diese dreidimensionalen Räume verlassen müßte, was schließlich auch gar nicht ginge.

Es lassen sich in Abb. 5 noch weitere wichtige Aussagen über die Welt im Großen ablesen. In allen drei Fällen ist die Welt unbegrenzt. Man kann zu jeder Zeit an jedem Ort in jede Richtung weiterschreiten. Es gibt kein räumliches Ende der Welt. Das Gegenteil stünde auch bereits mit der Isotropieforderung im Widerspruch, da es dann eine ausgezeichnete

Richtung auf diesen «Rand der Welt» hin geben müßte. Neu ist, daß aus der Unbegrenztheit nicht die Unendlichkeit folgt. Der Übergang zur gekrümmten Raum-Zeit macht das möglich. Alle Räume positiver Krümmung sind geschlossen und weisen ein endliches Volumen auf. Die einfachste mögliche Topologie ist in diesem Fall die des dreidimensionalen Analogons zur zweidimensionalen Kugeloberfläche. Für die beiden anderen Krümmungsvorzeichen sind offene und geschlossene Räume möglich. Die Beantwortung der Frage, welche der Topologien vorliegt, ist eine weitere Aufgabe der empirischen Kosmologie. Die bisherigen astrophysikalischen Beobachtungen reichen allerdings nicht aus, um hier eine Beantwortung herbeizuführen.

6. *Urknall und Weltalter*

Wir hatten bereits gesehen, daß zumindest zur Zeit infolge der Verdünnung der Materie eine Verringerung der Krümmung stattfindet. Für die zweidimensionalen Analoga der Abb. 5 bedeutet dies, daß die unendliche Ebene in sich gestreckt und daß die Kugeloberfläche wie bei einem Luftballon aufgeblasen wird. Veranschaulichen wir uns die Galaxien durch kleine aufgeklebte Kreise, die nicht mitexpandieren, so läßt sich unmittelbar ablesen, daß alle Galaxien von allen Galaxien wegfliegen. Infolge der Symmetrie der Geometrie reicht aber ein einziger zeitabhängiger Skalenfaktor $R(t)$ aus, um diesen Vorgang zu beschreiben. Der Abstand $s(t)$ zwischen irgend zwei herausgegriffenen Galaxien (der in Abb. 6 natürlich entlang der jeweiligen Oberfläche zu messen ist) ändert sich mit der Zeit t im Laufe der kosmischen Entwicklung gemäß

(5) $$s(t) = R(t) \cdot \text{const}$$

mit einem für alle Galaxienpaare einheitlichen Skalenfaktor $R(t)$. Die Raumschnitte zu konstanter Zeit werden im Standardmodell während der Entwicklung des Universums konform ineinander abgebildet. Bei dem Raum konstanter positiver Krümmung ist $R(t)$ direkt der Radius der Kugel, und die Beziehung (5) kann unmittelbar abgelesen werden. Der Wert der Krümmung nimmt mit wachsendem $R(t)$ ständig ab. Darüber hinaus nimmt für eine beliebig herausgegriffene Referenzgalaxie die Fluchtgeschwindigkeit der anderen Galaxien mit wachsendem Abstand im Sinne der Hubble-Relation (2) zu. Ein privilegiertes Zentrum des Geschehens liegt innerhalb der Oberfläche nicht vor.

Und noch eine Beobachtung ist wichtig: Die Bewegung der Galaxien findet nicht *im* Raum oder *durch* den Raum, sondern *mit* dem Raum statt. Der Raum selber expandiert unter ständiger Abnahme seiner Krümmung und *führt* die Galaxien mit.

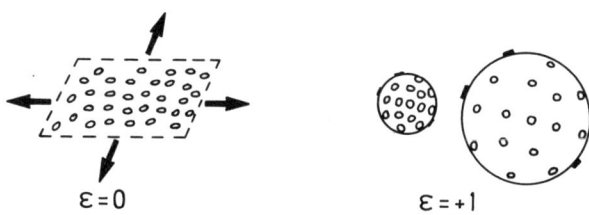

$\varepsilon = 0$ $\varepsilon = +1$

Abb. 6: Ebene (Krümmung Null) und Kugeloberfläche (positive Krümmung) sind zweidimensionale Analoga zum dreidimensionalen physikalischen Raum konstanter Krümmung. Die Ausbreitung von Lichtstrahlen, Teilchen usw. erfolgt dabei nur in der Fläche. Ein Bild von der Hubbleschen Galaxienflucht ergibt sich, wenn man die unendliche Ebene gleichmäßig streckt bzw. die Kugel wie einen Luftballon aufbläst. Dann entfernen sich alle Galaxien voneinander, wobei die Fluchtgeschwindigkeit dem in der Fläche gemessenen Abstand proportional ist.

Gemäß der Hubbleschen Beobachtung fliegen die Galaxien heute voneinander weg. Sind sie vielleicht früher einmal aufeinander zugeflogen? Da sie sich in unserem Galaxiengas stets wechselseitig gravitativ angezogen haben, ist das unmöglich. Die gravitative Anziehung wirkt abbremsend, die Galaxien müssen demnach früher mit noch größerer Geschwindigkeit als heute voneinander weggeflogen sein. Wenn man das Geschehen weiter zurückverfolgt, bedeutet dies, daß die Galaxien in einheitlicher Weise näher beieinander gewesen sein müssen. Im Universum muß früher eine höhere Dichte und entsprechend eine größere Krümmung des dreidimensionalen Raumes vorgelegen haben. Es muß demnach vor endlicher Zeit t_0 in der Vergangenheit sogar einen Zustand unendlicher Materiedichte gegeben haben. Diesen singulären Zustand, der den zeitlichen Anfang der Welt darstellt, nennt man den Urknall. Er hat nicht an einer speziellen Stelle des Raumes stattgefunden, vielmehr war zu diesem Nullpunkt der Zeit *überall* im Raum die Dichte unendlich groß. In dem oben beschriebenen zweidimensionalen Analogon der sich langsam vergrößernden Luftballonoberfläche ist dieses der Augenblick, in dem mit dem Aufblasen eines punktförmigen Luftballons begonnen wird.

Es ist eine bemerkenswerte Tatsache, daß das Hubble-Gesetz auch eine Information über das vom Urknall ab gerechnete Weltalter t_0 enthält. Mit Hilfe der Hubble-Konstante H_0 läßt sich der Wert von t_0 abschätzen. Hierzu machen wir eine ganz kurze rechnerische Überlegung. Leser, die diesen Teil gerne überschlagen möchten, können das ohne Nachteil tun und einfach nur das Ergebnis zur Kenntnis nehmen. Wenn man die

Relation (5) nach der Zeit ableitet, und die dann immer noch auftauchende Konstante «const» wiederum mit Hilfe der Relation (5) ersetzt, so ergibt sich eine Gleichung, die die Geschwindigkeit v mit dem Abstand s verknüpft. Der Vergleich mit der Gleichung (2) ermöglicht es, die Hubble-Konstante abzulesen. Wir geben ihren reziproken Wert an:

(6) $\qquad R(t_o)/\overset{\circ}{R}(t_o) = H_o^{-1} = 1{,}9 \cdot 10^{10}$ Jahre

Die Bedeutung dieses Wertes läßt sich leicht ablesen, wenn wir in einem Diagramm R gegen die Zeit t auftragen (Abb. 7). Zur heutigen Zeit t_o hat R den Wert $R(t_o)$. Wir tragen in das Diagramm eine Gerade durch diesen Punkt mit der Steigung $R(t_o)$ ein. Die Kurve $R(t)$ schmiegt sich dann in t_o an diese Gerade an. Da infolge der Gravitation im Universum ständig Anziehung herrschte, war die Geschwindigkeit der Expansion früher größer. Die Kurve $R(t)$ war zu früheren Zeiten, d. h. bei kleineren Werten von t, daher steiler. Verfolgt man die Kurve zu diesen kleineren t-Werten hin, so folgt sie daher nicht einer Geraden, sondern ist zur t-Achse hin gekrümmt. Dann aber muß sie notwendigerweise die t-Achse schneiden, und das bedeutet, daß eine Situation mit R = 0 vorliegt. In dieser Situation sind alle Abstände auf Null geschrumpft, die Dichte ist unendlich, die Krümmung ist unendlich, es liegt eine Singularität vor. Wir wollen die Zählung der Zeit hier beginnen lassen (t = 0). Wie ein Blick auf Abb. 7 zeigt, haben wir mit unseren Überlegungen nicht nur die

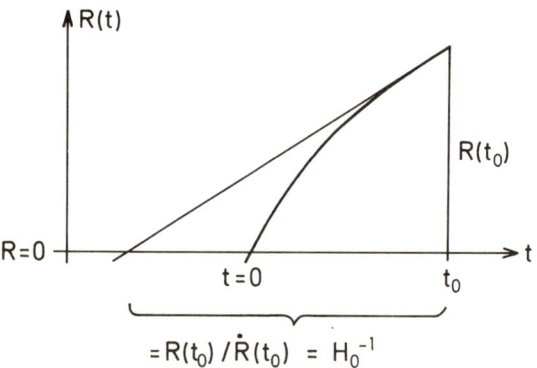

Abb. 7: Verlängert man zur heutigen Zeit t_o die Tangente an das Expansionsgesetz $R(t)$ nach früheren Zeiten hin, so muß infolge der ständigen gravitativen Anziehung die Expansionskurve $R(t)$ früher ganz unter dieser Geraden verlaufen sein und die t-Achse geschnitten haben. Wegen R = 0 waren zu der Zeit alle Abstände gleich Null und demgemäß die Dichte unendlich (Singularität, Urknall).

Notwendigkeit der Existenz eines Urknalls in unserem Modell nachgewiesen, sondern zugleich eine Abschätzung für das Weltalter erhalten. Der Abstand zwischen dem Schnittpunkt der Geraden mit der t-Achse und der heutigen Zeit t_0 ist gleich der reziproken Hubble-Konstanten. Der Urknall R = o liegt zwischen diesen beiden Punkten. Das Weltalter t_0 muß also kleiner sein. Wir erhalten als Abschätzung:

$$(7) \qquad t_0 \leq H_0^{-1} = 1,9 \cdot 10^{10} \text{ Jahre}$$

Es gibt einen Anfang der Welt in der Zeit. Die Welt ist jünger als 20 Milliarden Jahre. Es liegt also in unserem Modell eine durch gravitative Anziehung ständig abgebremste Urexplosion vor.

Das Verhalten der Expansion in der Nähe des Weltanfangs läßt sich theoretisch für unser Modell mit Hilfe der Einsteinschen Feldgleichungen noch genauer bestimmen. Unter der Voraussetzung realistischer Zustandsgleichungen für die Abhängigkeit des Drucks von der Dichte des Galaxiengases ergibt sich für R(t) zur Zeit t = o eine unendliche Steigung. Die Materie fliegt am Weltanfang wie nach einer Urexplosion voneinander fort. Dies rechtfertigt die Bezeichnung Urknall. Die danach einsetzende gravitative Anziehung bremst sodann die Fluchtgeschwindigkeit ab, was durch ein Abbiegen der R(t)-Kurve zur t-Achse hin beschrieben wird.

Was bedeutet die Existenz einer solchen Singularität vor endlicher Zeit? In ihr verlieren infolge der unendlichen Krümmung Raum und Zeit selber ihre physikalische Bedeutung. Vorgänge können nicht durch die Singularität hindurch verfolgt werden. Es gibt kein Früher. Über diesen Zeitpunkt hinaus können prinzipiell keine physikalischen Aussagen gemacht werden. Die zeitliche Rückverfolgung endet beim Urknall als einem *Rand der Raum-Zeit*. Es wäre aber falsch zu sagen, die Singularität fand in der Raum-Zeit statt. Raum und Zeit entstehen selber erst mit dem Urknall. Bei Augustinus findet sich in seinem Buch «De civitate Dei» (Buch 11, Kapitel 6) eine Formulierung, die im Hinblick auf die obige Situation ganz modern klingt: «Die Welt ist nicht in der Zeit, sondern mit der Zeit entstanden. Denn was in der Zeit geschieht, geschieht sowohl nach als auch vor einer anderen Zeit, nach der bereits vergangenen, vor der noch zukünftigen. Aber es konnte noch keine Zeit vergangen sein, weil es noch keine Kreatur gab, deren Wandlungen und Bewegungen ihren Lauf ermöglicht hätten.» Wir können diesen Satz für die moderne Kosmologie wörtlich übernehmen, wenn wir «Kreatur» durch «physikalische Prozesse» ersetzen. Wir müssen also sagen: Sowohl der Inhalt des Universums als auch Raum und Zeit selber entstanden vor weniger als 20 Milliarden Jahren in einem Ereignis. Noch einmal: Dies war keine Explosion, die man von außen hätte betrachten können. Man kann nicht sagen, daß sie da oder dort stattgefunden hat, sie erfolgte vielmehr überall. Wie soll man die Singularität interpretieren? Ist damit ein absoluter Entstehungsprozeß der Welt nachgewiesen oder markiert sie nur die Gültigkeitsgrenze unseres Modells bzw. der Allgemeinen Relativitätstheorie allgemein? Es ist auf jeden Fall festzuhalten, daß es sich um eine Aussage handelt, die unter der Voraussetzung gewonnen wurde, daß die

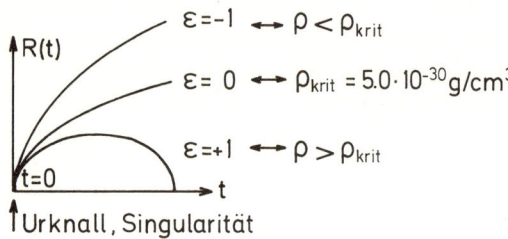

Abb. 8: Typisches Verhalten des die Expansion beschreibenden Skalenfaktors R(t) als Funktion der Weltzeit t für die drei Krümmungsvorzeichen. Alle Expansionsgesetze beginnen mit unendlicher Steigung im Urknall t = o. Ob sich die gravitative Anziehung gegen die Galaxienflucht durchsetzen und ein Umbiegen in eine Kontraktionsphase bewirken kann, hängt von der Größe der momentanen Materiedichte im Universum im Verhältnis zur kritischen Dichte ab.

oben gemachten Modellannahmen stets und überall und also auch noch unter den extremsten Bedingungen gültig sind. Das aber wird man bezweifeln müssen. Die immer extremeren Bedingungen, die man in der Welt vorfindet, wenn man unser Modell in der Zeit zurückverfolgt, dürften eine neue Physik nötig machen. Es ist zu vermuten, daß dann unser Modell zu korrigieren ist, und es ist eine offene Frage, welche Aussagen sich über den frühesten Frühzustand des Universums ergeben werden. Wir wollen dieses Problem hier zunächst vertagen und einen Blick in die Zukunft des Universums werfen.

7. Blick in die Zukunft

Wie geht die Entwicklung in der Zukunft weiter? Dies hängt vom Krümmungsvorzeichen ab. Räume mit positiver Krümmung gehen in einer späteren Phase in eine Kontraktion über (Abb. 8). Die R(t)-Kurve biegt zur t-Achse zurück und schneidet diese. Es gibt in diesem Falle in der Zukunft noch einmal einen singulären Zustand mit R = o und damit

ein Weltende. Die Räume negativer Krümmung expandieren demgegenüber ständig weiter. Die Grenzkurve zwischen diesen beiden Klassen von
Kurven gilt für das Universum mit dreidimensionalen Räumen verschwindender Krümmung.

Welches der Krümmungsvorzeichen tatsächlich vorliegt, läßt sich dabei an der im Universum momentan herrschenden Dichte ablesen. Starke
Anziehung zwischen den Galaxien, wie sie durch große Materiedichte
verursacht wird, wirkt kontraktionsfördernd. Ob sich diese Anziehung
allerdings bei gegebener Materiedichte durchsetzen und den Übergang in
eine Kontraktionsphase des Universums verursachen kann, hängt von
der Größe der vorliegenden Fluchtgeschwindigkeit der Galaxien ab. So
wie die Geschwindigkeit einer Rakete einen gewissen Wert überschreiten
muß, damit sie das Gravitationsfeld der Erde verlassen kann, so ist auch
zu einer vorgegebenen Dichte der Galaxien eine gewisse Größe der
Fluchtgeschwindigkeit notwendig, damit die Anziehung zwischen den
Galaxien überwunden werden kann. Die heutige Galaxien-Fluchtge-
schwindigkeit können wir am Hubble-Parameter ablesen. Mit ihm ergibt
sich nach der obigen Überlegung für die Grenzkurve verschwindender
Raumkrümmung die folgende kritische Dichte:

$$(8) \qquad \varrho_{krit} = 5,0 \cdot 10^{-30} \text{ g cm}^{-3}$$

Mit dem Ergebnis (1) der bisherigen Beobachtungen wird im Universum
diese kritische Dichte um einen Faktor 10 unterschritten. Es müßte
demnach das Krümmungsvorzeichen −1 und damit ein immer weiter
expandierendes Universum vorliegen.

Wir erwähnen noch, daß es eine alternative Möglichkeit gibt, das
Krümmungsvorzeichen zu ermitteln. Wie die Abb. 8 zeigt, sind die
Kurven R(t) für kleinere Werte von t je nach Krümmungsvorzeichen
verschieden stark zur t-Achse hin gebogen. Die Expansion erfolgte also
in den drei Fällen zu früheren Zeiten mit verschiedener Geschwindigkeit.
Man kann versuchen, diesem Effekt durch astronomische Beobachtungen auf die Spur zu kommen. Erinnern wir uns daran, daß man mit
Teleskopen in die Vergangenheit zurückschaut. Die extrem weit entfernten Galaxien gestatten uns zugleich auch einen Blick in die Verhältnisse,
die früher im Universum vorlagen. Im einzelnen ergibt sich aus der
Theorie, daß für die entferntesten heute beobachtbaren Galaxien die
lineare Hubble-Relation in Abhängigkeit vom Krümmungsvorzeichen
abzuändern ist. Wenn wir weit in die Vergangenheit zurückschauen,
macht sich also die unterschiedliche Stärke der Expansionsgeschwindig-
keit in den drei Fällen bemerkbar. Trägt man nun die an den entferntesten
Galaxien gewonnenen Beobachtungsdaten auf und vergleicht sie mit den
theoretischen Kurven, so zeigt sich, daß aus den bisherigen Daten noch
keine klare Entscheidung ablesbar ist. Ihr Mittelwert spricht für einen

verschwindenden Wert des Krümmungsvorzeichens, jedoch sind die
Fehler noch so groß, daß auch die Werte $+1$ und -1 nicht ausgeschlossen
sind. Wir wollen daher noch in einer anderen Weise einen Blick zurück-
werfen in die Geschichte des Universums.

8. Blick zurück:
Die thermische Geschichte des Universums

Nachdem nun zumindest strukturell geklärt ist, wie im Rahmen unseres
Standardmodells die Geometrie des Universums zu früheren Zeiten
beschaffen war, bleiben als offene Fragen: Von welcher Art war das
kosmologische Substrat zu früheren Zeiten? Welche physikalischen Prozesse fanden zu welchen Zeiten im Universum statt? Gibt es verschiedene
Entwicklungsstadien des Universums? Als Einstieg in die Behandlung
der damit zusammenhängenden Probleme kann uns die folgende Frage
dienen: Wo kommt die kosmische Hintergrundstrahlung her?

Wie wir bereits gesehen haben, werden während der Expansion die
Abstände zwischen Galaxien nach Maßgabe des Skalenfaktors R(t) auseinandergezogen, siehe Gleichung (5). Tatsächlich findet aber nicht nur
eine konforme Dehnung des Galaxienmusters statt. Auch elektromagnetische Wellen, die sich in der expandierenden Geometrie ausbreiten,
werden in gleicher Weise konform auseinandergezogen. Ihre Wellenlänge
vergrößert sich bei der Expansion ebenfalls proportional zum Skalenfaktor R(t):

$$(9) \qquad\qquad \lambda(t) \sim R(t)$$

Elektromagnetische Strahlung wird mit wachsendem Weltalter langwelli-
ger und damit energieärmer. Dieser Umstand trägt zur Auflösung des
Olbers'schen Paradoxons bei.

Hier begegnen wir zum erstenmal einer wichtigen physikalischen
Tatsache: Wir sind es gewohnt, daß für die physikalischen Prozesse, die im
Laboratorium ablaufen, ein Energieerhaltungssatz gilt. Auch im expandierenden Universum gilt dieser Energieerhaltungssatz nach wie vor in
außerordentlich guter Näherung für Prozesse «im Kleinen», d.h. für
Prozesse, die verglichen mit kosmischen Dimensionen und dem Zeitablauf
der kosmischen Entwicklung nur in kleinen Bereichen und nur über kurze
Zeiten hin ablaufen (Laboratoriumsprozesse). «Im Großen», d.h. wenn
das Geschehen über Teile der kosmischen Entwicklung hin verfolgt
werden, gilt dieser Energieerhaltungssatz nicht mehr. Der Grund ist ganz
einfach. Das gekrümmte Universum repräsentiert das kosmologische
Gravitationsfeld. Wir betrachten also die physikalischen Prozesse in einem
äußeren zeitabhängigen Gravitationsfeld, das auf die Vorgänge einwirkt.
Es ist daher für die Prozesse gar keine Energieerhaltung zu erwarten.

Für die kosmische Hintergrundstrahlung, deren Temperatur umgekehrt proportional zur maximalen Wellenlänge ihres Planckschen Spektrums ist, bedeutet dies zusammen mit der Relation (9), daß die Strahlungstemperatur umgekehrt proportional zum Expansionsfaktor im Laufe der Zeit mit der Expansion abnimmt:

$$(10) \qquad T(t) \sim R(t)^{-1}$$

Das heißt umgekehrt, daß die heute sehr kalte Hintergrundstrahlung früher sehr viel heißer und energiereicher gewesen ist. Energiereichere Strahlung aber tritt mit der jeweils im Universum vorhandenen Materie in Wechselwirkung. Es finden energieabhängig unterschiedliche Prozesse statt, die für die verschiedenen Entwicklungsstadien des Universums typisch sind. Mit Hilfe der expliziten Gestalt der Expansionsgesetze ergibt sich für das frühe Universum der folgende Zusammenhang:

$$(11) \qquad \text{Temperatur} \approx \frac{10^{10}}{\sqrt{\text{Zeit}}}$$

wobei die Temperatur in Grad Kelvin und die Zeit in Sekunden gemessen wird. Zwischen der in MeV ($= 10^6$ Elektronenvolt) gemessenen Energie und der in Grad Kelvin angegebenen Temperatur besteht darüber hinaus die folgende Relation:

$$(12) \qquad \text{Energie} \approx 10^{-10} \text{ Temperatur}$$

Die Temperatur-Zeit-Relation erlaubt es uns, die physikalischen Bedingungen, die früher im Universum herrschten, genauer zu charakterisieren. Werfen wir für die entsprechenden Einzelheiten einen Blick zurück in den heißen Frühzustand (Abb. 9). Denken wir uns hierzu die Entwicklung des Universums in einem Film festgehalten, den wir nun rückwärts ablaufen lassen.

Mit abnehmendem R(t) wird die Energie der immer heißer werdenden schwarzen Strahlung zunächst den Bereich 1 bis 100 MeV erreichen. Die Photonen sind dann energiereich genug, um das Universum zu ionisieren. Der Prozeß findet bei einem Weltalter von ungefähr 100 000 Jahren statt, als die Hintergrundstrahlung eine Temperatur von 4000 Grad Kelvin hatte. Vor dieser Zeit liegt daher im Universum nur ionisierte Materie in Form eines Plasmas aus Elektronen und Atomkernen vor, mit denen die Hintergrundstrahlung über Streuung an den elektrisch geladenen Teilchen in Wechselwirkung steht. Lassen wir nun für einen Augenblick den Film wieder in positiver Zeitrichtung ablaufen, so daß er uns die tatsächliche Abfolge der Prozesse zeigt. Das Überschreiten des Weltalters 100 000 Jahre bedeutet dann umgekehrt, daß die Strahlung unter eine Temperatur von 4000 Grad Kelvin sinkt und damit nicht mehr in der Lage ist, Atome zu ionisieren. Das heißt, Elektronen und Kerne können sich ungestört zu neutralen Atomen zusammenlagern, das Gas geht in ein neutrales Gas über. Das hat zur Folge, daß die Strahlung keinen Partner mehr für eine Streuung findet, sie koppelt ab und vermag nun große Strecken frei zurückzulegen: Die Welt wird durchsichtig. Zum Zeitpunkt der Abkopplung stand die Strahlung im thermischen Gleichgewicht mit einer Materie, die überall im Universum einheitlich dieselbe Temperatur hatte. Die Strahlung bekommt daher ein thermisches Spektrum. Im Laufe der nachfolgenden Expansion des Universums wird dann die Strahlung rotverschoben; das Spektrum bleibt dabei ein thermisches Spektrum, nur seine Temperatur sinkt ständig. Heute erfüllt diese Strahlung als 2,7 Grad Kelvin Hintergrundstrahlung homogen und isotrop das Universum. Sie stellt so etwas wie ein «kosmisches Nachglühen» des heißen Frühzustandes dar und ist ein direktes Relikt aus der Zeit, als im Universum aus dem Plasma die Atome «ausgefroren» sind.

Da 10^9 mal mehr Photonen als Nukleonen vorhanden sind, wird auch zu früheren Zeiten die Temperatur der Materie infolge der Wechselwirkung stets der der Strahlung angeglichen sein, und wir können weiterhin die Temperatur der Strahlung in unserem rückwärts laufenden Film als Indikator für das Rückschreiten in der Zeit nehmen. Die Bindungsenergie des Deuteriums beträgt 2,2 MeV. Bei einer Temperatur von etwa 10^9 Grad Kelvin erreicht die Strahlung im Universum diese Energie. Sie vermag jetzt Atomkerne zu spalten. Das Universum ist dann ca. 4 Minuten alt. Zu früheren Zeiten bei höheren Strahlungsenergien liegen dann nur noch die Kernbausteine Neutronen und Protonen vor.

Gehen wir weiter in der Zeit zurück, so wird bei einem Weltalter von etwa einer Sekunde eine Strahlungstemperatur von 10^{10} Grad Kelvin erreicht. Nun können thermische Elektron-Positron-Paare aus je zwei Photonen durch Paarerzeugung entstehen. Oberhalb einer Temperatur von 10^{12} Grad Kelvin, d. h. bei einem Weltalter früher als 10^{-3} Sekunden reicht die Energie der Strahlung aus, um Teilchen-Antiteilchen-Paare von Hadronen zu erzeugen. Mit Hadronen werden die Teilchen bezeichnet, die an der starken Wechselwirkung teilnehmen, es sind Baryonen (wie Proton und Neutron) oder Mesonen. Zunächst werden die leichteren Mesonen, dann die Protonen usw. erzeugt. Sie treten zum Gleichgewicht hinzu, wobei jeweils im Volumen die Zahl der Teilchen einer Sorte über der entsprechenden Schwellentemperatur etwa gleich der der Photonen ist. Zugleich erreicht die Materiedichte diejenige der Kerndichte (10^{14} g/cm^3), und die Wechselwirkung zwischen den Teilchen wird wesentlich durch die Kernkräfte mitbestimmt. Bei einem Weltalter von 10^{-6} Sekunden schließlich werden auch die Hadronen noch von der Strahlung zerschlagen und in ihre Bestandteile, die Quarks, zerlegt. Der Kosmos befindet sich in der Quark-Ära. Wir wollen unseren Film hier anhalten und ihn wieder in positiver Zeitrichtung ablaufen lassen (vgl. Abb. 9).

9. Entwicklungsstadien des Universums

Die fundamentalen Bausteine der Materie sind die Quarks und die Leptonen (also Elektronen und Neutrinos) sowie ihre jeweiligen Antiteilchen. Bei einem Weltalter von weniger als 10^{-6} Sekunden nach dem Urknall besteht die Materie aus einem Quark-Lepton-Plasma, das eine höhere Dichte als die Dichte in Atomkernen hat und im thermodynamischen Gleichgewicht mit den Photonen der elektromagnetischen Hintergrundstrahlung steht. Zugleich sind Gluonen vorhanden, die die starke Wechselwirkung zwischen den Quarks bewirken. Zwischen einem Weltalter von 10^{-6} und 10^{-3} Sekunden kondensieren dann Neutronen und Protonen aus diesem See der heißen Quarks. Alle Quarks werden so in Teilchen eingeschlossen. Dieses Einfrieren der Quarks beendet die Quark-Ära.

Es schließt sich die Hadronen-Ära an, so wird die Zeit bis zu einem Weltalter von 10^{-3} Sekunden bezeichnet. Hier existiert im Universum thermodynamisches Gleichgewicht zwischen Photonen, Neutrinos, Elektronen, Protronen, Neutronen und den restlichen Leptonen und Hadronen sowie ihren Antiteilchen. Die Zahl der Teilchen und Antiteilchen ist fast (!) gleich. Es gibt einen winzigen Überschuß von Neutronen und Protonen gegenüber den zugehörigen Antiteilchen von der Größenordnung eines Faktors 10^{-9}. Wir werden darauf zurückkommen. Die starke Wechselwirkung bestimmt das Geschehen.

Nach Unterschreiten der Temperatur von 10^{12} Grad Kelvin bei einem Weltalter von etwa 10^{-3} Sekunden annihilieren alle Protonen und Antiprotonen sowie die anderen Hadronen und ihre Antiteilchen zu Photonen. Ein winziger Überschuß von Baryonen entgeht dieser Vernichtung. Ab jetzt bilden diese Baryonen sowie die Photonen, Neutrinos, Elektronen, Myonen und ihre Antiteilchen ein Plasma im thermischen Gleichgewicht (Leptonen-Ära). Wenn die Temperatur weiter abkühlt, sind die Neutrinos nicht mehr in der Lage, an den Wechselwirkungen zwischen den Teilchen teilzunehmen. Sie koppeln ab und bilden eine das Universum homogen und isotrop erfüllende Neutrino-Hintergrundstrahlung. Dieser Neutrino-Hintergrund erfährt durch die Expansion ähnlich wie die elektromagnetische Strahlung eine ständige Energieverringerung und erfüllt heute das Universum mit einer Strahlung, die eine thermische Verteilung der Frequenzen zu einer Temperatur von etwa 2 Grad Kelvin aufweist. Diese Neutrino-Hintergrundstrahlung konnte aber bisher wegen der äußerst geringen Wechselwirkung von Neutrinos mit Materie nicht nachgewiesen werden. Würde ein solcher Nachweis gelingen, so wäre damit gezeigt, daß wir die Geschichte des Universums bis in die erste Sekunde hinein richtig verstehen. Die Leptonen-Ära endet schließlich bei einem Weltalter von einer Sekunde, wenn die Temperatur auf 10^{10}

Grad Kelvin abgesunken ist und praktisch alle Elektron-Positron-Paare sich zu Strahlung annihiliert haben.

Bei noch tieferen Temperaturen ist die Strahlung nicht mehr in der Lage, das Zusammenlagern von Protonen und Neutronen zu Kernen zu verhindern. Wenn das Universum zwischen einer Sekunde und vier Minuten alt ist, findet die Synthese der leichten Elemente statt (Elementsynthese-Ära). Neutronen und Protonen lagern sich zu Deuterium (^{2}H) zusammen. Daraus wird Helium in der Form ^{3}He und ^{4}He synthetisiert. Auch etwas Lithium (^{7}Li) entsteht. Schwerere Atomkerne können nicht gebildet werden. Es zeigt sich dabei, daß bei der Synthese ein geringer Prozentsatz von Deuterium überbleibt. Wesentlich ist dabei, daß dieser Anteil stark von der Materiedichte bei der Temperatur von etwa 10^9 Grad Kelvin abhängig ist. Es ist nun für die Diskussion unseres kosmologischen Modells sehr wichtig, daß man diesen Umstand zu einer unabhängigen Bestimmung der Materiedichte im Universum verwenden kann.

Aus der heute beobachteten Häufigkeitsverteilung der leichten Elemente kann man auf die Häufigkeitsverteilung bei einem Weltalter von vier Minuten zurückrechnen. Daraus läßt sich die zugehörige damalige Materiedichte im Universum bestimmen und wieder auf unser heutiges Weltalter hochrechnen. Es ergibt sich dann der in (1) angegebene Wert. Diese auf der Häufigkeitsverteilung der leichten Elemente abgelesene Prognose für die Materiedichte im Universum steht in sehr guter Übereinstimmung mit den Werten, die aus der Materieverteilung in den Galaxien gewonnen wurde. Hier liegt eine unmittelbare Bestätigung des heißen Modells für das Frühstadium des Universums vor. Es ist neben

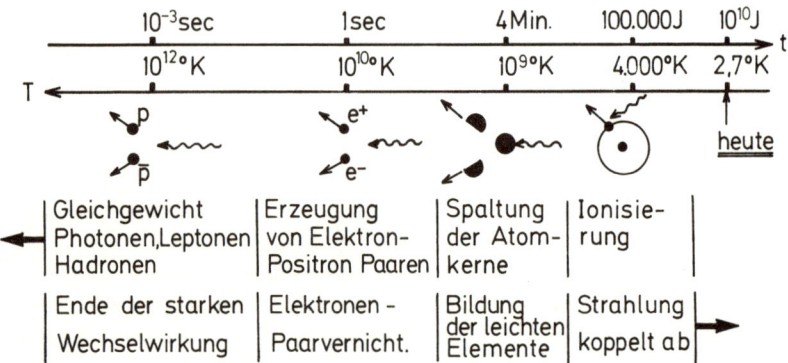

Abb. 9: Einige Entwicklungsstadien in der thermischen Geschichte des Universums.

Hubble-Expansion und Existenz der kosmischen Hintergrundstrahlung ein dritter unabhängiger Test für unser Standardmodell gefunden worden. Die empirisch etablierte Kosmologie reicht somit zurück bis in Entwicklungsphasen, die nur vier Minuten nach dem Urknall liegen. Abänderungen des Standardmodells und der damit verknüpften thermischen Geschichte des Universums sind allenfalls zu noch früheren Zeiten möglich.

Der Wasserstoff aus dem Urknall dient in späteren Stadien als Kernbrennstoff, daraus beziehen wir indirekt unsere heutige Energie. Der Wasserstoff im Wasser und auch die Spuren von Helium, die wir heute finden, z. B. in einem Kinderballon, stammen direkt aus dem Urknall. Die schweren Elemente entstehen erst später in den Sternen. Die sich an die Elementsynthese anschließende Plasma-Ära und ihr Ende mit der Abkopplung der kosmischen Hintergrundstrahlung haben wir schon beschrieben.

Wir wollen noch einmal einen Blick auf die Gesamtheit der Prozesse werfen. Liest man die Prozesse in Abb. 9 in Richtung ansteigender Weltzeit, so beinhalten sie, daß sich im Frühzustand jeweils Teilchen und Antiteilchen der verschiedenen Teilchensorten paarweise zu Photonen zusammengelagert haben. Wäre daher am Anfang des Universums genau gleich viel Materie wie Antimaterie vorhanden gewesen, so hätten sich die entsprechenden Teilchen paarweise vernichtet, und das Universum bestünde heute ausschließlich aus Photonen. Da heute die Zahl der Photonen die der materiellen Teilchen um den gewaltigen Faktor 10^9 übersteigt, müssen wir schließen, daß die Geschichte der kosmischen Evolution auch beinahe so verlaufen wäre. Daß heute dennoch dieser winzige Prozentsatz materieller Teilchen vorhanden ist, verdanken wir dem Umstand, daß im Frühzustand des Universums ein ähnlich winziger Bruchteil an Materie mehr vorhanden war als Antimaterie. Auf 10^9 Antiteilchen sind damals $10^9 + 1$ Teilchen gekommen. Während sich nun die 10^9 Teilchen und Antiteilchen zu ca. 10^9 Photonen zusammengelagert haben, hat das eine überzählige Materieteilchen keinen Antimaterie-Partner gefunden und konnte bis heute unzerstrahlt überdauern (Abb. 10). Aus solchen Teilchen besteht auch der Leser dieser Zeilen.

Wir haben oben eine dritte empirische Bestätigung des Standardmodells kennengelernt. Sie macht verständlich, daß das Standardmodell heute ein gewisses Vertrauen genießt und allgemein favorisiert wird, weil es erfolgreich völlig unterschiedliche Phänomene miteinander verknüpfen konnte: Häufigkeit der leichten Elemente – Temperatur der Mikrowellen-Hintergrundstrahlung – Alter der Sternhaufen – Wert der Hubble-Konstanten.

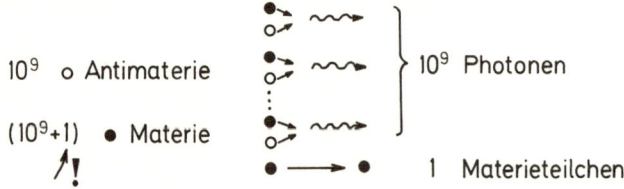

Abb. 10: Infolge der Materie-Antimaterie-Asymmetrie kommen am Anfang der kosmischen Entwicklung 10^9 Antiteilchen (Kreis) auf $10^9 + 1$ Teilchen (Vollkreis). Während Teilchen und Antiteilchen zu Photonen zerstrahlen, findet das eine überschüssige Materieteilchen hierfür keinen Partner. Aus diesem Teilchen baut sich die heutige Materie im Universum auf.

10. *Das Universum als Hochenergielaboratorium*

Wir haben oben wie selbstverstäandlich bei der kosmologischen Diskussion von Ergebnissen der Hochenergiephysik Gebrauch gemacht. Diese Ergebnisse entstammen Energiebereichen, die heute in Beschleunigern zugänglich sind, sie wurden dort getestet. Unsere Überlegungen haben gezeigt, daß die Theorien der Elementarteilchenphysik und der Kosmologie für den Frühzustand des Universums eine Symbiose eingehen. Kosmologie ohne Bezug auf die Ergebnisse der Quantenfeldtheorie ist heute undenkbar. Es wird aber seit einigen Jahren ein anderer wesentlicher Aspekt der Symbiose immer deutlicher: Die Elementarteilchenphysik entnimmt umgekehrt auch wichtige Informationen aus der Kosmologie. Aus der Forderung nach der Verträglichkeit der Elementarteilchenphysik mit einem in sich konsistenten Modell für das Universum und seine Entwicklung ergeben sich kosmologische Schranken für Parameter der Hochenergiephysik. Wir wollen das an zwei Beispielen verdeutlichen.

Über zwei wichtige Eigenschaften von Neutrinos kann Kosmologie eine Aussage machen: über ihre Massen und über die Anzahl der Neutrino-Arten. Man geht heute in der Elementarteilchenphysik davon aus, daß die fundamentalen Teilchen aus Quarks und Leptonen bestehen. Sie sind in Familien, auch Generationen genannt, zusammengefaßt. Die erste Familie enthält 2 Quarks und als Leptonen das Elektron und das elektronische Neutrino. Diese Familien wiederholen sich nun noch mindestens zweimal mit ähnlicher Struktur, aber unterschiedlichen Massen. In der nächsten Familie sind wieder zwei Quarks und das Myon sowie das myonische Neutrino. In der dritten Familie wiederum zwei Quarks, das Tau-Meson und das Tau-Neutrino. Zu allen Teilchen kommen jeweils noch ihre Antiteilchen hinzu. Es ist eine bis heute offene Frage, ob die Anzahl der Familien damit beendet ist oder ob die Liste in gleicher Weise verlängert werden muß. Neueste Messungen am europäischen Kernforschungszentrum CERN führen auf die folgende Abschätzung für die Zahl der Familien

$$(13) \qquad N_v < 5{,}4 \pm 1$$

Andere Messungen führen auf die Zahl 14 als obere Grenze. Die Anzahl der Neutrinoarten hat einen Einfluß auf die Häufigkeit, mit der Helium ^{4}He in der Kernsynthese beim Weltalter von 4 Minuten erzeugt wird. Denn jede Neutrinofamilie liefert einen wichtigen Beitrag zur gesamten Energiedichte im Universum zu jener Zeit. Die Energiedichte wiederum hat Einfluß auf die Expansionsrate, und diese wiederum bestimmt zusammen mit den kernphysikalischen Wechselwirkungen die Menge des synthetisierten Heliums. Die heutigen Beobachtungsdaten führen auf einen Massenanteil von in der Nukleosynthese erzeugtem Helium von 23 bis 25 %. Diese Zahl ist gerade noch mit einer Gesamtzahl von 4 Neutrinoarten verträglich. Wir erhalten also aus der Kosmologie das bemerkenswerte Ergebnis

$$(14) \qquad N_v \leq 4$$

Es übertrifft an Präzision die bisherigen Hochenergieergebnisse. Natürlich eröffnet sich hier auch eine Möglichkeit, im Prinzip das Standardmodell zu widerlegen. Würden im Laboratorium mehr als 4 Neutrinoarten nachgewiesen, so wäre es in ernster Gefahr.

Kosmologisch gewonnene Schranken lassen sich auch für die Massen der Neutrinoarten angeben. Die heutigen besten im Beschleuniger gewonnenen experimentellen Massenschranken für die drei Neutrinoarten sind

$$(15) \qquad m_{v_e} \leq 18 \text{ eV}, \quad m_{v_\mu} < 270 \text{ keV}, \quad m_{v_\tau} < 56 \text{ MeV}$$

Wie wir oben gesehen hatten, koppeln die Neutrinos früh vom kosmologischen Geschehen ab und führen auf eine kosmologische Hintergrundstrahlung, die eine heutige Anzahldichte von ungefähr 100 Neutrinos pro Art im cm^3 aufweisen sollte. Wegen der extremen Schwäche der Wechselwirkung dieser energiearmen Neutrinos ist bisher ein Nachweis des Neutrino-Hintergrundes noch nicht gelungen. Selbstverständlich tragen alle diese Neutrinos zur Energiedichte im Universum bei. Würden diese aus dem Frühzustand des Universum stammenden Neutrinos auch nur eine Ruhemasse von wenigen eV aufweisen, so wäre unser Universum neutrinodominiert. Die Neutrinomasse würde die beobachtete Materiedichte im Universum übersteigen, und das würde über die zugehörige gravitative Auswirkung unser bisher von der Entwicklung des Universum gezeichnetes Bild vollständig abändern. Der Vergleich mit anderen kosmologischen Daten führt auf diese Weise darauf, daß die Masse aller Neutrinos und ihrer Antiteilchen zusammen den Wert von 200 eV nicht übersteigen darf:

$$(16) \qquad \sum_{v, \bar{v}} m_v \leq eV \qquad\qquad \sum_{v, \bar{v}} \qquad m_v \leq 200 \ eV$$

Dies ist ein Beispiel mehr dafür, daß die bessere Abschätzung eines Parameters der Hochenergiephysik z. Zt. noch durch kosmologische Betrachtungen und nicht durch Laboratoriumsexperimente geliefert wird. Das frühe Universum dient so als Hochenergielaboratorium. Während es aber in den angeführten Fällen nur in Konkurrenz zum irdischen Laboratorium tritt, werden wir im folgenden Kapitel beim Modell des Inflationären Universums eine Situation kennenlernen, in der das frühe Universum die Rolle des Hochenergielaboratoriums konkurrenzlos übernimmt.

11. Schluß

Das Standardmodell ist ein sehr einfaches und physikalisch sehr plausibles Modell für das Universum und seine Geschichte. Es steht auf drei Pfeilern: die geordnete Fluchtbewegung der Galaxien, die kosmische thermische Hintergrundstrahlung und die Häufigkeit von Helium und Deuterium im Universum. Dieses sind vom Modell vorhergesagte und tatsächlich auch astrophysikalisch bestätigte Beobachtungen. Das Standardmodell zeichnet sich durch eine hohe Symmetrie aus. Es besagt, daß das Alter der Welt endlich ist und daß sich der Kosmos aus einem heißen Frühzustand heraus entwickelt hat. Wesentliche Parameter dieses Modells, wie z. B. das Krümmungsvorzeichen der räumlichen Krümmung, sind heute noch nicht genau genug bestimmt. Daher kann auch noch keine klare Aussage über das zukünftige Schicksal des Universums gemacht werden. Es ist charakteristisch, daß zur Behandlung der verschiedenen Entwicklungsstadien des Universums Kenntnisse aus der Hochenergiephysik mit einfließen. Umgekehrt können auf diese Weise aus der Kosmologie auch Informationen über charakteristische Parameter der Elementarteilchenphysik gewonnen werden.

Eine ganze Reihe von Eigenschaften des Standardmodells bleiben allerdings in diesem Modell selber unerklärt, sie gehen als Modellannahmen ein. Wie mit einer bis zu höchsten Energien extrapolierten Elementarteilchenphysik auch dieses Problem in Angriff genommen werden kann, soll im folgenden Kapitel beschrieben werden. Das Inflationäre Universum löst die Rätsel des Standardmodells.

Kapitel IV

Physikalische Kosmologie II: Das Inflationäre Universum oder der kosmologische Münchhausen-Effekt

VON JÜRGEN AUDRETSCH

...die Welt ist ein Versuch und der Mensch hat ihm zu leuchten.

Ernst Bloch, Tübinger Einleitung in die Philosophie I

Im folgenden soll in aller Kürze dargestellt werden, wie durch Einbeziehung der Quantenfeldtheorie und insbesondere ihres Vakuums in die Beschreibung der Materie im frühen Universum ein kosmologischer Münchhausen-Effekt möglich wird, der zum Modell des Inflationären Universums führt. Die Beschreibung dieses Münchhausen-Effekts, so phantastisch sie auch anmuten mag, sollte dabei nicht mit einer Münchhausenschen Lügengeschichte verwechselt werden. Es handelt sich im Kern um einen einfachen Zusammenhang: Unkonventionelle Materie – und hierzu gehört sicherlich das quantenfeldtheoretische Vakuum – erzeugt unkonventionell sich auswirkende Gravitation. Im einzelnen erweist es sich dabei, daß diese Art von Gravitation sich nicht in Anziehung, sondern im Gegenteil in Abstoßung auswirkt *(Antigravitation)*. Die Einsteinsche Allgemeine Relativitätstheorie, in der Gravitation durch Raum-Zeit-Krümmung beschrieben wird, läßt ein solches Phänomen zu. Im Rahmen der Kosmologie führt es dann im frühesten Frühzustand des Universums zu einer Phase beschleunigter statt abgebremster Expansion über eine beschränkte, aber kritische Zeitperiode. Diese Phase eines extremen Aufblasens in kürzester Zeit wird *inflationäre Phase* genannt. Um Notwendigkeit, Triumph und Fragwürdigkeit des inflationären Modells beschreiben zu können, wollen wir zunächst auf einige «Rätsel» des Standardmodells hinweisen, bevor wir Einblick in die Feinstruktur des Urknalls nehmen.

1. Die «Rätsel» des Standardmodells

Es gibt eine ganze Reihe von Eigenschaften des Universums, die durch das Standardmodell zwar korrekt wiedergegeben werden, die aber im Rahmen dieses Modells keine Begründung erfahren. Das Standardmodell läßt in diesem Sinne Fragen offen:

a) Warum ist das Universum im Großen so homogen und isotrop?
Bei genauerem Hinsehen erweist sich die hohe Isotropie $\Delta T/T \leq 3 \cdot 10^{-4}$ der kosmischen Hintergrundstrahlung als eine höchst bemerkenswerte Tatsache. Wir hatten im vorangehenden Kapitel gesehen, daß bei einem Weltalter von 100 000 Jahren die kosmische Hintergrundstrahlung zum letztenmal mit Materie in Wechselwirkung stand. Nach dieser Abkopplung hat sich die Strahlung frei bewegt. Ihre Wellenlänge wurde dabei gemäß der Expansion des Universums zu kleineren Werten hin verschoben. Die Strahlung stand zum Zeitpunkt der Abkopplung im thermischen Gleichgewicht mit der Materie. Daher ihr thermisches Spektrum.

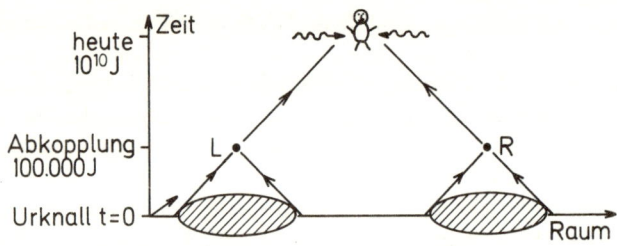

Abb. 1: Die heute aus zwei entgegengesetzten Richtungen auf einen Beobachter einstrahlende kosmische Hintergrundstrahlung wurde zum Zeitpunkt ihrer Abkopplung von der Materie in zwei weit voneinander entfernten Punkten L und R emittiert. Diese Punkte L und R haben kein Ereignis in ihrer Vergangenheit gemeinsam, von dem aus sie hätten beeinflußt werden können. Sie sind also kausal entkoppelt. Das «Rätsel» besteht darin, wie sich unter diesen Umständen in L und R für die emittierte Strahlung exakt derselbe Wert der Temperatur einstellen konnte.

Licht hat eine endliche Ausbreitungsgeschwindigkeit. Wenn wir die Ausbreitung der Hintergrundstrahlung, die aus zwei einander entgegengesetzten Richtungen heute auf uns einstrahlt, zeitlich zurückverfolgen (Abb. 1), so ist die Strahlung zum Zeitpunkt der Abkopplung von der Materie in zwei von einander weit entfernten Raumgebieten L und R emittiert worden. Da die aus beiden Richtungen kommende Strahlung heute genau dieselbe Temperatur aufweist, muß sie auch in den Gebieten L und R mit extrem gut übereinstimmenden Temperaturen emittiert worden sein, und das ist sehr verwunderlich.
Wirkungen können sich nur maximal mit Lichtgeschwindigkeit ausbreiten. Ein Ereignis E kann daher nur von solchen Ereignissen aus seiner Vergangenheit beeinflußt werden, die zu einer Signalübermittlung nach E weniger als oder höchstens Lichtgeschwindigkeit benötigen. Diese Ereig-

nisse liegen in einem Raum-Zeit-Diagramm innerhalb des sogenannten Vorkegels von E, der von allen Lichtstrahlen aufgespannt wird, die in E eintreffen. Ereignisse außerhalb dieses Vorkegels müßten (verbotene) Signale mit Überlichtgeschwindigkeit aussenden, um E zu beeinflussen. Auf diese Weise entsteht in der Raum-Zeit eine Kausalstruktur. Auch die beiden Emissionsregionen L und R besitzen solche Vergangenheitslichtkegel. Eine genauere Analyse führt nun zu dem wichtigen Ergebnis, daß sich im Standardmodell diese beiden Nachkegel selbst bei Rückverfolgung bis zum Urknall nicht überlappen. Das heißt, in der Vergangenheit der Regionen L und R gibt es keine Ereignisse, von denen aus beide Regionen hätten beeinflußt werden können. L und R sind daher kausal vollständig entkoppelt.

Wie läßt sich dann verstehen, daß zum Zeitpunkt der Abkopplung der Strahlung in L und R thermisches Gleichgewicht mit exakt derselben Temperatur vorgelegen hat? R und L haben in ihrer Vergangenheit keinen physikalischen Prozeß gemeinsam, von dem die Information über die Gleichheit der Temperatur hätte ausgehen können. Wie können kausal entkoppelte Teile einander so ähnlich sein? Dieses Kausalitätsproblem bleibt in der Standardtheorie ohne Erklärung. In dieser Theorie wird die Gleichheit der Temperatur im Augenblick der Abkopplung der Strahlung über die Forderung der Homogenität und Isotropie als Randbedingung oder Anfangsbedingung in das Modell hineingesteckt.

b) Warum zeigt das Universum eine so große Homogenität in kleinen Bereichen?

Die kosmische Hintergrundstrahlung weist auch dann noch dieselbe Temperatur auf, wenn man den Winkel, unter dem sie registriert wird, sehr klein macht (Winkelauflösung $<1°$). Das bedeutet, daß das Universum bei der Abkopplung der Strahlung sehr «glatt» gewesen sein muß, daß also sehr homogene Verhältnisse geherrscht haben müssen. Dieser Umstand geht wiederum als geforderte Randbedingung in das Standardmodell ein.

c) Warum ist die heutige Materiedichte so nahe an der kritischen Dichte?

Wenn die Dichte im Universum genau mit der kritischen Dichte übereinstimmt, dann liegt ein Universum mit flachen dreidimensionalen Raumschnitten t = const vor. Die tatsächlich beobachtete Dichte im Universum kommt dem Wert der kritischen Dichte sehr nahe. Unterschiedliche Meßmethoden mit den dazugehörigen Fehlerabschätzungen führen auf die folgende Einschränkung:

$$(1) \qquad \frac{\varrho_{Mat}}{\varrho_{krit}} = 0,1 \; (+0,2, \; -0.05)$$

Dies ist wiederum ein durchaus verwunderliches Ergebnis, denn es gibt bezüglich der Dichte das folgende Stabilitätsproblem: Damit bei heutigem Weltalter der obige Wert für die Materiedichte vorliegen kann, muß bei einem Weltalter von 1 Sekunde die seinerzeitige Dichte extrem genau gleich der kritischen Dichte gewesen sein:

$$(2) \qquad\qquad \varrho_{Mat} = (1 \pm 10^{-15})\, \varrho_{krit}$$

Wir benötigen also zu dieser frühen Zeit eine *Feineinstellung* der Materiedichte, die maximal einen Fehler der Größe 10^{-15} zuläßt. Zu noch früherer Zeit muß der Fehler noch viel kleiner sein. Es ist im Rahmen des Standardmodells kein physikalischer Mechanismus zu erkennen, der diese Feineinstellung hätte bewirken können. Es bleibt ein unerklärlicher Umstand, warum der heutige Dichtewert nicht weit oberhalb oder weit unterhalb der kritischen Dichte liegt. Dieses *Flachheitsproblem* bzw. *Dichteproblem* bleibt im Standardmodell ein «Rätsel», bzw. es wird dort wiederum durch Setzen einer entsprechenden Anfangsbedingung gelöst.

Es lassen sich leicht weitere «Rätsel» des Standardmodells ablesen. Ohne darauf näher eingehen zu können, erwähnen wir als Beispiele: Das extrem geringfügige Überwiegen von Materie über Antimaterie im Frühzustand. Das Monopolproblem (siehe unten). Woher stammen Anfangsmaterie und Anfangsstrahlung? Natürlich läßt sich der Katalog der Probleme noch um sehr viel tiefliegendere Fragen erweitern: Warum ist die Welt $(3+1)$-dimensional? Wie entstanden Raum und Zeit selber?...

2. Die Struktur der «Rätsel»

Bevor wir den Versuch einer Beantwortung zumindest einiger der Fragen machen, soll die Struktur der «Rätsel» näher diskutiert werden. Sie sind keine Paradoxien, Inkonsistenzen oder gar Widersprüche, sondern stellen im Standardmodell unvermeidliche Anfangs- bzw. Randbedingungen dar. Das Setzen von Anfangs- und Randbedingungen ist in der Physik üblicherweise ein völlig legitimer und unvermeidlicher Vorgang, durch den sich aus einem allgemeinen Gesetz für eine bestimmte vorliegende Situation überhaupt erst die spezielle Aussage gewinnen läßt. Im naturhistorischen Kontext wie z. B. in der Kosmologie, entsteht aber unmittelbar die Frage: Was (oder wer) hat diese Bedingungen gesetzt? Und dies kann in der physikalischen Kosmologie nicht durch Rückgriff auf ein wie auch immer geartetes äußeres System beantwortet werden, da es nichts außerhalb des Universums gibt. Es liegt daher ein wichtiges Begründungsproblem vor: Der Übergang von einer beschreibenden zu einer erklärenden Behandlung ist gefordert. Den Anfangs- bzw. Randbedingungen sollten, wenn immer möglich, physikalische Begründungen gegeben werden. Die Setzungen sind gesetzesartig zu reduzieren, d. h. sie sind auf andere physikalische Phänomene zurückzuführen. Statt «Wie?» ist die Frage «Warum so und nicht anders?» zu beantworten. Dazu muß ganz offenbar das Standardmodell verlassen werden. Ein möglicher Lösungsansatz bietet sich unmittelbar an und wird tatsächlich auch seit ca. 1980 intensiv diskutiert. Wurde zu extrem frühen Zeiten das kosmologische Substrat in den Annahmen des Standardmodells korrekt beschrieben? Die Theorien für die Materie bei extrem hohen Energien sollten mit einbezogen werden. Insbesondere deren Wechselwirkung mit dem kosmologischen Gravitationsfeld ist zu diskutieren. Benötigt wird also eine Quantenfeldtheorie in gekrümmter Raum-Zeit. Dabei ist zu beachten, daß die hierfür erforderlichen Theorien bisherige Laboratoriumsphysik in doppelter Weise überschreiten: Es wird zu Energien übergegangen, die in Beschleunigern zur Zeit nicht erreicht werden können, und es wird der Einfluß sehr starker Gravitationsfelder mit berücksichtigt. Wir haben es also notwendigerweise mit Extrapolationen der etablierten Theoretischen Physik zu tun. Darüber hinaus sollte bei dem ganzen Unternehmen bereits vorher klar sein, daß Letztbegründungen nicht möglich sind.

3. Vereinheitlichte Theorien

In der Alltagsphysik und auch in der Hochenergiephysik bei Energien bis zu etwa 100 Giga-Elektronenvolt (1 GeV = 1 Milliarde Elektronenvolt) begegnen uns vier Wechselwirkungen: die gravitative Wechselwirkung, die elektromagnetische Wechselwirkung, die schwache Wechselwirkung und die starke Wechselwirkung. Alle diese vier Wechselwirkungen sind von ganz unterschiedlicher Struktur und bestimmen die Physik in völlig verschiedenen Phänomenbereichen. Die neueren Ergebnisse der Elementarteilchenphysik haben nun gezeigt, daß in energieabhängiger Weise eine Vereinheitlichung der Wechselwirkungen stattfindet. Bei etwa 100 GeV gehen die so unterschiedliche schwache Wechselwirkung und die elektromagnetische Wechselwirkung in eine einzige Wechselwirkung über, die elektroschwach genannt wird (Abb. 2). Dies ist experimentell bestätigt. Die neuesten Vorstellungen der theoretischen Elementarteilchenphysik besagen darüber hinaus, daß diese elektroschwache Wechselwirkung mit der starken Wechselwirkung bei Energien ab 10^{14} GeV in einer neuen Wechselwirkung aufgeht, die durch eine sogenannte «große unifizierte (= vereinheitlichte) Theorie», abgekürzt GUT, beschrieben wird. Es gibt heute eine ganze Reihe von Vorschlägen für eine solche Theorie. Dabei ist offensichtlich, daß die wesentlichen Tests für eine GUT in Energiebereichen liegen, die die heute im Beschleuniger verfügbaren Energien um viele Größenordnungen übersteigen. So wird z. B. der Proton-Antiproton-Speicherring am «Fermilab» in Batavia (USA)

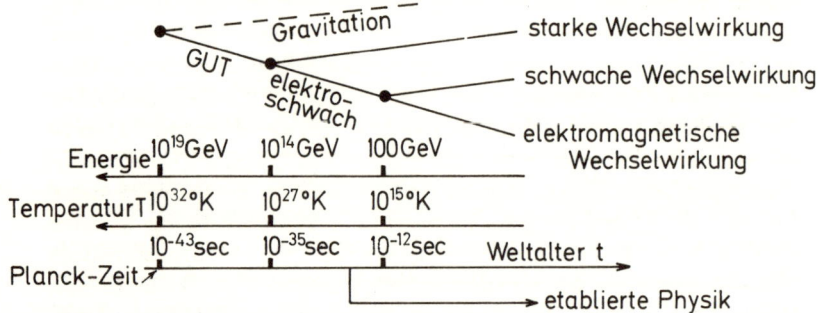

Abb. 2: Infolge der Abhängigkeit der Temperatur des Universums vom Weltalter findet die energieabhängige Vereinheitlichung der Wechselwirkungen im Universum zu verschiedenen Zeiten statt.

Energien bis zu 150 GeV erreichen. In den USA wird z. Z. der Bau eines sogenannten supraleitenden Supercolliders (SSC) mit 80 km Durchmesser vorgeschlagen, der Energien bis zu 20 000 GeV erreichen soll. Aber das reicht immer noch nicht, GUTs werden also in absehbarer Zeit nicht in allen Einzelheiten im Laboratorium testbar sein. Das Vereinheitlichungsprogramm in der Teilchenphysik scheint kosmologische Energien zu seiner Verifizierung zu verlangen, und daher könnte das frühe Universum der einzige Platz sein, um diese Theorien effektiv zu testen.

Daß heute dennoch in der Physik die Ansicht vorherrscht, daß eine GUT die Verhältnisse bei extremsten Energien korrekt beschreiben dürfte, liegt nicht zuletzt daran, daß das Vereinheitlichungsschema bei den beiden Übergangsenergien 100 GeV und 10^{14} GeV die gleiche theoretisch-physikalische Struktur aufweist: es folgt aus einem sogenannten Eichprinzip. Ein durchgängig anwendbares Prinzip spiegelt aber besonders deutlich die Einheit der Natur wider. Von ihm geht daher eine starke theoretische Überzeugungskraft aus. Man vertraut ihm zumindest vorläufig auch in Bereichen, in denen es noch nicht empirisch getestet ist.

Wir wollen die Struktur des Vereinheitlichungsschemas, die mit den Begriffen Phasenübergang und Symmetriebrechung verknüpft ist, etwas näher betrachten. Oberhalb der Vereinheitlichungsenergie verändern die beiden Ausgangswechselwirkungen ihren Charakter, werden gleich stark und verschmelzen zu einer einzigen Wechselwirkung. Diese Wechselwirkung wird durch den Austausch einer einzigen Sorte von Teilchen beschrieben. Unterhalb der Vereinheitlichungsenergie liegen die verschiedenen Wechselwirkungen vor. Sie werden durch den Austausch anderer jeweils spezifischer Teilchensorten beschrieben. Oberhalb der Vereinigungsenergie verknüpft eine Symmetrie in der Theorie die Ausgangskräfte miteinander, sie sind nur Teile einer einheitlichen Kraft. Diese Symmetrie ist unterhalb der Vereinigungsenergie (spontan) gebrochen. Die spontane Symmetriebrechung bewirkt bei der Vereinheitlichungsenergie 100 GeV gerade, daß die vier masselosen Austauschteilchen der elektroschwachen Theorie teilweise massiv werden und teilweise masselos bleiben. So basiert z. B. die schwache Wechselwirkung auf dem Austausch von 3 schweren Teilchen, den Vektorbosonen, während die elektromagnetische Wechselwirkung auf dem Austausch des masselosen Photons beruht. Eine solche Symmetriebrechung findet auch beim Übergang der GUT in die elektroschwache bzw. starke Wechselwirkung bei der GUT-Energie 10^{14} GeV statt.

Die spontanen Symmetriebrechungen lassen sich als Phasenübergänge verstehen. Wir kennen Phasenübergänge aus der Alltagsphysik. Ein Prozeß, der analog zu den Hochenergievorgängen abläuft, ist z. B. der des Ausfrierens von Eis aus Wasser, wenn die Schmelztemperatur unterschritten wird. Während im Wasser vollständige Rotationssymmetrie herrscht, d. h. keine Richtung vor einer anderen ausgezeichnet ist, wird durch den Eiskristall eine Richtung festgelegt. Noch ein anderes Beispiel mag einen solchen Phasenübergang veranschaulichen. In einem gewöhnlichen Eisenmagneten sind bei hoher Temperatur alle Elementarmagnete infolge der Wärmebewegung ungeordnet. Unter ihnen ist keine Richtung ausgezeichnet. Bei Abkühlung kann sich die magnetische Wechselwirkung zwischen den Elementarmagneten immer stärker gegen die störende Wärmebewegung durchsetzen, und bei einer bestimmten Temperatur (Curie-Temperatur) macht der Magnet einen plötzlichen Übergang zu einem Zustand vollständig geordneter paralleler Ausrichtung der Elementarmagneten durch. Wiederum ist die vorher vorhandene Rotationssymmetrie spontan gebrochen worden: alle Elementarmagneten sind nach dem Übergang in einer Richtung ausgerichtet, die vorher nicht festlegbar war (daher die Bezeichnung spontan).

Kehren wir zur Hochenergiephysik zurück. Der Umstand, daß unterhalb der Vereinheitlichungstemperatur unterschiedliche Wechselwirkungen vorliegen, kann ebenfalls als «Ausfrieren» bezeichnet werden. So findet z. B. unter 10^{14} GeV das «Ausfrieren» der elektroschwachen und der starken Wechselwirkung statt. Während in der GUT infolge der größten Symmetrie der Erhaltungssatz der Baryonenzahl aufgehoben ist, also Materie sich in Antimaterie umwandeln kann, gilt nach dem «Ausfrieren» der starken Wechselwirkung dieser Erhaltungssatz, und eine Umwandlung von Materie in Antimaterie ist verboten. Wir werden diesen Umstand zur Lösung des Materie-Antimaterie-«Rätsels» verwenden können.

Als kosmologisch noch wesentlich wichtiger aber erweist sich der folgende Umstand: Das Quantenvakuum ist der tiefstmögliche Energiezustand eines quantenfeldtheoretisch beschriebenen Systems. Es zeigt sich nun, daß das Quantenvakuum z. B. in einer GUT nicht mit dem nach der Symmetriebrechung übereinstimmt. Es liegt also bei hoher und bei niedriger Energie ein verschiedenes Quantenvakuum vor. Das GUT-Vakuum wird als «falsches» Quantenvakuum bezeichnet, da es tatsächlich noch nicht der Zustand tiefster Energie ist, den das System annehmen kann. Denn mit der spontanen Symmetriebrechung ist der Übergang in das energetisch tieferliegende «wahre» Quantenvakuum verbunden.

Ein Bezug dieser hochenergetischen Überlegungen zur Kosmologie läßt sich leicht herstellen. Wie wir im vorangehenden Artikel beim Blick in die Vergangenheit gesehen haben, nimmt die Temperatur mit abnehmendem Weltalter zu, die Materie wird immer heißer und die Teilchen im Universum werden immer energiereicher. Wie in Abb. 2 aufgeführt, muß in der Entwicklung des Universums bei einem Weltalter von 10^{-35} Sekunden der GUT-Phasenübergang stattfinden. Betrachtet man den Ablauf im Universum im Sinne ansteigender Zeit, so wie er tatsächlich stattgefunden hat, so ist dieser Phasenübergang begleitet von dem Wechsel aus dem «falschen» Quantenvakuum in das «wahre» Quantenvakuum. Die Existenz dieser beiden Quantenvakua und ihre gravitativen Auswirkungen werden für das kosmologische Geschehen des frühesten Frühzustands des Universums entscheidend sein. Wir wollen sie daher näher betrachten.

4. Das Vakuum ist nicht leer

Wenn man aus einem Raumgebiet alles entfernt, was sich mit Methoden der Experimentalphysik entfernen läßt, so entsteht ein Vakuum. In der Quantenfeldtheorie ergibt sich nun, daß dieses Quantenvakuum weder leer noch ohne Eigenschaften ist; es hat vielmehr eine höchst komplexe Struktur. Wir verstehen unter dem Quantenvakuum den Zustand ohne reelle Teilchen, d. h. den Grundzustand der Energie. In der Quantenmechanik gilt die Energie-Zeit-Unschärfe:

$$(3) \qquad \Delta E \, \Delta t \approx k$$

Sie besagt, daß der Energieerhaltungssatz um eine Größe ΔE durchbrochen werden kann, wenn diese Durchbrechung nur hinreichend kurz, nämlich von der Dauer Δt, ist. Man darf sich gewissermaßen Energie ausleihen, muß sie aber sehr schnell wieder zurückgeben, und zwar um so schneller, je größer der geborgte Betrag ist. Die Durchbrechung des Energiesatzes für kurze Zeit erlaubt ein ständiges Auftauchen und wieder

Verschwinden von Teilchen aus dem Vakuum. Da diese Teilchen nicht die Lebensdauer reeller Teilchen haben, werden sie virtuelle Teilchen genannt. Das Quantenvakuum ist voller Quantenfluktuationen, also voller virtueller Teilchen und Wechselwirkungen zwischen ihnen. Aber noch aus einem anderen Grunde ist das Vakuum nicht leer. Zur Beschreibung der Einzelheiten kehren wir noch einmal zur Symmetriebrechung, dem Übergang einer vereinheitlichten Theorie zu den Einzeltheorien bei tieferen Temperaturen zurück. Der Mechanismus der spontanen Symmetriebrechung wird durch Hilfsfelder, die sogenannten Higgs-Felder, bewerkstelligt. Man nimmt an, daß das Vakuum von räumlich konstanten Higgs-Feldern erfüllt ist. Die spontane Symmetriebrechung wird dann dadurch herbeigeführt, daß der Zustand der Higgs-Felder bei hoher Temperatur – wenn das «falsche» Vakuum vorliegt – unstabil ist und die Higgs-Felder bei sinkender Temperatur in einen anderen nicht verschwindenden konstanten Zustand übergehen, wobei das «wahre» Vakuum entsteht. Die Higgs-Felder in einer vereinheitlichten Theorie übernehmen daher die Rolle des unstabilen Vakuumzustands bzw. sie beschreiben ihn. Der temperaturabhängige Wechsel der Higgs-Felder von einem Zustand zu einem anderen ist tatsächlich der Übergang zwischen Grundzuständen der Theorie und damit der Übergang zwischen zwei Vakuumzuständen. Bei diesem Prozeß der Symmetriebrechung erhalten einige oder alle der masselosen Teilchen, die bei hoher Temperatur im vereinheitlichten Zustand der Theorie die Wechselwirkung beschreiben, eine Masse. Stark vereinfacht kann man sagen, daß die Teilchen, die die Wechselwirkung vermitteln, bei der Symmetriebrechung sich Higgs-Felder «einverleiben» und dadurch massiv werden. Zugleich ergeben sich bei tiefen Temperaturen die verschiedenen Wechselwirkungen, die je nach Art der neuen die Wechselwirkung beschreibenden Teilchen von sehr unterschiedlicher Natur sein können. Der Mittelwert der Higgs-Felder ist oberhalb der Vereinheitlichungstemperatur gleich Null und unterhalb gleich einem konstanten positiven Wert. Das Higgs-Feld hat nun aber eine merkwürdige Eigenschaft: man muß Energie aufwenden, um es auf Null zu reduzieren. Die beiden Vakuumzustände haben demnach unterschiedliche Energie, und der zu den tieferen Temperaturen gehörige ist der energieärmere. Wenn das eine Vakuum in das andere übergeht, wird so Energie frei (Abb. 3).

Wenn in der Quantenfeldtheorie eine Rechnung auf einen nichtverschwindenden Energiewert des Grundzustandes führt, dann kann dieser Energiewert üblicherweise dennoch gleich Null gesetzt (renormalisiert) werden, da Messungen sich immer nur auf Energiedifferenzen beziehen, die unabhängig von der Lage des Nullpunkts sind. Dieses Verfahren setzt allerdings voraus, daß tatsächlich auch nur ein Grundzustand vorhanden ist. Und gerade diese Situation ändert sich in den vereinheitlichten

Theorien. Man kann nunmehr nur noch die Energie und alle anderen
Eigenschaften von allenfalls einem der beiden Vakuumzustände gleich
Null setzen. Welche der beiden könnte es sein?
Um das zu entscheiden, wollen wir zunächst unser Blickfeld erweitern.
Kehren wir zur Allgemeinen Relativitätstheorie zurück. Da das Quanten-
vakuum kein Zustand ohne Eigenschaften ist, kommt es auch als Quelle
von Raum-Zeit-Krümmung in Betracht. Untersucht man die durch die

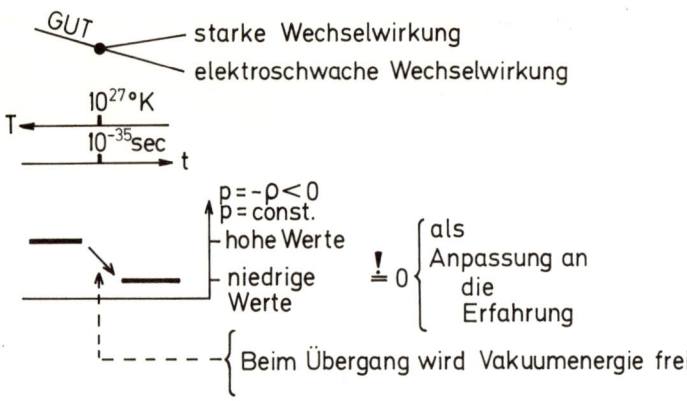

Abb. 3: Der hohe negative Druck des «falschen» Vakuums einer GUT
erzeugt gravitative Abstoßung (Antigravitation), die eine inflationäre Expansion des Universums bewirkt. Die Symmetriebrechung beim GUT-Phasenübergang ist mit einem Übergang vom «falschen» Vakuum in das «wahre»
Vakuum verbunden. Hierbei wird Vakuumenergie frei. Das «wahre» Vakuum
zeigt dann keine gravitative Wirkung mehr.

Anwesenheit der Higgs-Felder charakterisierten Vakuumzustände auf ihre
Energiedichte und ihren Druck, so macht man eine überraschende Entdeckung: Sie haben eine positive Energiedichte und einen negativen
Druck, die beide dem absoluten Betrag nach übereinstimmen. Weiterhin
zeigen die Einstein-Gleichungen im einzelnen, daß der Beitrag des
Druckes bei der Erzeugung von Gravitation den der Energiedichte
wesentlich übersteigt. Für das, was das Quantenvakuum gravitativ bewirken kann, ist also sein negativer Druck entscheidend. Doch zunächst ist
einem Mißverständnis vorzubeugen. Ein negativer konstanter Druck hat
keinerlei unmittelbare mechanische Auswirkung. Es kann also nichts
durch diesen Druck hin- oder hergeschoben werden. Hierzu wären
Druckunterschiede nötig. Dieser negative konstante Druck hat stattdessen
einen viel dramatischeren Effekt: Durch ihn wird nach Maßgabe der

Einsteinschen Feldgleichungen eine abstoßende Gravitationskraft erzeugt. Sie bewirkt eine beschleunigte Bewegung von Massepunkten
voneinander weg. Genauer gesagt verursacht der negative Druck nach
der Allgemeinen Relativitätstheorie eine Raum-Zeit, deren Punkte sich
so bewegen, als würde eine abstoßende Kraft zwischen ihnen wirken.
Massepunkte werden dann mit dieser sich entsprechend entwickelnden
Raum-Zeit mitgeführt. Das Quantenvakuum erzeugt Antigravitation.

Um entscheiden zu können, wie sich diese Antigravitation im kosmologischen Zusammenhang auswirken kann, müssen wir zunächst die
Absolutwerte von Energie und Druck des «falschen» und des «wahren»
Vakuums vor bzw. nach dem GUT-Phasenübergang bestimmen. Wir
greifen hierzu auf die Beobachtung der momentanen astrophysikalischen
Verhältnisse im Universum zurück. Sie besagt, daß im heutigen Zustand
keinerlei Einfluß von Antigravitation zu beobachten ist. Das heutige
«wahre» Vakuum muß also verschwindende Energiedichte und damit
verschwindenden Druck haben. Wenn wir diese Werte als Anpassung an
die Erfahrung gleich Null setzen, so hat das «falsche» Vakuum vor dem
GUT-Phasenübergang hohe Werte von Energiedichte und negativem
konstanten Druck (Abb. 3). Der GUT-Phasenübergang ist somit zugleich ein Phasenübergang von einem antigravitierend wirkenden Quantenvakuum zu einem, das sich nicht mehr gravitativ bemerkbar macht.

5. Inflation

Wie kann sich ein Zustand herausbilden, in dem das «falsche» Quantenvakuum die dominierende Rolle bei der Erzeugung der Raum-Zeit-
Krümmung übernimmt? Ganz einfach. Wenn die Welt noch keine 10^{-35}
Sekunden alt ist, ist sie so heiß, daß sie mit GUT-Materie erfüllt ist; und
das heißt auch, daß in ihr neben der realen Materie das «falsche»
Quantenvakuum vorliegt. Während nun durch die Expansion die Dichte
und der Druck der GUT-Materie ständig abnehmen, bleiben die entsprechenden Größen des «falschen» Vakuums unverändert bei ihren hohen
konstanten Werten. So wird schließlich ein Zeitpunkt erreicht, in dem
das Vakuum gravitativ die führende Rolle übernimmt. Sein negativer
Druck überwiegt und bewirkt über die Art der erzeugten Gravitation
eine gravitative Abstoßung. Die zunächst durch gravitative Anziehung
abgebremste Expansion geht in eine gravitativ beschleunigte Expansion
über (Abb. 4). Die Geschwindigkeit, mit der sich die Raum-Zeit ausdehnt, nimmt dann infolge der Antigravitation nicht ab, sondern wächst
ständig an. Es ergibt sich ein exponentieller Anstieg des Skalenfaktors
R(t), der so in kürzester Zeit über viele Zehnerpotenzen hin anwachsen
kann. Dieses Aufblasen des Universums aus eigner Kraft wird Inflation
genannt.

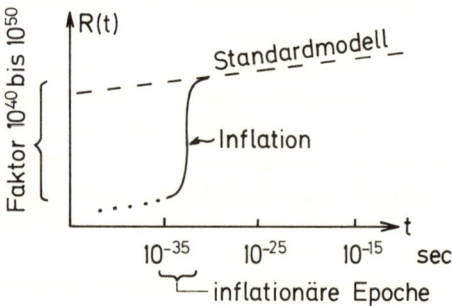

Abb. 4: Das Standardmodell wird durch den Einbau einer inflationären
Phase im frühesten Frühzustand des Universums abgeändert. Verglichen mit
dem Standardmodell stammt dann der heute beobachtbare Teil des Universums aus einem um viele Zehnerpotenzen kleineren Gebiet.

Nun wissen wir aber doch andererseits vom Standardmodell her, daß
im Bereich der empirisch bestätigten Kosmologie eine abgebremste Expansion vorliegt. Wie läßt sich also die Inflation wieder stoppen? Der
Mechanismus hierfür ist in dem ganzen Vorgang automatisch mit eingebaut. Durch die schnelle Expansion sinkt nämlich die Temperatur ab, der
GUT-Phasenübergang in das «wahre» Vakuum findet statt, Antigravitation wird durch Gravitation ersetzt, und das Universum geht in eine
Phase gravitativ gebremster Expansion über. Wichtig für das folgende ist
aber, daß dieser Übergang nicht sofort einsetzt, daß also hinreichend
lange tatsächlich Inflation stattfindet. Die quantenmechanischen Einzelheiten des Phasenübergangs bei abnehmender Temperatur müssen so
beschaffen sein, daß der Phasenübergang trotz schneller Abkühlung nur
langsam vor sich geht. Es findet gewissermaßen eine Unterkühlung statt,
wenn man an die Analogie des Auskristallisierens denkt. Die inflationäre
Epoche wird auf diese Weise auf eine Dauer von ca. 10^{-32} Sekunden
ausgedehnt, in der allerdings infolge der exponentiellen Expansion alle
Abstände um einen riesigen Faktor von ca. 10^{50} gedehnt werden.
Während der extremen Expansion in der inflationären Epoche sinkt die
Temperatur um viele Zehnerpotenzen. Das Universum ist nicht nur
extrem kalt, sondern infolge der Verdünnung seines Inhaltes auch völlig
leer geworden. Dies ändert sich mit dem Phasenübergang ins «wahre»
Vakuum, der durchaus dramatische Folgen hat: Beim Übergang in die
Phase mit gebrochener Symmetrie wird durch Wechsel ins «wahre»
Vakuum die im «falschen» Vakuum gespeicherte Energie (des Higgs-
Feldes) freigesetzt. Sie wird zur Erzeugung einer riesigen Zahl von
Teilchen verwendet. Der anfängliche Vakuumzustand zerfällt so tatsäch-

lich in einen Zustand mit Teilchen. Diese wechselwirken dann miteinander, es wird schließlich ein thermisches Gleichgewicht erzielt und das Universum wird wieder heiß. Seine Temperatur erhöht sich dabei erneut auf etwa die GUT-Temperatur von 10^{27} Grad Kelvin. Da die Temperatur nach der Wiedererwärmung mit der kritischen Temperatur für den Phasenübergang nahezu übereinstimmt, können nun auch Prozesse stattfinden, die zu einer Asymmetrie zwischen der erzeugten Materie und Antimaterie führen. Die Verletzung der Baryonenzahlerhaltung wird möglich. Nach dem Aufheizen befindet sich das Universum in einem heißen thermodynamischen Gleichgewicht und entwickelt sich ab dann genau so wie im Standardmodell. Es schließt sich das bekannte Scenario des heißen Urknallmodells an.

Zwei Prozesse sind also besonders bemerkenswert an der inflationären Phase und ihrem Übergang in das Standardmodell: die durch antigravitative Wirkung des Quantenvakuums bewirkte exponentielle Expansion des Universums mit ihrer Beschleunigung «aus sich selbst heraus» und der Übergang zwischen den beiden Vakuumzuständen. Hierbei erzeugt sich die Welt ihren realen Materieinhalt selbst. Eine creatio ex nihilo findet statt als Materieerzeugung aus dem Quantenvakuum. Beide Prozesse rechtfertigen es, den Gesamtvorgang als kosmologischen Münchhausen-Effekt zu bezeichnen (Abb. 5).

Abb. 5: In einer seiner Lügengeschichten behauptet der Freiherr von Münchhausen (1720–1797), daß er einmal sich und sein Pferd dadurch vor dem sicheren Versinken im Moor gerettet hat, daß er beide mit der Faust an seinem eigenen Zopf aus dem Sumpf gezogen hat.

Wir fassen noch einmal zusammen: Das beobachtbare Universum stammt aus einem um viele Zehnerpotenzen kleineren Raumgebiet als im Standardmodell. Dies wird es ermöglichen, die «Rätsel» des Standardmodells zu lösen. Durch Einbau einer inflationären Phase im frühesten Frühzustand werden aber die Erfolge des Standardmodells, die ja spätere Entwicklungszustände des Universums betreffen, nicht beeinträchtigt.

6. «Rätsel»-Lösung

Wie löst nun der Einbau einer inflationären Phase die «Rätsel» des Standardmodells?

Jede anfängliche Inhomogenität oder Anisotropie wird durch die extreme Ausdehnung eines sehr kleinen Bereichs zu Null gestreckt und völlig weggeglättet: Homogenität.

Beim Aufblasen wird alle möglicherweise vorher vorhandene räumliche Krümmung zu Null gebogen, so wie die Falten eines vor dem Aufblasen schrumpeligen Luftballons beim Aufblasen mehr und mehr verschwinden und die Krümmung der Oberfläche mit wachsendem Radius gegen Null geht (vgl. Abb. 6). Das Universum wird durch die

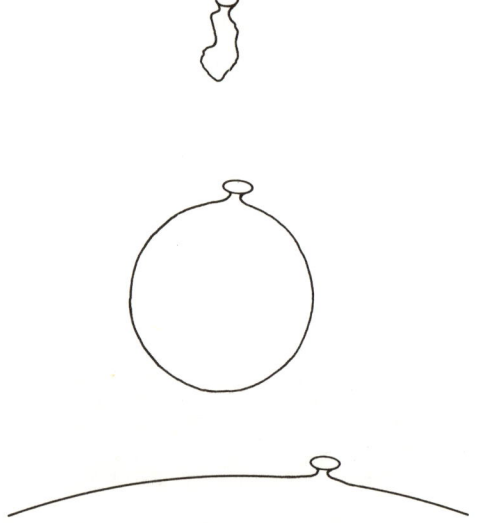

Abb. 6: Beim Aufblasen des Luftballons werden Falten weggeglättet und die Krümmung der Oberfläche geht gegen Null. Die analogen Vorgänge passieren im Universum während der inflationären Phase.

Inflation in ein Universum mit verschwindender Krümmung des dreidimensionalen Raumes überführt. Es ist daher eine der Vorhersagen dieses Modells, daß die Materiedichte im Universum heute genau gleich der der kritischen Dichte sein muß.

Das Raumgebiet, aus dem uns heute die kosmische Hintergrundstrahlung erreicht, war vor dem inflationären Aufblasen ein außerordentlich kleines Raumgebiet. In diesem Ursprungsraumgebiet war tatsächlich alles kausal verknüpft, und das löst das Kausalitätsproblem. Beim GUT-Phasenübergang können magnetische Monopole entstehen. Dies sind sehr massive Teilchen (10^{16} GeV), die einen isolierten magnetischen Nord- oder Südpol tragen. Um die Entstehung der Monopole plausibel zu machen, erinnern wir daran, daß bei einem Weltalter von 10^{-35} Sekunden ein GUT-Phasenübergang stattfinden muß. Wir hatten auf den analogen Prozeß des Ausfrierens von Eis aus Wasser hingewiesen. Dieses Ausfrieren beginnt tatsächlich nicht überall gleichzeitig, und die Richtungen der kleinen Kristalle sind nicht alle zueinander parallel. Vielmehr werden an Wänden, längs Linien oder Punkten verschiedene Achsenrichtungen der Kristalle aufeinander treffen. Es entsteht so kein großer perfekter Kristall, sondern ein Kristall mit Defekten. Ähnlich verhält es sich beim GUT-Phasenübergang, bei dem unterschiedliche Konfigurationen (abstrakte «Richtungen») des Higgs-Feldes die Rolle der Kristallrichtungen übernehmen. Die entsprechenden punktförmigen Defekte sind die magnetischen Monopole. Fände nun der GUT-Phasenübergang im Standardmodell statt, so würden so viele der supermassiven Monopole als Punktdefekte erzeugt, daß infolge ihres Beitrags zur Massendichte das Universum bereits bei einem Weltalter von 10^4 Jahren nur noch eine Temperatur von 3 Grad Kelvin aufweisen würde. Dieses würde einen eklatanten Widerspruch zwischen Elementarteilchenphysik und empirischer Kosmologie bedeuten. Die GUT wären kosmologisch widerlegt. Durch den Einbau einer inflationären Phase wird dieses Monopolproblem umgangen und der Widerspruch aufgelöst: Da das heute beobachtbare Universum durch Aufblasen aus einer extrem kleinen und daher kausal verknüpften Region stammt, zeigte auch das Higgs-Feld überall die gleiche «Richtung». Es gibt keine Monopole.

Alle heute im Universum vorhandene Materie und Strahlung entsteht beim Übergang zwischen den beiden Vakuumzuständen (Energieproblem). Die GUT liefert automatisch einen bezüglich der Verteilung von Materie und Antimaterie fast symmetrischen Anfangszustand. Eine solche Theorie erlaubt auch eine geringe Durchbrechung der Baryonenzahlerhaltung und erklärt so einen sehr schwachen Überschuß von Materie über Antimaterie (Materie-Antimaterie-Asymmetrie).

Und noch eine Auswirkung ist zu beachten: Zwar werden alle anfänglichen Inhomogenitäten durch die inflationäre Expansion beseitigt, aber durch den Phasenübergang entstehen Fluktuationen des Higgs-Feldes, die durch die nachfolgende Expansion auf solche Dimensionen vergrö-ßert werden, daß sie durch die damit verknüpften Dichteschwankungen zum Ausgangspunkt für die Galaxienentstehung werden können. Es gilt als einer der großen Erfolge des inflationären Modells, daß hier mehr oder weniger zum erstenmal ein Phänomen beschrieben wird, auf das eine Theorie der Galaxienentstehung aufbauen kann.

Schließlich sollte ein naturphilosophisch interessanter Punkt nicht unterschlagen werden. Alle oben beschriebenen Prozesse der Verdün-nung, Streckung und Glättung laufen darauf hinaus, daß die Informatio-nen über den Zustand vor der inflationären Epoche getilgt werden. Wie auch immer der Vorzustand im einzelnen beschaffen war, der Prozeß der Inflation überführt stets in denselben kosmologischen Zustand; charakte-ristische Einzelheiten gehen verloren. Ein Blick zurück in die Zustände vor der Inflation hinein wird durch diese *Spurentilgung* vermutlich unmöglich oder zumindest sehr erschwert.

Wir haben im Modell des Inflationären Universums ernst damit ge-macht, daß bei einer Rückverfolgung der kosmischen Entwicklungen in früheste Phasen mit ihren extremen Bedingungen die Materie nicht wie im Standardmodell ganz im Rahmen der klassischen Physik beschrieben werden darf. Wir haben auf den materiellen Inhalt des Universums die Quantenfeldtheorie angewandt und als Folge eine wesentliche Abwand-lung des Standardmodells gefunden. In der Phase, die zeitlich noch vor der kosmischen Inflation liegt, war die Raum-Zeit-Krümmung so groß bzw. die kosmischen Gravitationsfelder waren so stark, daß in der theoretischen Behandlung nunmehr auch die Gravitation und damit die Raum-Zeit-Geometrie selber zu quantisieren sind. Wenn aber die Vor-aussetzungen, auf denen das Standardmodell beruhte, nicht mehr gelten, dann können wir auch nicht mehr folgern, daß am Anfang der Welt eine Raum-Zeit-Singularität stand. In einer quantisierten Raum-Zeit-Geo-metrie wird vielmehr der Begriff des Anfangs selber fraglich. Es wird zu einem Problem, Modelle zu finden, die verdeutlichen können, wieso so etwas wie eine physikalische Zeit sich überhaupt aus dem Quantenge-schehen heraus hat entwickeln können. Der Vorstellung von einer «plötzlichen» Entstehung der Welt, die mancher gerne als Erzeugung verstehen möchte, ist jedenfalls die Grundlage entzogen. Über das, was an die Stelle treten könnte, gibt es bisher nur Spekulationen, wenn auch sehr interessante. Wir haben heute noch kein allgemein befriedigendes theoretisch-physikalisches Modell. Anders als beim Inflationären Uni-versum steht die theoretische Forschung erst am Anfang der Entwicklung von konsistenten Denkvorstellungen. Wir wollen daher die Diskussion dieser extremsten kosmologischen Anfangsphase hier nicht vertiefen.

Nachdem die angestrebten Erfolge durch die Korrektur des Standardmodells erzielt worden sind, wollen wir zurücktreten und uns das Modell
des Inflationären Universums noch einmal ansehen.

7. Diskussion

Wir können die Auswirkungen des Einbaus einer inflationären Epoche
folgendermaßen charakterisieren: Sie überführt zu extrem frühen Zeiten
bei einem Weltalter von ca. 10^{-35} Sekunden in die von der Standardtheorie
benötigten nachinflationären Anfangsbedingungen. Auf diese Weise werden die Erfolge des Standardmodells beibehalten und seine Nachteile
vermieden. Durch eine unlösbare Verknüpfung von Makro- und Mikrophysik wird es möglich, daß eine spezielle Hochenergiephysik an die
Stelle der Anfangs- und Randbedingungen tritt (Abb. 7). Etwas blasphe-
misch läßt sich verkürzt sagen: Am Anfang war «GUT», also eine große
unifizierte Theorie.

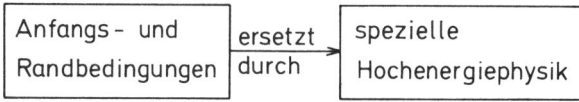

Das frühe Universum wird zum Hochenergielaboratorium. In der
Kosmologie werden die nächsten Beschleunigergenerationen übersprungen. Eine durch Extrapolation gewonnene Theorie der Hochenergiephysik, für deren Test heute die erforderlichen Energien nicht zur Verfügung
gestellt werden können, wird dort erprobt, wo diese Energien zumindest
früher einmal vorlagen: im frühesten Frühzustand des Universums. Das
Stichwort Antigravitation ruft in Erinnerung, daß dabei die gravitative
Rückwirkung von besonderer Bedeutung ist. Auch diese Rückwirkung
ist ein nicht im Laboratorium testbares Phänomen. So sind in dieser
Vereinheitlichung von Mikro- und Makrophysik zwei Theorien aufeinander angewiesen und stützen sich wechselseitig. Die intellektuelle Red-
lichkeit gebietet es, immer wieder darauf hinzuweisen, daß das Modell
des Inflationären Universums auf Extrapolationen von mehreren Theorien beruht, oder etwas abschätzig formuliert: «Hier trägt der Blinde den
Lahmen» (Abb. 8). Allerdings können beide auf diese Weise durchaus
recht weit kommen.

Wichtig ist, daß das Modell Vorhersagen macht und daher überprüft
werden kann. Zum einen wird behauptet, daß heute keine magnetischen
Monopole vorhanden sind. Einschneidender noch ist die Aussage, daß

heute der dreidimensionale Erfahrungsraum exakt flach sein muß. Die Dichte im Universum sollte nicht nur nahe, sondern genau gleich der kritischen Dichte sein. Diese empirischen Konsequenzen bedingen eine *Falsifizierbarkeit* des Modells. Da der bisher für die Dichte empirisch ermittelte Wert nur 10 % dessen der kritischen Dichte ausmacht, hat auch bereits eine intensive astrophysikalische Suche nach der fehlenden Materie eingesetzt.

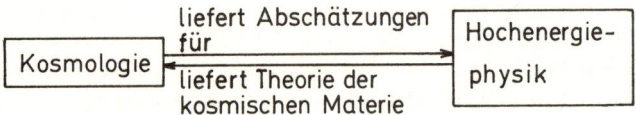

Über die oben beschriebenen Extrapolationen hinaus muß noch auf weitere *Fragwürdigkeiten* des inflationären Modells hingewiesen werden. Es gibt die folgenden Mindestanforderungen an ein inflationäres Modell: Es soll hinreichend viel Inflation erzeugt werden. Es sollen weiterhin am Ende geeignet kleine Dichtefluktuationen entstehen können, auf die die Galaxienbildung zurückgeführt werden kann. Schließlich muß ein hinreichendes Aufheizen für die Baryonen-Synthese stattfinden, die erst nach der Inflation ablaufen darf, da sonst die mühsam gewonnene Baryonen-Asymmetrie wieder verdünnt würde. Dies alles bedingt starke Einschränkungen an inflationäre Modelle. Und hier zeigt sich nun, daß der Teufel im Detail steckt. *Es erweist sich als schwierig, das Scenario mit Hilfe realistischer GUT zu verwirklichen.* In den Theorien muß eine Feineinstellung von Parametern durchgeführt werden, so daß man heute nicht sagen kann, daß eine solche Theorie das inflationäre Geschehen in natürlicher Weise liefert.

Hieraus ist klar eine Konsequenz zu ziehen: Man trenne das inflationäre Paradigma, d. h. den Einbau einer inflationären Phase in das Standardmodell, von der zugehörigen Elementarteilchentheorie für höchste Energien ab. Während das erstere heute allgemein als befriedigend angesehen wird, läßt die hochenergetische Seite zur Zeit noch zu wünschen übrig. Allerdings ist es bereits heute eine Testfrage, die an jeden Vorschlag für eine Elementarteilchentheorie gestellt wird, ob diese Theorie das inflationäre Paradigma befriedigend liefert. Höchst wünschenswert wäre es, wenn man zeigen könnte, daß es eine ganze Klasse von großen vereinheitlichten Theorien (GUT) gibt, deren gemeinsames Charakteristikum es ist, auf die richtige inflationäre Epoche zu führen. Dann wäre das auch wissenschaftstheoretisch hochinteressante Endziel erreicht, daß man Anfangs- und Randbedingungen durch Theorie ersetzt hätte. Das Modell des Inflationären Universums ist eine exakte Spekulation, besser gesagt eine *Extrapolation*. Wenn man abschließend eine Prognose wagen soll, so wird man sagen, daß die GUT weiter zu entwickeln sein werden, daß aber die Grundideen des inflationären Modells selber sich bereits heute als zu leistungsfähig erwiesen haben, um schnell aufgegeben zu werden. Kurz gesagt:

> Das inflationäre Modell
> ist zu schön, um nicht wahr zu sein.

8. Nachtrag: Naturphilosophische Anmerkungen

Das Universum war zu allen Zeiten Ausgangspunkt naturphilosophischer Betrachtungen. Auch in der modernen Kosmologie werden Antworten auf alte naturphilosophische Fragen gesucht und gefunden. Darüber hinaus war die jeweilige physikalische Kosmologie durch die Jahrhunderte hindurch Gegenstand wissenschaftstheoretischer Analysen. Wir wollen hier noch abschließend kurz einige Punkte des philosophischen Nach- und Hinterherdenkens andeuten.

Physikalische, philosophische und auch die theologischen Erörterungen haben jeweils ihre eigene Berechtigung, wenn man vom Anfang der Welt spricht. Es kommt aber wesentlich darauf an, sich bei einer Frage darüber im klaren zu sein, zu welchem Problemkreis sie gehört und unzulässige Vermischungen zu vermeiden.

Es gibt das Universum, soweit es unserer Beobachtung zugänglich ist, nur einmal. Das Erkennen physikalischer Gesetzmäßigkeiten setzt aber Wiederholung voraus. Es wird die Frage gestellt nach dem Gleichbleibenden im Wechsel der Erscheinungen. Wiederholbare Experimente spielen daher eine zentrale Rolle in der Physik. Mit dem Universum aber kann man nicht experimentieren. Mehr noch, infolge seiner ständigen Entwicklung und damit Änderung sind auch keine für das Universum spezifischen physikalischen Gesetze ablesbar. Ist Kosmologie also überhaupt eine normale physikalische Disziplin?

Wenn man die Frage präzisiert, wird die Antwort einfach. Würden die Theoretischen Physiker ausziehen, um das eine universelle ganz andere kosmologische Gesetz zu suchen, das unabhängig neben die vorhandenen physikalischen Gesetze tritt, so wäre das tatsächlich wegen der fehlenden Wiederholbarkeit ein sinnloses Unternehmen. Wie dieser und der vorangegangene Artikel gezeigt haben, versucht das aber niemand. Das Vorgehen in der physikalischen Kosmologie des Standardmodells (anders als in der des Inflationären Universums) ist vielmehr so, daß Gesetze, die im Laboratorium an beliebig oft wiederholbaren Experimenten abgelesen wurden, in der kosmologischen Situation angewandt werden. Mit einer ganzen Fülle von Gesetzen der Laboratoriumsphysik und gestützt durch astrophysikalische Beobachtungen an einer Vielzahl gleicher Objekte werden Aussagen über den momentanen und früheren Zustand des Universums gemacht. Die Situation ist vergleichbar mit der bei der Rekonstruktion eines einzelnen Autounfalls. Auch hier schließen Sachverständige aus gewissen Beobachtungsdaten mit Hilfe anderweitig abgelesener physikalischer Gesetzmäßigkeiten auf den komplexen Ablauf des Geschehens. Ihre Rekonstruktion kann juristisch zu Schuldzuweisungen führen. Dabei wird niemand vermuten, daß diese Sachverständigen sich irgendwie außerhalb der normalen Physik bewegen oder daß sie innerhalb der Naturwissenschaften eine Disziplin mit einem Sonderstatus für sich beanspruchen müßten. In gleicher Weise bedingt in der Kosmologie die These der universellen Gültigkeit der Naturgesetze deren Anwendbarkeit auf die Prozesse im sich zeitlich entwickelnden Universum.

Gerade dadurch, daß Erklärung auf Laboratoriumsgesetze zurückgeführt wird, tritt aber das Problem der Rand- und Anfangsbedingungen auf. Wenn spezielle Bedingungen ohne weitere Begründung oder Rückführung in das Modell eingehen, so stellt das ein unbefriedigendes Element dar. Schon immer sind zur Umgehung dieses Problems Lösungsversuche vorgeschlagen worden. Das oben diskutierte Modell des Inflationären Universums ist der in den letzten Jahren entwickelte Ansatz. Das zentrale Ziel ist es wiederum, die Unabhängigkeit von Rand- und Anfangsbedingungen zu zeigen: Gleichgültig, welche physikalischen Verhältnisse im einzelnen am Anfang geherrscht haben und gleichgültig, wie die Theorien der Hochenergiephysik und der Gravitation bzw. der Raum-Zeit-Geometrie im einzelnen beschaffen sind, die Entwicklung überführt den Kosmos stets in den homogenen und heißen materieerfüllten Frühzustand, wie er im Standardmodell durch Setzungen gefordert wird. Die theoretische Kosmologie ist auch heute noch weit davon entfernt, ein solches Programm befriedigend erfüllen zu können. Das Modell des Inflationären Universums belegt aber, daß Anstrengungen in dieser Richtung nicht ganz ohne sichtbare Anfangserfolge unternommen wurden. Damit wird sich auch die Diskussion der Frage, ob die Kosmologie unbeweisbare (also gewissermaßen apriorische) Elemente enthält, schrittweise trivialisieren, denn im kosmologischen Zusammenhang sind mit diesen Elementen gerade die Rand- und Anfangsbedingungen gemeint.

Ein weiterer am Modell des Inflationären Universums besonders deutlich werdender Punkt soll noch einmal herausgestellt werden. Die einfache Formel «Kosmologie ist Urknall plus Laboratoriumsphysik» stimmt nur für das Standardmodell. Im frühesten Frühzustand, in dem sowohl das Einwirken starker Gravitationsfelder auf Materie als auch umgekehrt die Rückwirkung unkonventioneller Materie auf das Gravitationsfeld eine entscheidende Rolle spielt, bewegen wir uns grundsätzlich außerhalb der Laboratoriumsphysik, da dort keine starken Gravitationsfelder hergestellt und manipuliert werden können. Das gilt weiterhin deshalb, weil die dort vorliegenden Wechselwirkungsenergien nicht in Beschleunigern erreicht werden können. Wir kommen in diesem Sinne zu spezifisch kosmologischen physikalischen Situationen, die auch nur in der kosmologischen Situation untersucht werden können. Ihre theoretische Behandlung beruht notwendig auf Extrapolationen. Das Schlagwort vom frühen Universum als einzig verfügbarem «Hochenergielaboratorium» für extremste Energien ist entsprechend zu interpretieren.

In dieser Situation wird in der theoretischen Behandlung die Forderung nach Selbstkonsistenz ein entscheidendes Wahrheitskriterium. Gesucht ist eine selbstkonsistente Theorie für die kosmologische Raum-Zeit und die in ihr enthaltene Materie zugleich. Stark überspitzt gesagt muß so der früheste Frühzustand aus sich selbst heraus verständlich werden. Am Anfang der kosmologischen Entwicklung scheinen die Phänomene der Makro- und Mikrophysik zu einem Urphänomen zu verschmelzen. Hier wird der Gedanke von der Einheit der Physik auf eine besondere Probe gestellt.

Und wo bleibt in diesen ganzen Überlegungen Gott? Die Physik kann nicht sinnvoll nach ihm fragen. Sie hat in ihrem System weder Mittel, eine solche Frage zu stellen, noch Möglichkeiten, sie zu beantworten. In genau diesem Sinne kommt Gott auch in der modernen Kosmologie nicht vor. Daher kann Physik auch Glauben weder ersetzen noch verdrängen oder gar widerlegen, und zumindest die heutigen Physiker sind sich dessen bewußt. Es ginge auch gar nicht, denn «nicht umgrenzt werden vom Größten und dabei doch eingeschlossen bleiben ins Kleinste; das ist göttlich» (Grabschrift des Ignatius von Loyola, zugleich Motto von Hölderlins Hyperion).

Kapitel V

Die Bestätigung des Urknalls
durch Beobachtungen

VON GUSTAV ANDREAS TAMMANN

1. Einleitung

Das Universum hat einen Anfang gehabt. Es begann zur Zeit null aus einem unvorstellbar dichten Zustand heraus zu expandieren, und es wird seitdem größer und größer. Es war damals so dicht, daß keinerlei Bewegung möglich war; es konnte deswegen auch keine Uhren und keinerlei Zeitmaß geben. Den Begriff der Zeit gibt es erst seit Beginn der Expansion. Der Beginn der Expansion, der die Bezeichnung «Urknall» erhalten hat (womit jedoch nicht auf ein akustisches Phänomen angespielt werden soll), stellt in sehr fundamentaler Weise den Anfang aller Dinge dar.

Man hört heute noch manchmal die Meinung vertreten, der Urknall sei eine von verschiedenen möglichen Hypothesen. Dies ist tatsächlich nicht der Fall. Der Urknall wird von der Theorie und von den Beobachtungen gefordert. Er ist ein unverzichtbarer Bestandteil aller in sich geschlossenen, mathematisch-logischen Weltmodelle, die die physikalischen Gesetze, soweit wir sie kennen, nicht verletzen. Der Urknall steht überdies mit allen heute bekannten Beobachtungen im Einklang. Wenn man daher heute Weltmodelle ohne einen Urknall postulieren will, so muß man ad-hoc-Annahmen über bisher unbekannte physikalische Gesetze machen, und man kann selbst dann nur einen Teil der vorhandenen Beobachtungen erklären.

Der Urknall mag unserem Vorstellungsvermögen zuwiderlaufen. Das ist aber in keiner Weise ein Nachteil, denn unsere Vorstellung ist nur die Summe unserer alltäglichen Erfahrungen, und es ist damit ein höchst unzuverlässiger Richter. Dies gilt in ganz besonderem Maße, wenn wir Zusammenhänge erforschen wollen, die überhaupt nicht im Bereich unserer Erfahrung liegen können.

Erstmals hat Albert Einstein im Jahre 1917 mit Hilfe der allgemeinen Relativitätstheorie den Versuch unternommen, ein physikalisch fundiertes Weltmodell aufzustellen. Schon bei diesem ersten Versuch entdeckte er, daß es ein statisches Universum, das heißt ein Universum, in dem die mittleren Abstände zwischen den Galaxien konstant bleiben, nicht geben kann. Die Konsequenz eines expandierenden oder kontrahierenden Universums war für die damalige Zeit noch zu revolutionierend, als daß Einstein sie hätte annehmen können. Er postulierte stattdessen eine stabilisierende Kraft, die sogenannte kosmologische Konstante Λ, um sein Universum im Gleichgewicht zu halten. Erst später fiel auf, daß Λ das Universum bestenfalls in ein instabiles Gleichgewicht bringen kann, so daß es auf die kleinste Störung hin doch expandieren oder kollabieren müßte.

Nach 1920 zeigten dann vor allem Alexander Friedmann und der Abbé G. Lemaître, daß der Raum sich in der allgemeinen Relativitätstheorie sehr wohl ausdehnen kann, – ein stationäres Universum wäre nur ein Spezialfall. Die Ausdehnung des Raumes muß die in ihm verstreuten Galaxien (Milchstraßen) mit sich tragen, so daß sich für jeden Beobachter im Universum das Bild ergibt, daß alle Galaxien sich von ihm entfernen. Die Lichtwellen, die von einer Galaxie zum Beobachter kommen, müssen durch die Raumausdehnung auseinandergezogen werden, das heißt das Spektrum einer Galaxie muß ins Rote verschoben werden. Der Beobachter interpretiert diese Rotverschiebung meist als den Dopplereffekt einer sich von ihm wegbewegenden Lichtquelle. Er sagt daher, die Galaxien flögen von ihm fort und spannten so einen immer größer werdenden Raum auf. Dieser an sich unrichtigen Redeweise werden wir im folgenden einfachheitshalber auch folgen, aber dabei soll immer bedacht werden, daß der primäre physikalische Effekt die Ausdehnung des Raumes ist; die Galaxien werden von ihm nur sekundär in immer größere Distanzen geführt. Die Situation läßt sich an einem aufgehenden Hefeteig veranschaulichen, der die Rosinen in seinem Inneren ständig weiter voneinander entfernt. Die Unterscheidung zwischen einem sich ausdehnenden Raum und auseinanderfliegenden Galaxien mag spitzfindig erscheinen, hat aber doch weitreichende Konsequenzen. So können Galaxien nach der Relativitätstheorie sich nicht schneller als mit der Lichtgeschwindigkeit bewegen, aber der masselose Raum zwischen den Galaxien kann sich mit jeder beliebigen Geschwindigkeit ausdehnen.

Die Größe (genauer gesagt: der Krümmungsradius) des Universums ist in den Friedmannschen Weltmodellen durch nur zwei Maßzahlen bestimmt, durch die heutige Ausdehnungsrate (die Hubble-Konstante H_0) und durch die von der Gravitationswirkung zwischen den Galaxien bedingte Abbremsung der Expansion (den sogenannten Bremsparameter q_0). Sind H_0 und q_0 durch Beobachtung bestimmt, so kann man die Größe des Universums zu jedem Zeitpunkt in der Vergangenheit und in der Zukunft angeben.

Auch bei Lemaître spielen H_0 und q_0 eine fundamentale Rolle, aber bei ihm kommt zu diesen beiden Parametern noch die kosmologische Konstante Λ, die er trotz der Expansion des Raumes von Einstein übernommen hat. Sie entspricht einer abstoßenden Kraft zwischen den Galaxien, die um so größer (!) ist, je weiter die Galaxien voneinander entfernt sind. Im heutigen Universum ist Λ sicher sehr klein, und es gibt keine Beobachtungen, die überhaupt verlangen würden, daß Λ verschieden von null ist. Ein Wert von $\Lambda = 0$ wird heute auch von den Theoretikern favorisiert. Wenn dementsprechend die verhältnismäßig sehr einfachen Friedmann-Modelle mit nur H_0 und q_0 die großräumige Struktur des Universums vollständig beschreiben können, so ist nicht gesagt, daß dies von Anbeginn gegolten hat. J. Audretsch schildert in diesem Buche, daß in der Tat vermutet wird, daß das Universum sich im allerersten Moment (d. h. während der ersten 10^{-35} Sekunden!) ganz unverhältnismäßig schnell ausdehnte. Formal kann man diese «inflationäre Phase» des Universums durch einen sehr großen Wert von Λ beschreiben. Demnach spielte einst für sehr kurze Zeit die kosmologische Konstante vermutlich eine bedeutsame Rolle, aber im heutigen Universum spricht alles dafür, daß sie vernachlässigbar ist.

In diesem Kapitel ist aber die zentrale Frage nicht die nach dem exakten Modell des Universum, sondern die, ob der Urknall tatsächlich unvermeidbar ist. Er impliziert, wie schon gesagt wurde, daß das Universum nicht seit Ewigkeit bestanden hat, sondern daß es einen Anfang gehabt haben muß. Dies wird schon durch ganz einfache Betrachtungen plausibel. Zum Beispiel beziehen die Sterne den größten Teil der für ihr Leuchten notwendigen Energie aus einer Kernreaktion, bei der Wasserstoff (H) in Helium (He) verwandelt wird. Würden die Sterne in den unzähligen Galaxien seit Ewigkeit leuchten, müßte bereits aller Wasserstoff in Helium verwandelt sein. Tatsächlich ist aber der einfache Wasserstoff noch immer bei weitem das häufigste Element im Universum. Dementsprechend leuchten die Sterne erst seit endlicher Zeit. Es gibt eine Kette von ähnlichen Argumenten, die einen Anfang des Universums zumindest sehr nahe legen.

Warum muß aber der Anfang des Universums in der extremen Form des Urknalls, also in einer Singularität, stattgefunden haben? Dafür werden im Folgenden vier Beobachtungsbefunde beschrieben, die den Urknall heute zum Bestandteil des gesicherten physikalischen Wissens machen.

2. Die Expansion des Universums

Die anfängliche Unempfindlichkeit photographischer Platten verhinderte die Registrierung guter Spektren von Galaxien. Erst seit 1914 konnte V. M. Slipher Galaxien-Spektren aufnehmen, in denen die Rotverschiebung[1] deutlich zu Tage tritt. In den 20er Jahren lagen etwa für zwei Dutzend Galaxien Rotverschiebungen vor, und verschiedene Autoren versuchten damals, eine Beziehung zwischen der Rotverschiebung und der Entfernung einer Galaxie aufzustellen (C. Wirth, L. Silberstein, K. Lundmark und G. Strömberg). Aber erst 1929 entdeckte Edwin Hubble die der Raumexpansion entsprechende *lineare* Beziehung zwischen der Fluchtgeschwindigkeit v und der Entfernung r (gewöhnlich in Megaparsec ausgedrückt; 1 Mpc = 3.26 Millionen Lichtjahre),

(1) $$v = H_o r,$$

wo der Proportionalitätsfaktor H ein zeitabhängiger Parameter ist. Sein *heutiger* Wert H_o ist die sogenannte Hubble-Konstante.

Die größte Fluchtgeschwindigkeit, die Hubble damals bekannt war, beträgt 3800 km s^{-1}. Sie war von seinem Mitarbeiter M. Humason, einem

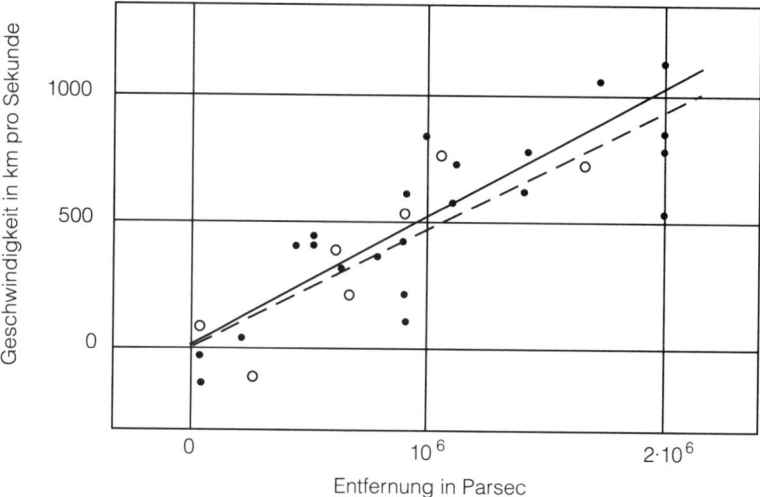

Abb. 1: Hubbles ursprüngliche Beziehung zwischen Fluchtgeschwindigkeiten und Entfernungen von Galaxien, die ihn 1929 zur Postulierung der universalen Expansion führte. Die größte ihm bekannte Fluchtgeschwindigkeit ist hier nicht eingezeichnet, weil er die Entfernung der betreffenden Galaxie als zu unsicher empfand, obwohl er wußte, daß jene größer als 20 Mpc sein muß. – Die erhebliche Streuung im Diagramm ist nicht nur durch Beobachtungsfehler in den Entfernungen verursacht; es war bereits Hubble bekannt, daß die Galaxien außer den Expansionsgeschwindigkeiten zusätzliche Zufallsgeschwindigkeiten von einigen 100 km s^{-1} haben können. (Die nahe Galaxie M31 in der Andromeda hat beispielsweise eine *negative* Geschwindigkeit von 300 km s^{-1}; dies ist einfach ein Effekt der gegenseitigen Anziehung zwischen der Milchstraße und M31. *Quelle:* Proceedings National Academy of Sciences 15, 168 (1929)).

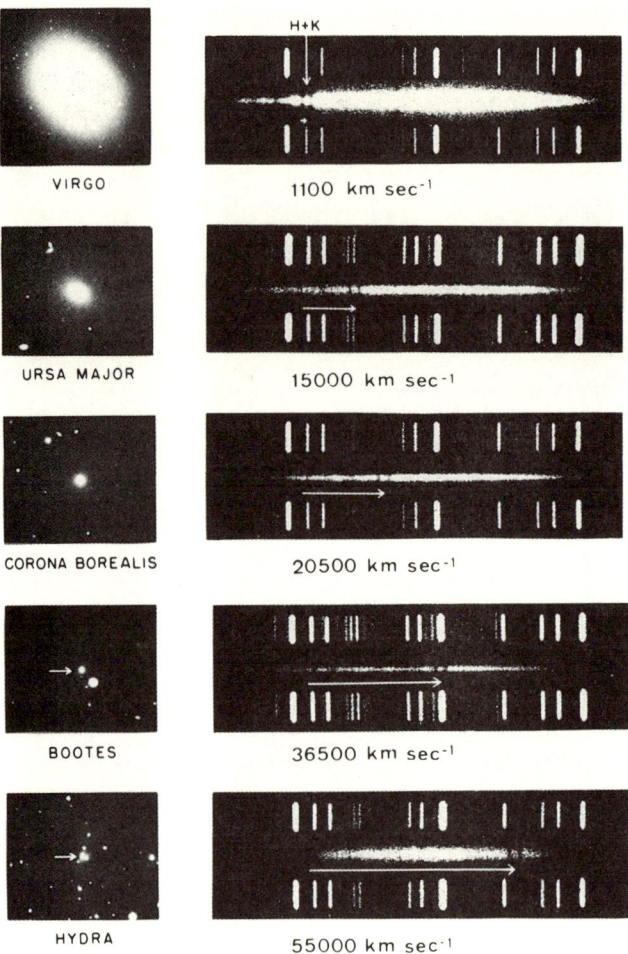

Abb. 2: Die Abbildung veranschaulicht den Zusammenhang zwischen Entfernung und Fluchtgeschwindigkeit (Rotverschiebung). Links sind fünf elliptische Galaxien abgebildet; sie sind jeweils die hellsten Galaxien in einem Galaxienhaufen. Ihre Anordnung hier nach scheinbarer Helligkeit entspricht daher sicher einer Entfernungssequenz. Rechts sind die Spektren der betreffenden Galaxien abgebildet. (Man beachte nur jeweils den mittleren Teil der Spektren; die äußeren, sich wiederholenden Emissionslinien stammen von einer Vergleichslampe im Teleskop). Mit wachsender Entfernung sind die Spektren ins Rote (nach rechts) verschoben. Dies wird besonders deutlich bei den Absorptionslinien der Galaxien. Hier sind die auffallenden Linien H und K (von ionisiertem Kalzium) markiert. *Quelle:* Mount Wilson and Palomar Observatories.

genialen Beobachter, unter großen Schwierigkeiten bestimmt worden. Es
ist das einzigartige Verdienst Hubbles, trotz seinen sehr beschränkten
Daten (Abb. 1) seine Zeitgenossen davon überzeugt zu haben, daß das
Universum sich in Expansion befindet und daher mit einem Urknall
begonnen haben muß. Seine Schlußfolgerung war aber um so berechtig-
ter, als er mit Hilfe sehr aufwendiger Galaxienzählungen zeigen konnte,
daß das Universum bis zu den äußersten, ihm erreichbaren Grenzen
gleichmäßig (d. h. isotrop und homogen) mit Galaxien erfüllt ist. Daraus
folgte, daß die zunächst nur lokal beobachtete Expansion sich offenbar
auf das ganze Universum extrapolieren läßt. Hubbles Entdeckung der
Expansion wurde um so bereitwilliger aufgenommen, als G. Lemaître
und A. S. Eddington die Theorie der expandierenden Weltmodelle allgemein bekannt machten.

Hubble und Humason haben zeitlebens danach getrachtet, die Expansion bis in immer größere Entfernungen nachzuweisen. Bei Hubbles
Tod (1953) war ihnen dies bis zu Fluchtgeschwindigkeiten von über
50 000 km s^{-1} gelungen (vgl. Abb. 2). Anschließend übernahm A. Sandage, ein Schüler Hubbles, die Hauptlast der äußerst mühsamen Arbeit.
Es hatte sich als vorteilhaft erwiesen, statt des Fluchtgeschwindigkeits-
Entfernungs-Diagramms das sogenannte Hubble-Diagramm (Abb. 3) zu
benützen, in dem der Logarithmus der Fluchtgeschwindigkeit gegen die
scheinbare Helligkeit einer Galaxie aufgetragen wird. In diesem Diagramm wird die lineare Expansion durch eine Gerade mit der Steigung
0.2 wiedergegeben. Damit aber die Entfernungen durch die direkt beobachtbaren scheinbaren Helligkeiten ersetzt werden können, dürfen nur
Galaxien gleicher Leuchtkraft, das heißt sogenannte «Einheitskerzen»,
betrachtet werden. Es hat sich als ein Glücksfall erwiesen, daß die jeweils
hellsten Galaxien in Haufen von Galaxien tatsächlich in erster Näherung
gute Einheitskerzen sind. Aber trotzdem verlangte die Erweiterung des
Hubble-Diagrammes einen gewaltigen Beobachtungsaufwand. Es galt
neue, sehr entfernte Galaxien-Haufen zu finden, in denen selbst die
Helligkeit der hellsten Mitgliedgalaxie an der Leistungsgrenze des 5-
Meter-Spiegels auf Palomar Mountain liegt. Für die hellsten Haufengala-
xien mußten exakte Helligkeiten und Rotverschiebungen gemessen werden. Überdies mußten die Helligkeiten für Rotverschiebungs- und andere Effekte korrigiert werden. Die Arbeiten gestalteten sich einfacher,
als 1974 die photographischen Platten durch moderne, lineare (CCD-)
Detektoren ersetzt werden konnten, die direkt die Subtraktion des sehr
hinderlichen Nachthimmelslichtes erlaubten. Schließlich konnten Sandage und seine Mitarbeiter 1976 ein Hubble-Diagramm vorlegen, das die
Expansion des Universums bis zu Rotverschiebungen von z = 0.76 (das
heißt Fluchtgeschwindigkeiten von mehr als der halben Lichtgeschwindigkeit) nachweist (Abb. 3).

Seither haben andere Autoren das Hubble-Diagramm noch zu größeren Entfernungen getrieben. Aber seine Interpretation bei großen Rotverschiebungen wird recht komplex. Man sieht ja heute die entfernten Galaxien nicht, wie sie jetzt sind, sondern wie sie waren, als sie ihr Licht aussandten, das heute hier ankommt. Damals, vor Jahrmilliarden, hatten die Galaxien noch weniger Abbremsung ihrer Expansion durch die Gravitation erlitten als die nahen Galaxien, die erst «kürzlich» ihr Licht aussandten. Wenn man die Fluchtgeschwindigkeiten (oder Rotverschie-

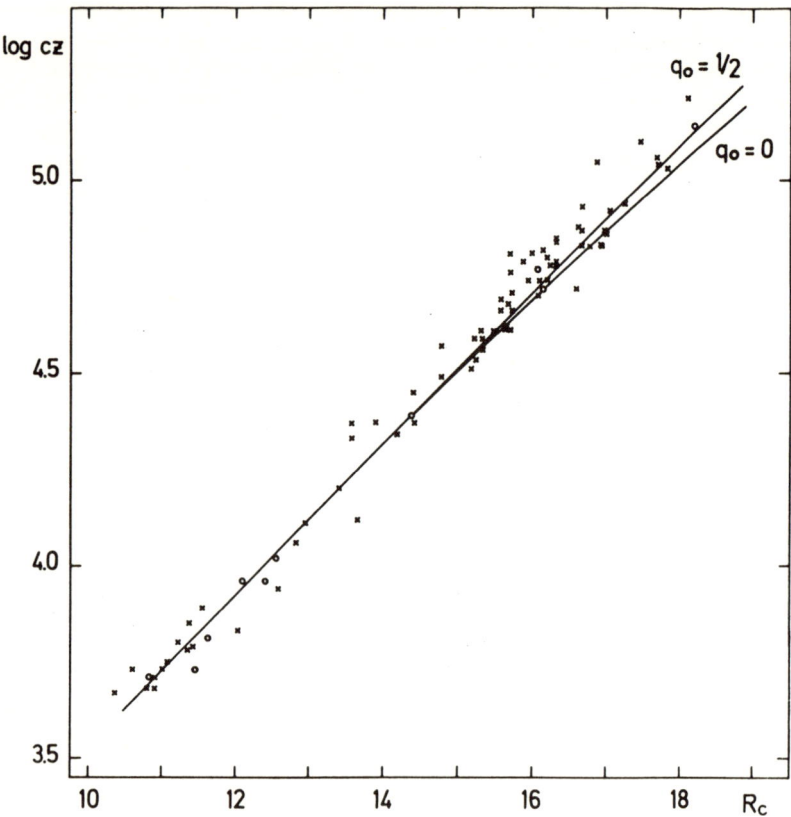

Abb. 3: Das sogenannte Hubble-Diagramm für «Einheitskerzen», in dem log z (hier tatsächlich log cz) gegen die korrigierte scheinbare Helligkeit (im Roten) R_c aufgetragen wird. (Nach J. Kristian, A. Sandage und J. Westphal, 1976). Die im unteren Teil des Diagrammes eingezeichnete Gerade hat die von der linearen Expansion geforderte Steigung von 0.2. Die Bedeutung der *Werte von* q_0 *ist im Text erklärt. Quelle:* Adaptiert von J. Kristian, A. Sandage und J. Westfal: Astrophysical Journal 221, 383 (1978).

bungen) von nahen und entfernten Galaxien vergleicht, muß man also die Stärke der Abbremsung, das heißt den Bremsparameter q_0, berücksichtigen. Unter Annahme eines Friedmann-Modells ist dies formal durchaus möglich. Das Resultat ist in Abb. 3 für die Fälle $q_0 = 0$ (keine Abbremsung, d. h. leeres Universum) und $q_0 = \frac{1}{2}$ (mittelstarke Abbremsung, die gerade einem flachen Euklidischen Raum entspricht) gezeigt. Dies scheint die großartige Möglichkeit zu eröffnen, aus dem Hubble-Diagramm auch gleich den fundamentalen Parameter q_0 zu bestimmen. Tatsächlich sind hierfür jedoch unsere «Einheitskerzen» nicht zuverlässig genug. Wir sehen die entfernten Galaxien ja in ihrem Jugendstadium, und man weiß, daß Galaxien während ihres Lebens langsam an Leuchtkraft verlieren. Wir vergleichen also im Hubble-Diagramm Äpfel (nahe Galaxien) mit Birnen (entfernten Galaxien). Dieser Umstand rückt eine zuverlässige Bestimmung von q_0 noch in weite Zukunft.

Die genannte Schwierigkeit erhellt, daß beobachtete Abweichungen von der Linearität der Hubble-Beziehung nicht bedeuten, daß das Hubble-Gesetz der linearen Expansion zusammenbricht, sondern daß durchaus erwartete, ja notwendige Sekundäreffekte auftreten.

Es gibt eine Art von überaus leuchtkräftigen Galaxien, die sogenannten Quasars, die sich bis in sehr große Entfernungen beobachten lassen. Die größte, heute gemessene Rotverschiebung eines Quasars beträgt $z = 4.5$. Für Quasars läßt sich leider kein (sinnvolles) Hubble-Diagramm aufstellen, weil sie sehr unterschiedliche Leuchtkräfte haben und alles andere als Einheitskerzen sind. Aber zweifellos gehören die Quasars mit $z \approx 4$ zu den allerentferntesten Objekten, die bisher nachgewiesen werden konnten. Sie geben also einen zusätzlichen Hinweis, daß das Universum schon zu einer sehr frühen Zeit expandierte. Sie sandten ihr Licht aus, als der (Krümmungs-) Radius des Universums nur ein Fünftel seines heutigen Wertes hatte[2]. Die Galaxien waren damals $5^3 = 125$mal dichter gepackt als heute und das Alter des Universums betrug damals nur etwa 10 Prozent seines heutigen Alters.

Man möchte hier vielleicht einwenden, daß damit noch nicht bewiesen ist, daß das Universum zu einem noch früheren Zeitpunkt nicht statisch oder sogar kontrahierend gewesen sein könnte. Erst kürzlich haben jedoch G. Börner und J. Ehlers einen sehr allgemeinen Beweis gegeben, der zeigt, daß wenn das Universum einmal die Dichte hatte, die $z = 4$ entspricht, es seit Anbeginn expandiert haben *muß*.

Die beobachtete Expansion des Universums läßt daher den Urknall als unvermeidlich erscheinen.

3. *Die kosmische Hintergrundstrahlung*

Den besten Gültigkeitsbeweis, den eine naturwissenschaftliche Theorie erbringen kann, ist die Voraussage eines bisher unbekannten Effektes, der sich anschließend durch Beobachtungen bestätigen läßt. Es ist daher von größter Bedeutung, daß als Arno Penzias und Robert Wilson 1965 die sogenannte kosmische Hintergrundstrahlung entdeckten – wofür sie 1978 den Nobelpreis erhielten – diese seit fast zwanzig Jahren bereits von George Gamow vorausgesagt war.

Gamow überlegte sich um 1946, daß wenn das Universum einst extrem dicht *und* heiß war, es gemäß seiner hohen Temperatur Lichtquanten (Photonen) abgegeben haben muß. Diese Photonen konnten sich zunächst nicht fortpflanzen, weil das Universum in seinen frühesten Phasen noch undurchsichtig war. Wir wissen heute, daß aber rund 500 000 Jahre nach dem Urknall das Universum sich auf eine Strahlungstemperatur $T = 3000\,°K$ abgekühlt hatte, so daß die Elektronen sich an die Protonen anlagern konnten. Dadurch wurde das Universum durchsichtig, und die Photonen aus dem «primordialen Feuerball» entkoppelten sich von der Materie und durcheilten praktisch frei den Raum. Ohne diese Zusammenhänge im einzelnen zu durchschauen, folgerte Gamow schon damals richtig, daß die Photonen aus dem primordialen Feuerball noch heute den Raum erfüllen müßten. Allerdings würden sie nicht mehr einer Temperatur von $3000\,°K$ entsprechen, sondern sie müßten durch die Raumausdehnung viel von ihrer Energie verloren haben, oder – mit anderen Worten gesagt – sie müßten heute als sehr langwelliges Licht bei uns eintreffen. Überdies müßte ihr Spektrum genau der Planck-Strahlung eines schwarzen Körpers entsprechen, und die Strahlung müßte völlig isotrop aus allen Richtungen zu uns kommen.

Diese Gedanken wurden von Gamows Schülern Ralph Alpher und Robert Herman zu einer überzeugenden Theorie ausgebaut. Demzufolge machte Robert Dicke sich in Princeton mit einigen Schülern daran, ein Gerät zu entwickeln, mit dem man die kosmische Hintergrundstrahlung nachweisen könnte. Es ist eine merkwürdige Fügung des Schicksals, daß Penzias und Wilson, die nichts von der Gamowschen Theorie wußten, ihnen zufällig zuvorkamen. Mit einer Richtantenne, mit der sie eigentlich den Effekt des Rauschens erforschen wollten, stießen sie ungewollt auf die kosmische Hintergrundstrahlung.

Seither ist diese Strahlung mit großem Arbeits- und Kostenaufwand in allen Einzelheiten erforscht worden. Sie entspricht tatsächlich exakt der Strahlung eines schwarzen Körpers, der heute eine Temperatur von nur $T_0 = 2.75\,°K$ hat. Bei einer so niedrigen Temperatur liegt das Strahlungsmaximum bei einer Wellenlänge zwischen 1 und 2 mm, wodurch erklärt wird, daß unsere Augen den primordialen Feuerball nicht sehen können, und daß dieser heute mit Radioantennen nachgewiesen werden muß. Auch die Isotropiebedingung ist unglaublich gut erfüllt, indem die Strahlung von benachbarten Gebieten des Himmels bis auf wenige Hunderttausendstel ihres Betrages übereinstimmt[3]. Die wahrhaft kosmische Bedeutung der Hintergrundsphotonen geht überdies aus ihrer großen Zahl hervor. Mit 400 Photonen pro cm^3 macht sie über 99 % aller vorhandenen Photonen aus. Alle Versuche, die kosmische Hintergrundstrahlung anders als durch den primordialen Feuerball zu erklären, sind daher fehlgeschlagen. Wollte man dieselbe als Summe vieler strahlender Einzelobjekte erklären, müßten diese ein Schwarzkörperspektrum haben, was für Sterne und Galaxien ganz untypisch ist. Ihre Zahl innerhalb jeder Antennenkeule müßte 10^9 übertreffen, damit ihre statistischen Schwankungen die beobachtete Isotropie nicht verletzen. Und die hypothetischen Objekte müßten viel mehr Photonen erzeugt haben als alle seitherigen Sterngenerationen. Auch die Annahme, das Universum sei in einer späteren Epoche durch hypothetische Objekte noch einmal aufgeheizt und ionisiert und dadurch undurchsichtig geworden (wodurch wenigstens das Schwarzkörperspektrum erklärt werden könnte) führt zu keinem plausiblen Bild.

Die kosmische Hintergrundstrahlung liefert daher eine zusätzliche Bestätigung dafür, daß das Universum einmal eine sehr dichte, heiße Phase hatte. Aus der Strahlungstemperatur von T = 3000 °K zur Zeit des Durchsichtigwerdens folgt unmittelbar, daß das Universum damals einen 1100mal kleineren (Krümmungs-) Radius gehabt haben muß als heute[4]. Da das (durch den Zusammenschluß von Protonen und Elektronen bedingte) Durchsichtigwerden für die Energiebilanz des Universums eine verschwindende Rolle spielt, muß dieses auch schon zu einer früheren Epoche expandiert haben. Die entsprechend noch dichteren und heißeren Frühphasen des Universums können nur mit Hilfe des Urknalls verstanden werden.

4. Die Entstehung des Elementes Helium

Es wurde bereits erwähnt, daß Sterne ihre Energieverluste durch Abstrahlung mit der Kernumwandlung von Wasserstoff (H) in Helium (^4He, d.h. das normale Isotop Helium mit vier Kernteilchen) decken. Bevor ein Stern «ausbrennt», gibt er einen Teil seiner Masse an das interstellare Medium zurück. Das Gas zwischen den Sternen muß also einen Anteil von ^4He enthalten. In der Tat findet man aus spektroskopischen Beobachtungen, daß das interstellare Gas zu etwa 25–26 Gewichts-% aus ^4He besteht. Der Rest besteht fast ganz aus unverbrauchtem H (73–74 %) und zu nur 1 % aus allen schwereren Elementen. Diese Mischungsverhältnisse gelten mit gewissen Variationen nicht nur in unserer Milchstraße, sondern auch im Gas aller anderen Galaxien, die bisher untersucht wurden. Sie haben daher sicher eine kosmische Bewandtnis.

Nimmt man ein Alter des Universums von 10–20 Milliarden Jahren an (siehe unten), so kann man ausrechnen, wieviel Energie die Sterne in unserer Milchstraße in Form von Strahlung (Licht) abgegeben haben müssen, um mindestens 25 % an ^{4}He aufgebaut zu haben. Man findet überraschenderweise, daß in diesem Fall die Milchstraße mindestens zehnmal heller sein müßte, als sie tatsächlich ist. Man könnte daher zunächst annehmen, daß die Milchstraße ihr ^{4}He in einer überhellen Anfangsphase erzeugt habe, aber entfernte und sehr entfernte Galaxien bestätigen dies nicht: wir sehen diese in früheren Entwicklungsphasen, und doch sind sie nur wenig heller als unsere Milchstraße.[5] Eine genauere Untersuchung der Energiebilanz zeigt, daß nur 1–2 % des Heliums in Sternen gebildet worden sein können.

Woher stammen dann die restlichen 24 % an ^{4}He? Das Erstaunliche an den Urknallmodellen ist, daß dieser Helium-Reichtum nicht nur erklärt werden kann, sondern daß er eine Notwendigkeit darstellt.

Als das ultradichte und heiße Universum nur kleinste Bruchteile von Sekunden alt war, schwirrten in seinem Strahlungsfeld höchst exotische Teilchen, sogenannte Higgs-Teilchen, Bosonen und Quarks, umher. Sie bildeten sich spontan aus dem Strahlungsfeld und zerfielen wieder in Strahlung. Ihre Eigenschaften sind zum Teil nur unvollständig erforscht und teilweise rein hypothetisch. Daß auf diesem Gebiet aber laufend Fortschritte gemacht werden, zeigen die vorausgesagten W- und Z-Bosonen, für deren tatsächlichen Nachweis am CERN C. Rubbia und S. van der Meer 1984 den Nobelpreis erhielten.

Aber schon nach der ersten millionstel Sekunde nach dem Urknall wurde das Universum vergleichsweise einfach, weil die Quarks sich zu Protonen und Neutronen zusammenschlossen, zu Teilchen also, die die uns heute bekannte Materie aufbauen. Wir sind heute gewohnt, daß Protonen und Neutronen sich freiwillig zusammenschließen, um die Atomkerne der verschiedenen chemischen Elemente zu bilden. Aber oberhalb von 10 Milliarden Grad fliegen sie so schnell umher, daß jeder Versuch eines Zusammenschlusses durch einen nachfolgenden Zusammenstoß zunichte gemacht wird. Sinkt die Temperatur jedoch weiter, so können ein Proton und ein Neutron aneinander kleben bleiben und das Isotop Deuterium (auch schwerer Wasserstoff genannt oder ^{2}D) bilden. Kommt ein weiteres Proton dazu, so bildet sich leichtes Helium (^{3}He), und durch ein zusätzliches Neutron entsteht das gewöhnliche Helium (^{4}He). Schließlich kann auf diese Weise auch Lithium ^{7}Li entstehen.

Diese Zusammenhänge sind für einen modernen Atomphysiker so einfach, daß er genau die Ausbeute an ^{2}D, ^{3}He, ^{4}He und ^{7}Li berechnen kann. Das Ergebnis ist, daß 76 % der Materie in Form von einzelnen Protonen übrig bleibt (sie schließen sich später mit je einem Elektron zusammen, um den gewöhnlichen Wasserstoff zu bilden), 24 % *der Materie werden zu Heliumkernen* (^{4}He), und von den Zwischenprodukten ^{2}D und ^{3}He bleiben nur geringe Beimengungen übrig. Die Ausbeute an ^{7}Li ist ganz minimal. Diese erste Elementensynthese – sie wird auch primordiale Nukleosynthese genannt – ist rund drei Minuten nach dem Urknall abgeschlossen.

Es bleibt hier noch die Frage, warum nahezu 76 % an Wasserstoff übrig blieben, und warum nicht die gesamte uns heute bekannte Materie damals schon in Helium verwandelt wurde. Die Erklärung liegt darin, daß zur Bildung eines Heliumatoms zwei Protonen und zwei Neutronen notwendig sind, daß aber diese beiden Teilchenarten nicht gleich häufig sind. Das Neutron ist eine Spur massereicher als das Proton, seine Entstehung verlangt daher etwas mehr Energie, und es entstehen demzufolge aus dem Energiefeld des jungen Universums weniger Neutronen als Protonen. Überdies ist das freie Neutron instabil und zerfällt in ein Proton und ein Elektron (nach einer Halbwertszeit von 15 Minuten). Die Ausbeute an Helium ist also eine simple Konsequenz der unterschiedlichen Häufigkeit von Protonen und Neutronen.

Die Tatsache, daß bei der primordialen Nukleosynthese sehr viele Protonen (Wasserstoff) übrig blieben, ist für die weitere Geschichte des Universums von allergrößter Bedeutung. Denn die Sterne bestreiten ja den weitaus größten Teil ihrer Leuchtkraft, indem sie in ihrem Inneren Wasserstoff in Helium verwandeln. Davon lebt auch unsere Sonne. Wäre drei Minuten nach dem Urknall aller Wasserstoff bereits in Helium verwandelt worden, so hätte sich das Universum seiner wichtigsten Energiequelle beraubt. Es wäre dunkel geblieben. Eine der unzähligen Voraussetzungen für die Entstehung des Lebens auf der Erde ist also, daß das Neutron etwas schwerer als das Proton ist.

Eine weitere Frage zielt auf den Grund, warum die frühe Elementensynthese beim Helium (bzw. beim ^{7}Li) halt gemacht hat, und warum sich nicht alle Protonen und Neutronen nach Maßgabe ihrer Häufigkeiten gleich zu dem schweren Eisenatom (^{56}Fe), dem stabilsten Atomkern, zusammenschlossen. Die Antwort ergibt sich aus dem Wahrscheinlichkeitsgesetz der Zusammenstöße zwischen den vorhandenen Teilchen. Dieses zeigt, daß sich schwerere Atome praktisch nur durch die schrittweise Anlagerung *eines* weiteren Teilchens bilden können. (Eine Ausnahme bildet das nur spurenweise vorkommende ^{7}Li, das aus dem naturgemäß sehr seltenen Zusammenstoß von einem ^{4}He- und einem ^{3}He-Atomkern entsteht). Aber «zufälligerweise» ist das Atom, das aus 5 Teilchen besteht, höchst instabil, so daß es zerfällt, bevor sich ein neues Teilchen anlagern kann. (Das gleiche gilt übrigens für das Atom mit 8

Kernteilchen). So bleibt die frühe Elementenbildung – wenn man von ^{7}Li absieht – beim ^{4}He stehen.

Es sei hier nur am Rande bemerkt, daß alle chemischen Elemente, die schwerer als ^{7}Li sind, und die heute in Sternatmosphären und auf der Erde bis hinauf zum Uran beobachtet werden, von den Sternen während ihrer späten Lebensphasen in ihrem Inneren aufgebaut und schließlich mindestens zum Teil an das interstellare Medium abgegeben wurden. Auf diese Weise gelangten Spuren von *allen* Elementen in die nachgeborene Sonne und damit auch auf die Erde. Der erwartete Effekt, daß alte (frühgeborene) Sterne in unserer Milchstraße noch wenig schwere Elemente enthalten, ist durch Beobachtungen tatsächlich sehr gut belegt. Der Grund dafür, daß schwere Elemente zwar nicht während der primordialen Nukleosynthese entstehen konnten, wohl aber im Inneren der Sterne, ist einfach durch die sehr große Dichte (und günstige Temperatur) im Sterninneren gegeben. Hier ist der Dreierstoß von ^{4}He-Kernen möglich, durch den Kohlenstoff ^{12}C gebildet wird. Ausgehend von ^{12}C werden dann in den Sternen alle weiteren Elemente aufgebaut.

Es ist ein Triumph für die Urknalltheorie, daß die überall beobachtete, sonst unerklärliche 24 %-Häufigkeit des Heliums eine einfache Konsequenz eben dieses Modelles ist. Diese Bestätigung des Urknalls ist um so signifikanter, als auch die theoretisch berechneten Werte von ^{2}D und ^{3}He und ^{7}Li durch spektroskopische Untersuchungen des interstellaren Gases verifiziert sind. Für das fragile Deuterium (^{2}D)-Atom, das immerhin zu den 12 häufigsten Isotopen im Universum zählt, ist dies von besonderem Interesse, da es in Sternen nur zerstört, nicht aber aufgebaut werden kann. Es muß demzufolge ebenfalls aus der primordialen Nukleosynthese stammen.

Es ist eine höchst eindrückliche Tatsache, daß physikalische Prozesse, die sich drei Minuten nach dem Urknall abspielten – als die Temperatur des Universums eine Milliarde Grad betrug und sein (Krümmungs-) Radius vierhundertmillionenmal kleiner als heute war – sich noch immer, das heißt 10–20 Milliarden Jahre später, direkt nachweisen lassen.

5. Das Alter des Universums

In den vorhergehenden Abschnitten wurden die drei Hauptargumente für den Urknall beschrieben. Es sei hier noch ein Punkt erwähnt, der zwar den Urknall nicht fordert, aber für diesen ein Konsistenzargument liefert. Es handelt sich um das Alter des Universums. Durch die Expansion wird ein dynamisches Alter des Universums festgelegt. Andererseits kann man das Alter der ältesten Sterne und der radioaktiven Elemente bestimmen. Sind diese Alter größer als das Expansionsalter, so ist die

Urknalltheorie in ernsthaften Schwierigkeiten.[6] Man muß daher fordern, daß sie (etwas) kleiner als das Expansionsalter sind.

Eine erste Näherung für das Expansionsalter ergibt sich in theoretisch sehr einfacher Weise aus Hubbles linearem Expansionsgesetz (Gleichung 1). Man beachte, daß die Hubble-Konstante die Dimension $1/\text{Zeit}$ hat. $1/H_0$ ist demnach eine Zeit. Tatsächlich ist es die Zeit seit dem Urknall. Das ist sehr leicht einzusehen, denn eine Galaxie, die heute im Abstand r steht und sich (seit Anbeginn) mit der Geschwindigkeit v von uns entfernt, war vor der Zeit

$$(2) \qquad t_0 = \frac{\text{Entfernung}}{\text{Geschwindigkeit}} = \frac{r}{v} = \frac{1}{H_0}$$

an unserem Ort. Das gilt für *jede* Galaxie. Also zur Zeit $t_0 = \frac{1}{H_0}$ waren alle Galaxien (oder genauer gesagt: alle Materie, aus der sich später die Galaxien formten) am gleichen Ort.

Zur Berechnung von t_0 muß man also «nur» die Expansionsrate H_0 bestimmen. Daß dies von der Beobachtung her erhebliche Schwierigkeiten bereitet, soll weiter unten noch erwähnt werden. Zunächst sei noch auf ein anderes Problem eingegangen.

Es wurde bisher angenommen, daß die Fluchtgeschwindigkeiten seit Anbeginn konstant geblieben sind. Tatsächlich muß die Raumausdehnung aber gegen die Gravitationskraft zwischen den Galaxien Arbeit leisten, und dies bewirkt – wie schon im Abschnitt 2 kurz erwähnt wurde –, daß die Expansion abgebremst wird. Wenn demnach die Galaxien sich früher schneller voneinander entfernten, so haben sie ihre heutigen Abstände r in einer Zeit T_0 erreicht, die kürzer als t_0 ist. Der exakte Wert von T_0 hängt von der Größe der Abbremsung, das heißt von q_0, ab.

Für $q_0 = 0$ (keine Abbremsung) gilt natürlich $T_0 = t_0 = 1/H_0$. Für $q_0 = \frac{1}{2}$ (die Abbremsung reicht gerade, die Expansion in unendlich ferner Zukunft zum Halten zu bringen) gilt $T_0 = \frac{2}{3} t_0$. Für andere Werte von q_0 ist der Zusammenhang zwischen T_0 und H_0 durch eine komplizierte Formel gegeben, die sich aus dem Friedmann-Modell ableiten läßt.

Die Erfolgslosigkeit, q_0 aus dem Hubble-Diagramm direkt abzulesen, wurde bereits erwähnt. Auch allen übrigen Beobachtungsanstrengungen hat sich q_0 bisher erfolgreich widersetzt. Nur aus der in Sternen und Galaxienhaufen nachgewiesenen Masse läßt sich die Gravitationswirkung berechnen und so indirekt auf q_0 schließen. Man findet dann eine kleine Abbremsung von $q_0 \approx 0.05$. Vielleicht gibt es im Universum aber außerhalb der Galaxienhaufen noch weitere, nichtleuchtende und bisher nicht nachgewiesene Masse, die zum Betrag von q_0 beiträgt. In der Tat sagt die Inflationstheorie, die heute von vielen Theoretikern für das ganz junge Universum als wahrscheinlich angesehen wird, einen exakten Wert von

$q_0 = \frac{1}{2}$ voraus. Dies würde bedeuten, daß den Astronomen bisher 90 %
aller Materie entgangen ist. Damit wären aber auch diejenigen Astrophysiker zufrieden, die versuchen, die Zusammenballung der Galaxien aus
einem ursprünglich gleichmäßig verteilten und expandierenden (!) Medium zu erklären. Dem beobachteten Wert von $q_0 \approx 0.05$ entspricht eine
so kleine Massedichte, daß die Galaxienbildung unerklärlich scheint.
Die Situation um q_0 ist heute also alles andere als geklärt. Man kann
daher mit einiger Zuversicht nur sagen, daß $0.05 \lesssim q_0 \lesssim 0.5$. Daraus folgt
dann

$$(3) \qquad \frac{2}{3}\,\frac{1}{H_0} \leq T_0 \lesssim 0.9\,\frac{1}{H_0}$$

Setzt man den besten Wert von H_0 ein, das heißt $H_0 = 50 \pm 15\,\mathrm{km\ s^{-1}}$
$\mathrm{Mpc^{-1}}$, so erhält man für das Expansionsalter

$$(4) \qquad\qquad 13.4 \leq T_0 \lesssim 18.0 \ \text{Gigajahre}$$

(1 Gigajahr = 1 Milliarde Jahre).

Dieses Alter des Universums hängt natürlich ganz von dem gewählten
Wert von H_0 ab. Aus der Gleichung (1) scheint die Bestimmung der
Hubble-Konstante sehr einfach: man muß einfach den Quotienten der
Fluchtgeschwindigkeit einer Galaxie und deren Entfernung bilden. Aber
die nahe Andromeda-Galaxie M31, zu der man die Entfernung sehr gut
kennt, illustriert eine erste Schwierigkeit. Ihre beobachtete Fluchtgeschwindigkeit ist negativ, das heißt sie bewegt sich auf uns zu. Offenbar
erfahren die Galaxien durch die Anziehung ihrer unregelmäßig verteilten
Nachbarn zusätzliche, individuelle Geschwindigkeiten von mehreren
$100\,\mathrm{km\ s^{-1}}$, die sich dem glatten Expansionsfeld überlagern. Um die
ungestörte Expansion zu messen, sollte man also zu Galaxien gehen, die
Fluchtgeschwindigkeiten von $v \lesssim 5000\,\mathrm{km\ s^{-1}}$ aufweisen. Die entsprechenden Entfernungen sind aber bereits sehr schwierig zu bestimmen.
Erschwerend kommt hinzu, daß bei diesen Entfernungen hauptsächlich
überhelle, untypische Galaxien in unsere Kataloge kommen (die «durchschnittlichen» Galaxien erscheinen so schwach, daß sie in unseren Kata-
logen fehlen oder untervertreten sind). Man muß daher größte Vorsicht
walten lassen, wenn man nahe Galaxien (mit guten Entfernungen) mit
entfernten Galaxien vergleicht. Man vergleicht sehr leicht wieder Äpfel
mit Birnen. Das hat zur Folge, daß man heute noch höhere Werte von H_0
in der Literatur findet. Aber der beste Wert für H_0 scheint sich bei $H_0 =$
$50\,\mathrm{km\ s^{-1}\ Mpc^{-1}}$ einzupendeln. Hubble selbst hatte übrigens mit seinen
sehr beschränkten Möglichkeiten, Galaxiendistanzen zu bestimmen, die
Hubble-Konstante um einen Faktor von ~ 10 (!) *über*schätzt, was ihm
ein Expansionsalter von nur 2 Gigajahren lieferte. In den dreißiger Jahren
wiesen die Geologen darauf hin, daß dieser Wert schon von irdischen
Gesteinen überschritten wird.

Wie alt sind nun die ältesten Sterne? Die beobachteten Bahnen von Kugelsternhaufen, die aus Hunderttausenden von Einzelsternen bestehen und einen großen, nahezu sphärischen, auf das Milchstraßenzentrum zentrierten Raum ausfüllen, legen bereits den Schluß nahe, daß sie gebildet wurden, bevor unsere Milchstraße zu einer Scheibe kollabierte. Tatsächlich enthalten ihre Sterne auch nur sehr wenige schwere Elemente, was zusätzlich für ihr hohes Alter spricht. Glücklicherweise lassen sich Kugelsternhaufen besonders gut datieren. Ihre Mitgliedsterne haben sich je nach ihrer Masse verschieden weit entwickelt. Die sparsamen, massearmen Sterne liegen bei ihnen noch auf der sogenannten Hauptreihe, das heißt sie verwandeln noch H in ^{4}He. Die verschwenderischen massereicheren Sterne haben ihren Wasserstoff im Inneren bereits aufgebraucht und blähen sich entsprechend zu roten Riesensternen auf oder sind als ausgebrannte weiße Zwerge gar schon unsichtbar geworden. Wegen der Vielzahl von Mitgliedsternen läßt sich exakt beobachten, bei welcher Sternmasse[7] die ersten Erschöpfungserscheinungen auftreten, das heißt bei welcher Masse die Sterne die Hauptreihe verlassen. Die heute mit Hilfe von Computern bis ins Detail untersuchte Theorie der Sternentwicklung kann dann angeben, wie lange ein Stern mit gegebener Masse auf der Hauptreihe verweilen kann, bevor er sich anschickt, ein roter Riese zu werden. Der theoretische und beobachtungsmäßige Aufwand für all dies ist enorm; er entspricht zahlreichen Astronomenleben. Aber gerade die letzten Jahre haben schöne Fortschritte gebracht. So ergibt sich, daß die bestuntersuchten Kugelsternhaufen ein sehr einheitliches Alter von 13.5 ± 1.0 Gigajahren haben.

Dieses Alter ist nicht nur für unsere Milchstraße signifikant. In mehreren Nachbargalaxien konnten Kugelsternhaufen nachgewiesen werden, und wenn diese in manchen Fällen auch ein großes Altersintervall überdecken, so stimmt in allen Galaxien das Alter der ältesten Kugelsternhaufen doch sehr gut mit dem der Kugelsternhaufen in der Milchstraße überein. Dies ist besonders interessant für die Magellanschen Wolken – zwei sehr nahen, kleinen Galaxien–, die man sonst wegen ihres noch hohen Gasgehaltes für jung halten könnte. Aber offenbar sind große Mengen noch unverbrauchten Gases nicht ein Zeichen für Jugend, sondern für eine ehemals nur langsam einsetzende Sternentstehungsrate.

Der Schluß, daß praktisch alle Galaxien gleichzeitig aufleuchteten, läßt sich durch eine Reihe weiterer Beobachtungsbefunde erhärten. Somit kommt man zu dem Resultat, daß vor 13.5 Gigajahren die Galaxienbildung im wesentlichen abgeschlossen war.

Das Alter der Galaxien muß kleiner sein als das Alter des Universums. Um wieviel? Nehmen wir an, daß die Galaxien bei der Rotverschiebung $z \approx 4.5$ – das ist die Rotverschiebung, über die hinaus bisher trotz aller Suche keine Quasars entdeckt werden konnten – gerade geformt waren, so muß zum Alter der Kugelsternhaufen noch die Zeit Δt zwischen $z = 4.5$ und $z = \infty$ addiert werden. Sie beträgt je nach dem Wert von q_0 9–20 % von T_0, das heißt $\Delta t = 2.3 \pm 1.0$ Gigajahre. Die Kugelsternhaufen verlangen also eine Minimalzeit seit dem Urknall von $T_0 \geq 13.5 \pm 1$ Gigajahren und eine wahrscheinlichste Zeit von $T_0 = (13.5 \pm 1) + \Delta t = 15.8 \pm 1.5$ Gigajahren. Die Bedeutung dieses Resultates liegt natürlich in der Übereinstimmung innerhalb der Fehlergrenzen mit dem Expansionsalter des Universums (Gleichung 4). Selbst das relativ geringe Expansionsalter von $T_0 = 13.4$ Gigajahre, das $q_0 = \frac{1}{2}$ entspricht, läßt sich in Anbetracht der verbleibenden Fehler nicht wirklich ausschließen. Dies gilt um so mehr, als auch H_0 ja noch mit einem Beobachtungsfehler behaftet ist und möglicherweise so klein wie $H_0 = 40\,\mathrm{km\ s^{-1}}$ Mpc^{-1} ist. Dann würde $T_0 = 16.8$ Gigajahre (für $q_0 = \frac{1}{2}$) in fast perfekter Übereinstimmung mit dem um Δt vergrößerten Kugelsternhaufenalter.

Eine völlig unabhängige Altersbestimmung ergibt sich aus den sehr schweren natürlich radioaktiven Elementen. Für ihre Bildung müssen große Energien aufgewandt werden.[8] Es ist übrigens die gleiche Energie, die wir heute bei der Kernspaltung von ^{238}Uran wieder zurückgewinnen können. Der notwendige Energieüberschuß ist einzig beim Ausbruch einer Supernova – dem Tode eines übermassereichen Sternes – gegeben. Diese Sterne schleudern die in ihnen gebildeten Elemente mit großer Geschwindigkeit in das interstellare Medium und sorgen damit für dessen gute chemische Durchmischung. Auf diese Weise gelangten auch die radioaktiven Elemente in den Urnebel des Sonnensystems, der sich vor 4.6 Gigajahren vom übrigen interstellaren Medium abschnürte, um das heutige Sonnensystem zu bilden. Modellrechnungen von Supernovaexplosionen geben die ursprüngliche, relative Ausbeute an verschiedenen radioaktiven Elementen, so zum Beispiel von ^{187}Osmium, ^{187}Rhenium, ^{232}Thorium und ^{238}Uran. Diese berechneten Häufigkeiten können heute im Sonnensystem nicht mehr beobachtet werden, weil seit der Elementenentstehung ein Teil des ^{187}Rheniums in ^{187}Osmium (Halbwertszeit 43 Gigajahre) und ein Teil des ^{238}Urans in ^{232}Thorium (Halbwertszeit 4.5 Gigajahre) zerfallen ist. Aus der Diskrepanz zwischen den berechneten und beobachteten relativen Häufigkeiten und unter Berücksichtigung der Halbwertszeiten läßt sich die Zeit berechnen seit der Supernova, die unsere radioaktiven Elemente lieferte. Man findet etwa 10 Gigajahre. Diese Rechnung ist noch unrealistisch, weil die radioaktiven Elemente im Sonnensystem nicht von *einer* Supernova stammen, sondern von all den Supernovae in unserer Umgebung, die seit dem Anfang unserer Milchstraße bis zu dem Zeitpunkt, wo unser Sonnensystem sich abschnürte, explodiert sind. Nimmt man an, daß die Häufigkeit konstant war, dann ergibt die verbesserte Rechnung, daß die *erste* Supernova, die zu unserem Chemismus beitrug, vor etwa 18 Gigajahren explodiert ist. Auch diese

Rechnung ist nicht ganz befriedigend, da man aus der Analyse gut datierter Sterne weiß, daß die Anreicherung mit schweren Elementen zu Anfang der Milchstraße schneller verlief als später; also muß die Supernovahäufigkeit eine abnehmende Funktion sein. Berücksichtigt man auch dies, so explodiert die erste Supernova vor 14 ± 3 Gigajahren (Abb. 4).

Abb. 4: Photographie des Krabben-Nebels, der sich aus den ausgeschleuderten Gasen von der Supernova, die am 4. Juli 1054 in einer Entfernung von etwa 6000 Lichtjahren explodierte, gebildet hat. Ein Teil der Elemente schwerer als Eisen und alle Elemente schwerer als Wismuth, die sich heute auf der Erde befinden, sind einst in solchen Supernovaexplosionen aufgebaut worden. *Quelle:* Mount Wilson and Palomar Observatories.

Zu dieser Zeit muß wiederum die Zeit Δt addiert werden. Sie bedeutet hier die Zeit zwischen dem Urknall und der ersten Supernova. Da Supernovaexplosionen von sehr massereichen, äußerst kurzlebigen Sternen stammen, geschah die erste Supernovaexplosion wohl nur kurz

Abb. 5: Die Große Magellansche Wolke ist eine der nächsten Nachbargalaxien. Sie enthält noch einen erheblichen Anteil an unverbrauchtem Wasserstoff und zahlreiche massereiche und daher junge Sterne. Trotzdem enthält sie auch einige Kugelsternhaufen, deren Alter mit denen in der Milchstraße übereinstimmen. Dementsprechend muß die Sternentstehung auch in der Großen Magellanschen Wolke vor etwa 13.5 Gigajahren eingesetzt haben. *Quelle:* Mount Wilson and Palomar Observatories.

($\sim$100 Millionen Jahre) nach dem Beginn der Sternentstehung, also praktisch gleichzeitig mit der Entstehung der Kugelsternhaufen. Wir können daher für Δt den Wert von oben benützen, das heißt $\Delta t = 2.3 \pm 1.0$ Gigajahre.

Daraus folgt, daß die radioaktiven Elemente ein Alter seit dem Urknall von $T_0 = (14 \pm 3) + (2.3 \pm 1.0) = 16.3 \pm 3.3$ Gigajahre verlangen – ein Resultat, das wiederum in verblüffend guter Übereinstimmung mit dem Expansionsalter steht.

6. Schlußbetrachtung

Der Naturwissenschaftler weiß, daß seine Resultate nie absolute Wahrheiten sind. Er kann sich irren. Auch sind sicher viele Zusammenhänge in der Natur bisher noch unbekannt. Im strengen Sinn ist also das hier skizzierte Entwicklungsbild unseres Universums sicher falsch. Fortschritte der physikalischen Theorie und wesentlich verbesserte Beobachtungen werden in diesem Bild andere Lichter setzen. Aber zur Zeit sind die Physiker und Astronomen mehrheitlich der Meinung, daß die Tatsache eines Urknalls alle möglichen Stürme überdauern wird. Zwei häufig gefragte Fragen sind hier offen geblieben. Wird das Universum ewig expandieren? Und warum hat es überhaupt einen Urknall gegeben? Die Frage nach der Dauer der Expansion wird einfach durch den Wert von q_0 beantwortet. Ist q_0 kleiner als $\frac{1}{2}$, so ist die Expansion niemals aufzuhalten, ist es größer als $\frac{1}{2}$, so wird das Universum in der Zukunft umkehren und wieder in sich zusammenfallen. Wegen der geschilderten Unsicherheiten von q_0 steht die endgültige Entscheidung noch aus. Da der größte zur Zeit ernsthaft diskutierte Wert aber $q_0 = \frac{1}{2}$ ist, scheint es, daß das Universum ewig expandieren oder allenfalls erst in unendlich weiter Zukunft zum Stillstand kommen wird.

Die Frage, warum es einen Urknall gegeben hat, wird wohl nie in den Bereich naturwissenschaftlicher Forschung kommen. Alle Bemühungen, näher und näher an den Urknall heranzukommen, zeigen, daß die Schwierigkeiten exponentiell wachsen. So wird die Zeit, zu der das Universum 10^{-100} oder 10^{-1000} Sekunden alt war, wohl für immer im Dunkel bleiben. Und wenn es somit nicht möglich sein wird, die Zeit null physikalisch zu verstehen, so ist die Frage nach der Zeit vor der Zeit physikalisch überhaupt sinnlos. Trotz aller Einsichten in das heutige Universum bleibt also die Frage nach seinem Warum und seinem Wozu unbeantwortet.

Kapitel VI

Entstehung und Entwicklung der Strukturen im Universum

von Heinz Dehnen

Das Merkwürdigste an einer klaren Nacht ist der Umstand, daß der Nachthimmel so pechschwarz ist. In den schwarzen Weltraum sind einzelne leuchtende Objekte – Sterne – eingebettet, die bei genauerem Hinsehen zu Sternsystemen – zu Sternhaufen mit bis zu 10^6 Sternen und diese wiederum zu Milchstraßen oder Galaxien mit bis zu 10^{12} Sternen – zusammengefaßt sind. Die Galaxien selbst sind in Galaxienhaufen und diese wieder in lockeren Galaxiensuperhaufen vereinigt. Der gegenwärtige Zustand der Welt besitzt somit Strukturen, die einen hierarchischen Aufbau zeigen.

Diese Strukturierung hat nicht von Anfang an bestanden. Gerade die Schwärze des Nachthimmels – auch als *Olbers*'sches Paradoxon bekannt – ist keinesfalls selbstverständlich, sondern ein direkter Hinweis darauf, daß in hinreichender Entfernung, d. h. in einem früheren Zustand der Welt, noch keine Strukturen wie z. B. leuchtende Galaxien existierten. Denn andernfalls müßte der Nachthimmel gleißend hell erscheinen, da der Sehstrahl des Auges irgendwann einmal auf eine Strahlungsquelle, sagen wir eine Galaxie, treffen würde, vergleichbar der Situation in einem dichten Schneegestöber. Die Schwärze des Nachthimmels ist somit ein direkter Hinweis darauf, daß das Universum sich nicht in einem statischen unveränderlichen Zustand, sondern sich in einer dynamischen Entwicklung befindet, und die hierarchischen Strukturen in ihm sich in bestimmten Epochen gebildet haben.

Diese Feststellung ist im Einklang mit der Beobachtung der sogenannten 3K-Hintergrundstrahlung. Hierbei handelt es sich um eine elektromagnetische Strahlung der extrem tiefen Temperatur von nur 2,7 K, die das Universum gleichmäßig erfüllt. Ihre hohe Richtungsunabhängigkeit (relative Abweichungen von der Isotropie $<10^{-5}$ für Winkelabstände $\Delta\alpha\leq2'$) bedeutet, daß zum Zeitpunkt der Emission dieser Strahlung, das ist der Zeitpunkt der Rekombination von Protonen und Elektronen zu neutralem Wasserstoff innerhalb der Entwicklung des Kosmos, noch keine Strukturen wie Galaxien und Sternhaufen existierten. Im Gegensatz zur Sternentstehung und Sternentwicklung sind allerdings über den Entstehungsprozeß der Galaxien und ihre weitere Entwicklung nur wenige gesicherte Einzelheiten bekannt. Darüber hinaus existieren nur qualitative Vorstellungen über die möglichen Vorgänge.

1. Galaxienentstehung

Wie oben festgestellt, können zum Zeitpunkt der Rekombination des Wasserstoffs, d. i. ca. 2×10^5 J nach dem Urknall, als sich infolge Expansion und Abkühlung des Universums bei einer Temperatur von etwa 4×10^3 K Protonen und Elektronen des Plasmas zu neutralem atomaren Wasserstoff vereinigten, noch keine Strukturen in Form von Ausflockungen von Galaxiengröße vorgelegen haben. Auf der anderen Seite stellt die Rekombination des Wasserstoffs aber den letzten globalen dramatischen Vorgang in der Entwicklung des Kosmos dar. Es ist deshalb davon auszugehen, daß im Zusammenhang mit der Rekombination des Wasserstoffs die Galaxienmassen aus dem bislang homogenen kosmischen Ursubstrat, bestehend vorwiegend aus Strahlung und aus Wasserstoff (76 Massenprozent) mit geringen Beimengungen von Helium (24 Massenprozent aus der Frühgeschichte des Universums), ausgeflockt sind. Die Galaxien wären hiernach alle gleichzeitig entstanden, wofür auch empirische Fakten sprechen: Die Galaxien eines herausgegriffenen Typs zeigen einheitliche Verfärbung in Abhängigkeit von ihrer Entfernung oder der Rotverschiebung ihres Spektrums, d. h. sie befinden sich jeweils im gleichen Entwicklungsstadium.

Die Annahme der Galaxienentstehung im Zusammenhang mit der Rekombination des Wasserstoffs ist darüber hinaus deshalb besonders plausibel, weil mit der Rekombination des Wasserstoffs die Wechselwirkung der elektromagnetischen Strahlung mit dem materiellen Substrat gleichsam schlagartig aussetzt: Die Welt wird plötzlich durchsichtig. Dichteschwankungen, die soeben noch infolge der vollen Wirkung des Strahlungsdrucks auf das Plasma stabil waren gegenüber einem Gravitationskollaps als Folge der gegenseitigen Massenanziehung, werden plötzlich instabil! Zugleich geht die Schallgeschwindigkeit drastisch zurück, was das Auftreten von Schockwellen und hiermit lokale Verdichtungen zur Folge hat. Es kommt zur «Klumpung» der Materie.

Aufgrund dieser Vorstellung haben wir zugleich auch eine Methode an der Hand, um die Größe der auf diese Weise auskondensierten kosmischen «Tropfen» abzuschätzen. Der Strahlungsdruck ist bekanntlich wirksam nur auf Längen von der Größenordnung der freien Weglänge l der Lichtquanten; diese ist im Falle eines Plasmas bestimmt durch die Elektronendichte und den *Thomson*'schen Streuquerschnitt σ_e für Lichtquanten an freien Elektronen. Die unmittelbar vor der Rekombination infolge Strahlungsdrucks gerade stabilisierten Massen haben somit mindestens den Wert:

(1.1) $$M = \frac{4\pi}{3} \; \sigma \; l^3 = 9{,}5 m_H^{\frac{3}{2}} \; / \; \varrho_o^2 \; z^6 \; \delta_c^3.$$

(m_H Masse des Wasserstoffatoms, ϱ_o heutige Massendichte, z Rotverschiebung des Rekombinationsleuchtens, d. h. der 3K-Hintergrundstrahlung infolge Expansion der Welt). Setzen wir $\varrho_o - \varrho_c = 6 \times 10^{-30}$ g/cm³ (sogenannte kritische Dichte) mit zugehörigem z = 1500, so ergibt sich aus (1.1) $M = 2 \times 10^8 \, M_o$ (M_o Sonnenmasse); dieser Wert ist allerdings im Hinblick auf Galaxien mit Massen bis zu $10^{12} \, M_o$ zu klein; jedoch hängt (1.1) empfindlich von ϱ_o und dem z-Wert der Rekombinationsphase ab: Bei einer geringfügigen Verlagerung der Rekombination zu einem etwas späteren Zeitpunkt, nämlich 10^6 J mit z = 1380 und einer Temperatur von $3{,}7 \times 10^3$ K entsprechend einer heutigen Baryonen-Dichte $\varrho_o = 2 \times 10^{-31}$ g/cm³, ergibt sich aus (1.1) bereits

(1.2) $$M = 3{,}5 \times 10^{11} \, M_o.$$

Dieser Wert scheint unsere Annahme voll zu bestätigen, daß die Galaxienmassen den in der Rekombinationsphase instabilen Massen entsprechen. Zugleich weist dieses Resultat darauf hin, daß die Rekombination des Wasserstoffs etwas später stattgefunden hat, als aus der Annahme einer heutigen kritischen Massendichte folgen würde. Dabei ist eine heutige Massendichte von nur 10^{-31} g/cm³ für die schweren Teilchen in bester Übereinstimmung mit anderen Beobachtungen, insbesondere mit demjenigen Wert, der sich aus der beobachteten H^2- und He^3-Häufigkeit indirekt ergibt (Abb. 1).

Es bleibt noch zu prüfen, ob die Massen, die gemäß (1.1) bzw. (1.2) infolge Ausfalls des Strahlungsdrucks instabil werden, nicht durch den Gasdruck nachträglich wieder stabilisiert werden können. Instabilität bei Anwesenheit von Gasdruck erfordert, daß der gravitative Binnendruck infolge der Massenanziehung dem Betrage nach größer als der Gasdruck ist, d. h.

(1.3) $$\frac{M^2 G}{R^4} > \frac{M}{m_H \, R^3} \; kT$$

(R Radius des kugelförmig angenommenen Gebildes, G Gravitationskonstante, k *Boltzmann*konstante, T Gastemperatur). Aufgelöst nach M ergibt sich die *Jeans*'sche Instabilitätsbedingung

(1.4) $$M > 4 \left(\frac{kT}{m_H G} \right)^{3/2} \varrho^{-1/2},$$

die auch für die Sternentstehung wesentlich sein wird. Einsetzen der Rekombinations-Werte für ϱ und T liefert:[1]

(1.5) $$M > 9 \times 10^5 \, M_o.$$

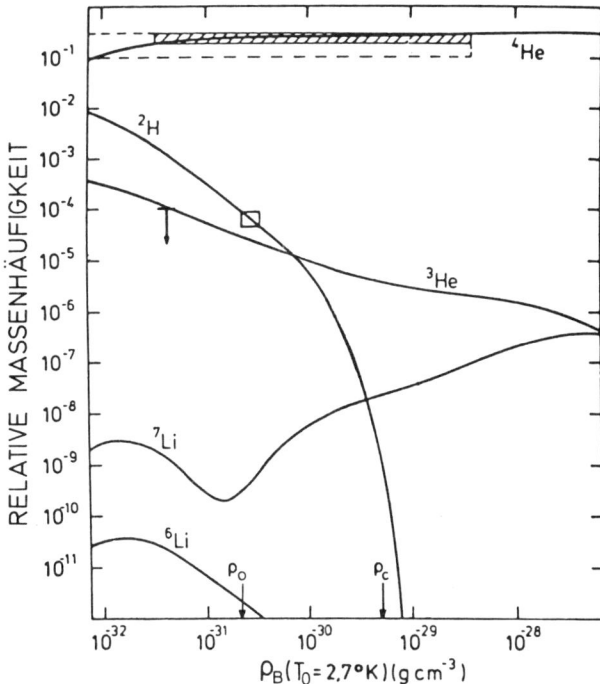

Abb. 1: Häufigkeit der leichten chemischen Elemente, die im Frühstadium des Universums gebildet wurden, in Abhängigkeit von der (baryonischen) Massendichte der Welt. Die heutige H^2- und He^3-Häufigkeit ergibt eine heutige Massendichte von $\varrho_o = 2 \times 10^{-31}$ g/cm^3. *Quelle:* Ya. B. Zeldovich und I. D. Novikov, Relativistic Astrophysics, The University of Chicago Press, 1983.

Dieses Ergebnis ist in doppelter Hinsicht von Interesse: Zunächst zeigt es, daß im Zuge der Rekombination alle Massen im Bereich zwischen (1.2) und (1.5), also $10^6 M_o < M < 10^{12} M_o$ ausflocken; d. h. es ist ein dementsprechendes Massenspektrum für Galaxien zu erwarten, was in der Tat auch beobachtet wird. Schließlich können sich unmittelbar nach der Rekombination bei alleiniger Wirkung eines Gasdrucks weiterhin noch Massen der Größenordnung (1.5) bilden. Solche Massen sind uns in Gestalt der Kugelsternhaufen bekannt! Wir finden also das Ergebnis, daß im Verlauf der Rekombination des Wasserstoffs außer den Galaxien zugleich auch die Kugelsternhaufen auskondensiert sind. Dieser Befund wird empirisch dadurch gestützt, daß die Kugelsternhaufen den Halo der Galaxien bevölkern und die ältesten uns bekannten Sterne beherbergen.

Schließlich erhebt sich die Frage, welche Massen gravitativ instabil werden bei voller Berücksichtigung des Strahlungsdrucks anstelle eines Gasdrucks. Solche Massen wären in der Lage, bereits vor der Rekombination des Wasserstoffs auszuflocken. Hierzu ist jetzt in der *Jeans*-Bedingung (1.3) die rechte Seite durch den Strahlungsdruck zu ersetzen; man findet so anstelle von (1.4) bzw. (1.5) für die instabilen Massen nach Einsetzen von Dichte und Temperatur vor der Rekombinationsphase:

$$(1.6) \qquad\qquad M \gtrsim 10^{17}\, M_\odot.$$

Diese Massen sind wesentlich größer als der Wert (1.2); sie entsprechen denjenigen der Galaxienhaufen und -superhaufen und stellen offensichtlich nur eine lockere Struktur dar. Das ist insofern wichtig, als sich diese Strukturen schon vor der Rekombinationsphase herausgebildet haben können, sich aber in der Hintergrundstrahlung dennoch nicht bemerkbar machen.

Wir werden hiernach auf folgendes Resultat geführt: Die Instabilitätsbereiche im Umfeld der Rekombination des Wasserstoffs sind die Masseintervalle $10^6\, M_\odot \leq M \leq 10^{12}\, M_\odot$ und $M \geq 10^{17}\, M_\odot$. Dabei haben sich Galaxienhaufen und -superhaufen als lockere Strukturen bereits vor der Rekombination des Wasserstoffs ausbilden können, die Galaxien flocken in der Rekombination aus, während zur gleichen Zeit oder unmittelbar danach auch die Kugelsternhaufen entstehen. Die Prozesse spielen sich etwa zur gleichen Zeit, d. h. 10^6 J nach dem Urknall ab, entsprechend einem Rotverschiebungswert von $z = 1400$. Dennoch, beobachten lassen sich Galaxien erst mit Rotverschiebungen $z \leq 4$ in Gestalt ihrer hellsten Vertreter, den Quasaren. Dies ist deshalb verständlich, weil sich in den Galaxien erst hinreichend viele leuchtende Objekte, also Sterne, bilden müssen, bis sie der Beobachtung zugänglich werden; hinzu kommt, daß bei zu großen z-Werten die Intensität der Sternstrahlung für die Beobachtung auf der Erde zu gering ist.

Über die weitere Entwicklungsgeschichte der Galaxien – z. B. Herkunft des Drehimpulses und Ausgestaltung der unterschiedlichen Formen – ist wenig quantitativ Gesichertes bekannt. Eine Vorstellung geht davon aus, daß der Drehimpuls der Galaxien bereits in der turbulenten Bewegung des Ausgangsmaterials enthalten war. Hiernach ist aber die Existenz der zahlreichen elliptischen Galaxien ohne merklichen Drehimpuls schwer zu erklären. Hinzu kommt, daß die Gesamtheit der Kugelsternhaufen, die ja als erste Objekte in den Galaxien ausgeflockt sind, den Halo der Spiral-Galaxien kugelsymmetrisch erfüllt – freilich mit zunehmender Konzentration zum Galaxienzentrum – und keinen Gesamtbahndrehimpuls aufweist. Vermutlich besaßen die Urgalaxien deshalb keinen nennenswerten Drehimpuls. Der Drehimpuls der Galaxien dürfte dann nachträglich dadurch entstanden sein, daß bei einem nahen Vorbeigang zweier Galaxien die Verteilung des Gases infolge gravitativer Wechselwirkung «polarisiert» worden ist und Eigendrehimpuls aufgenommen hat aus dem ursprünglichen Bahndrehimpuls beider Galaxien, gleichsam wie infolge gegenseitiger Reibung. Das hierdurch in Rotation versetzte Gas hat sich dann anschließend zur Galaxienscheibe hin verdichtet, während die bereits vorher auskondensierten Kugelsternhaufen auf ihren ursprünglichen Bahnen verharrten. Hierfür ist wesentlich, daß im Gegensatz zu den Kugelsternhaufen das Gas eine endliche Viskosität besitzt, da andernfalls der «Stoßvorgang» völlig reversibel ablaufen würde ohne resultierender Drehimpulsübertragung. Diese Vorstellung über die Galaxienentwicklung wird durch zwei empirische Befunde gestützt: Erstens, die relative Häufigkeit der elliptischen Galaxien ohne merklichen Drehimpuls, die als Produkte zentraler Stöße anzusehen wären, nimmt in dichten Galaxienhaufen zu im Einklang mit der Tatsache der Zunahme zentraler Stöße mit zunehmender Dichte des Haufens. Dafür, daß es sich um zentrale Stöße gehandelt hat, spricht auch, daß die elliptischen Galaxien praktisch kein Gas mehr enthalten: Alles Gas ist beim gegenseitigen Durchdringen der Galaxien «herausgefegt» worden. Zweitens, zwischen dem Eigendrehimpuls J der Spiralgalaxien und ihren Massen M besteht die Relation $J \sim M^2$, wobei sich in der quadratischen Abhängigkeit von der Masse die gravitative Wechselwirkung widerspiegeln würde, welche die Entstehung der Eigenrotation beim «Stoß» bewirkt hat.

Aufgrund dieser teils quantitativen, teils qualitativen Resultate läßt sich das Bild, wie es sich heute aus empirischer Sicht darbietet, verstehen: Die etwa 10^9 sichtbaren Galaxien sind in lockeren Galaxienhaufen und -superhaufen bis zu 10^5 Stück zusammengefaßt und besitzen jeweils Massen von 10^6 bis zu 10^{12} M_o. Innerhalb der elliptischen Galaxien ist die Materie fast vollständig in Sternen zusammengefaßt (Abb. 2). In den Spiral-Galaxien ist demgegenüber die Materie nur teilweise zu Sternen zusammengeballt; die restliche Materie besteht aus Gas- und Staubwolken, aus denen sich auch heute noch Sterne bilden. Über 70 % der Galaxien besitzen Scheibenstruktur mit mehr oder weniger stark ausgeprägten Spiralarmen aus überwiegend jungen Sternen (Abb. 3), umgeben von einem nahezu kugelförmigen Halo, in dem sich die ältesten uns bekannten Sterne in den sogenannten Kugelsternhaufen finden (Abb. 4). Die Spiralarme selbst werden heute als Folge einer Dichtewelle im rotierenden Substrat der Scheibe verstanden, in deren Verdichtungszonen (= Spiralarme) es zur Sternbildung kommt. Der mittlere Abstand der Sterne innerhalb einer Galaxie ist etwa 10^8 mal so groß wie der mittlere Sterndurchmesser, während der Abstand der Galaxien untereinander «nur» etwa 10- bis 100mal so groß ist wie ihr Durchmesser. Daher kommt es kaum zu Sternzusammenstößen, wohl aber leicht zu «Stößen» zwischen Galaxien, die ja für die Drehimpulsübertragung wesentlich sein dürften.

2. Sternentstehung und Sternentwicklung

Während die großen Strukturen wie Galaxienhaufen, Galaxien und Kugelsternhaufen fast gleichzeitig im Zusammenhang mit der Rekombination des Wasserstoffs entstanden sein dürften und daher auch gleich alt sind, stellt die Entstehung von Sternen einen kontinuierlichen, noch heute stattfindenden Prozeß dar: Es gibt alte und junge Sterne. Dabei sind wir in der Lage, die Entstehung und Entwicklung der Sterne aufgrund der im Laboratorium gefundenen Gesetzmäßigkeiten im Verhalten der Materie und Strahlung im Großen und Ganzen quantitativ zu «verstehen».

Damit sich eine Gaswolke innerhalb einer Galaxie vornehmlich im Spiralarm aufgrund ihrer Eigengravitation zu verdichten beginnt, ist es notwendig, daß die Wolke entweder komprimiert wird (Dichtewelle in den Spiralgalaxien) oder sich durch Ausstrahlung in den kalten Weltraum abkühlt, so daß die Massenanziehung den thermischen Gasdruck innerhalb der Wolke geringfügig überwiegt; das führt wieder auf das *Jeans*sche Instabilitätskriterium (1.4). Hiernach werden bei zunehmender Dichte infolge Kontraktion immer kleinere Massen innerhalb der Gaswolke für sich gegenüber Eigenkontraktion instabil, solange die Temperatur infolge hinreichender Abstrahlung nicht allzu sehr ansteigt; dies ist solange gewährleistet, wie die Wolke durchsichtig, also nicht ionisiert ist. Die Urwolke zerfällt daher in immer kleinere Teilwolken, bis schließlich infolge langsamen Temperaturanstiegs das Gas ionisiert und undurchsichtig wird. Hierdurch wird der Kühlprozeß gestoppt und die «Fragmentierung» der Gaswolke beendet. Es läßt sich zeigen, daß die nunmehr ionisierten Fragmente Massen im Bereich $2 \times 10^{-2}\,M_o < M < 60\,M_o$ besitzen und sogenannte Protosterne darstellen, die schließlich zu Sternen werden; Sterne entstehen deshalb im allgemeinen in Form von Haufen von einigen Dutzend bis zu hunderttausend Sternen, die allerdings im Laufe der Zeit durch die Gravitationsfelder vorbeiziehender Gas- und Sternwolken «zerrieben» werden. Da die Materie in der galaktischen Scheibe differentiell rotiert, erhalten die auskondensierten Objekte wegen des Drehimpulserhaltungssatzes einen Eigendrehimpuls. Auch der Drehimpuls des Sonnensystems dürfte hierin seine Ursache haben.

Der Protostern verliert an seiner Oberfläche ständig Energie in Form von Strahlung an den schwarzen kalten Weltraum. Dieser Energieverlust muß nunmehr wegen des Energiesatzes im Inneren produziert werden. Das geschieht zunächst dadurch, daß sich die Materie langsam zusammenzieht. Die hierbei frei werdende gravitative Bindungsenergie wird gemäß dem Virialsatz nur zur Hälfte in Strahlung verwandelt; die restliche Hälfte wird in thermische Energie, d. h. in eine Temperaturerhöhung der Sternmaterie umgesetzt. Ein Energie verlierender Protostern wird

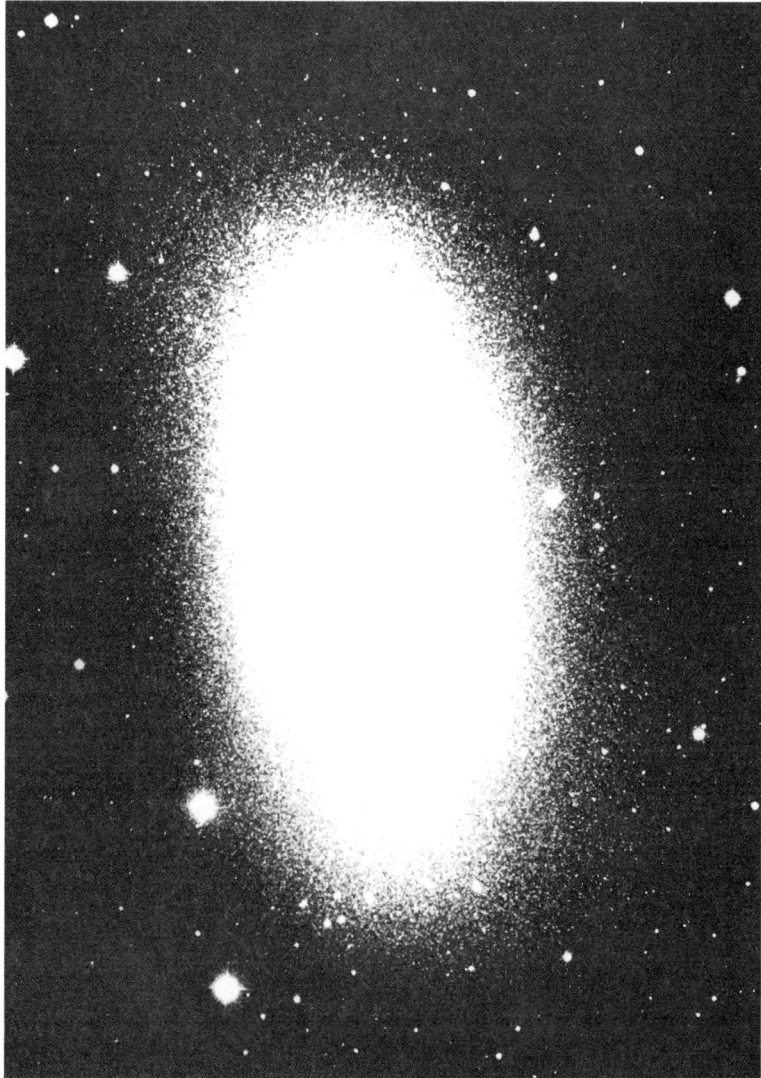

Abb. 2: Große elliptische Galaxie ohne merklichen Drehimpuls und ohne Gas- und Staubgehalt bestehend aus ca. 10^{11} Sternen.

Abb. 3:   Spiral-Galaxie: Die Spiralarme sind der Ort intensiver Sternentstehung infolge einer Dichtewelle.

Abb. 4:   Kugelsternhaufen mit etwa 10^6 sehr alten Sternen (im Halo unserer Milchstraße).

deshalb nicht kälter wie ein Festkörper, sondern heißer! Vor Kenntnis der Kernfusion stellte dieser Kontraktionsprozeß die einzige Möglichkeit dar, die Strahlung der Fixsterne zu «verstehen». Allerdings haftete dieser von *Helmholtz* und *Kelvin* entwickelten Theorie der schwerwiegende Mangel an, daß nach ihr das Alter unserer Sonne nur 10^7 J betragen würde, ein um den Faktor 10^2 bis 10^3 zu geringes Alter im Hinblick auf das Erdalter von etwa $4,5 \times 10^9$ J. In Wirklichkeit dauert die Kontraktionsphase nur so lange an, bis Zentraltemperatur und -dichte so hoch angestiegen sind (etwa 10^7 K und 10^2 g/cm^3), daß die positiv geladenen Wasserstoffatomkerne trotz ihrer elektrostatischen Abstoßung sich so nahe kommen, daß die kurzreichweitigen stark anziehenden Kernkräfte wirksam werden, die auch die Nukleonen, Protonen und Neutronen in den Atomkernen zusammenhalten: Es kommt zur Fusion von 4 Wasserstoffkernen zu einem Heliumkern, wobei die Bindungsenergie des Heliumkerns frei wird, was etwa 7 % der Ausgangsmasse der 4 Wasserstoffkerne entspricht (Abb. 5). Hierdurch steht dem Stern eine ungeheure Energiemenge zur Verfügung; im Falle der Sonne sind es ungefähr 10^{41} kWh, womit diese ihren Energiebedarf für 10^{11} Jahre bestreiten könnte, falls sie ihren Wasserstoffvorrat vollständig verbrennt.

Es ist somit die Kernfusion, die die Deckung des Energiebedarfs des Sterns übernimmt, sobald die zur Fusion des Heliums aus Wasserstoff erforderliche Temperatur und Dichte infolge hinreichender Kontraktion erreicht ist. Dabei erfolgt der Temperaturanstieg innerhalb des Sterns um so rascher, je größer seine Masse ist. Bei zu kleinen Massen kann es daher passieren, daß die Zündtemperatur von ca. 10^6 K für die Kernfusion nicht erreicht wird, da die Kontraktion zuvor durch die temperaturabhängigen Druckkräfte der entarteten Elektronen des Plasmas (s. u.) zum Stillstand kommt. Das ist bei Massen $M < 3 \times 10^{-2}$ M_o (vgl. Abb. 9) der Fall, die sich also infolge Kontraktion zunächst erhitzen, dann aber infolge Einsetzens der sogenannten Gasentartung, ohne den Fixsternzustand erreicht zu haben, in einen Festkörper-ähnlichen Zustand übergehen und auskühlen. Die Planeten der Sonne dürften im Laufe ihres «Lebens» diesen Weg genommen und bereits einen Endzustand der materiellen Entwicklung erreicht haben.

Andererseits ist den Sternmassen auch eine obere Grenze von etwa 60 M_o gesetzt. Dann wird nämlich der Einfluß des Drucks der eigenen Strahlung auf die Materie des Sterns wesentlich, so daß überschüssige Materie nicht gehalten werden kann, sondern in den interstellaren Raum «abgeblasen» wird.

Bei denjenigen Objekten innerhalb der genannten Massengrenzen, welche die für die «Wasserstoffverbrennung» erforderliche Zündtemperatur erreicht haben, kommt also die anfängliche Kontraktion zum Stillstand, und es bildet sich ein stationärer Zustand aus, in dem der

$$4p \longrightarrow He^4 + 2e^+ + 2\nu_e + 25\,MeV$$

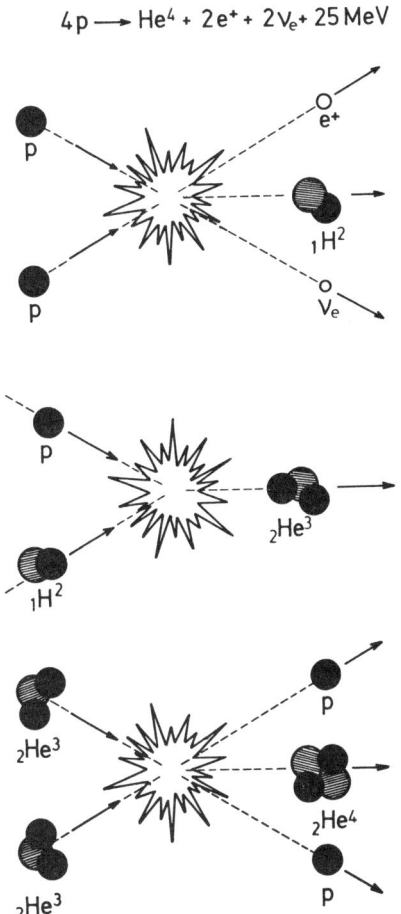

Abb. 5: Die drei Schritte der Wasserstoffverbrennung. Der erste Schritt ist extrem langsam, da er einen inversen β-Zerfall beinhaltet (T = 10⁷ K, ϱ = 10² g/cm³). Er findet deshalb auch in der relativ kurzen heißen Frühphase der Welt praktisch nicht statt. Das primordiale Deuterium und Helium (vergl. Abb. 1) ist durch Verbrennung der anfänglich vorhandenen Neutronen entstanden.

thermische Gasdruck der Massenanziehung das Gleichgewicht hält und die Energieabstrahlung durch die Fusionsenergie von $4H \rightarrow He^4$ gedeckt wird. In der «Kontraktionsrelation»

$$(2.1) \qquad \frac{d}{dt} R = (BM^9/R^{10}) - CMR^2$$

(B, C = const. > 0, aber abhängig von der chemischen Zusammensetzung der Sternmaterie), in der die thermonukleare Energieerzeugung abzüglich des Strahlungsverlustes an der Oberfläche (rechte Seite) der Änderung der inneren Energie der Sternmaterie (linke Seite) gleichgesetzt ist, kompensieren sich dann also die beiden Terme der rechten Seite (dR/dt = 0). Ersichtlich hängt in diesem Zustand der Radius des Sterns und mit ihm auch Leuchtkraft L und Oberflächentemperatur T außer von der chemischen Zusammensetzung nur noch von der Masse des Sterns ab. Man findet:

$$(2.2) \qquad R \sim M^{2/3}, \; L \sim M^3, \; T \sim M^{1/3}$$

und insbesondere genauer:

$$(2.3) \qquad L = 2,8 \times 10^{-2} \; \frac{\sigma c}{\sigma_e} \; (\frac{G}{k})^4 \; \frac{(Am_H)^5}{Z(1+Z)^4} M^3$$

(A Atomgewicht, Z Ordnungszahl der chemischen Elemente der Sternmaterie, σ *Stefan-Boltzmann*-Konstante, c Lichtgeschwindigkeit). Das sind die (vereinfachten) Masse-Radius-, Masse-Leuchtkraft- und Masse-Temperaturbeziehungen für die Wasserstoff-verbrennenden Fixsterne, die sogenannten Hauptreihensterne, zu denen auch die Sonne gehört.[2] Die Radius-Masse-Beziehung ist in Abb. 9 zum Vergleich mit derjenigen für die erkaltete Materie eingetragen und mit vorliegenden Sterndaten verglichen. Insbesondere lehrt der explizite Ausdruck für die Leuchtkraft, indem er unabhängig von den Parametern der thermonuklearen Energieerzeugung ist, daß die Leuchtkraft eines Sterns allein dadurch bestimmt wird, wie rasch die Strahlungsenergie die Sternmaterie durchdringen kann. Die Relation (2.3) ist deshalb auch gültig in der *Helmholtz-Kelvin*'schen Kontraktionsphase des Sterns. Die thermonukleare Energieerzeugung stellt sich dann anschließend so ein, daß der durch den Strahlungstransport bedingte Energieverlust genau kompensiert wird. Außerdem zeigt die Abhängigkeit von L von der chemischen Zusammensetzung, daß mit Anreicherung von Helium infolge Fusion aus Wasserstoff die Leuchtkraft anwächst. Die Hauptreihensterne werden mit zunehmendem Alter heller!

Offensichtlich ist der durch (2.2) charakterisierte Zustand stabil. Sinkt R unter den Gleichgewichtswert, so wächst der erste Term der rechten Seite von (2.1), während der zweite Term abnimmt; es resultiert also ein dR/dt > 0, so daß der Stern sich ausdehnt und sich wieder auf den Gleichge-

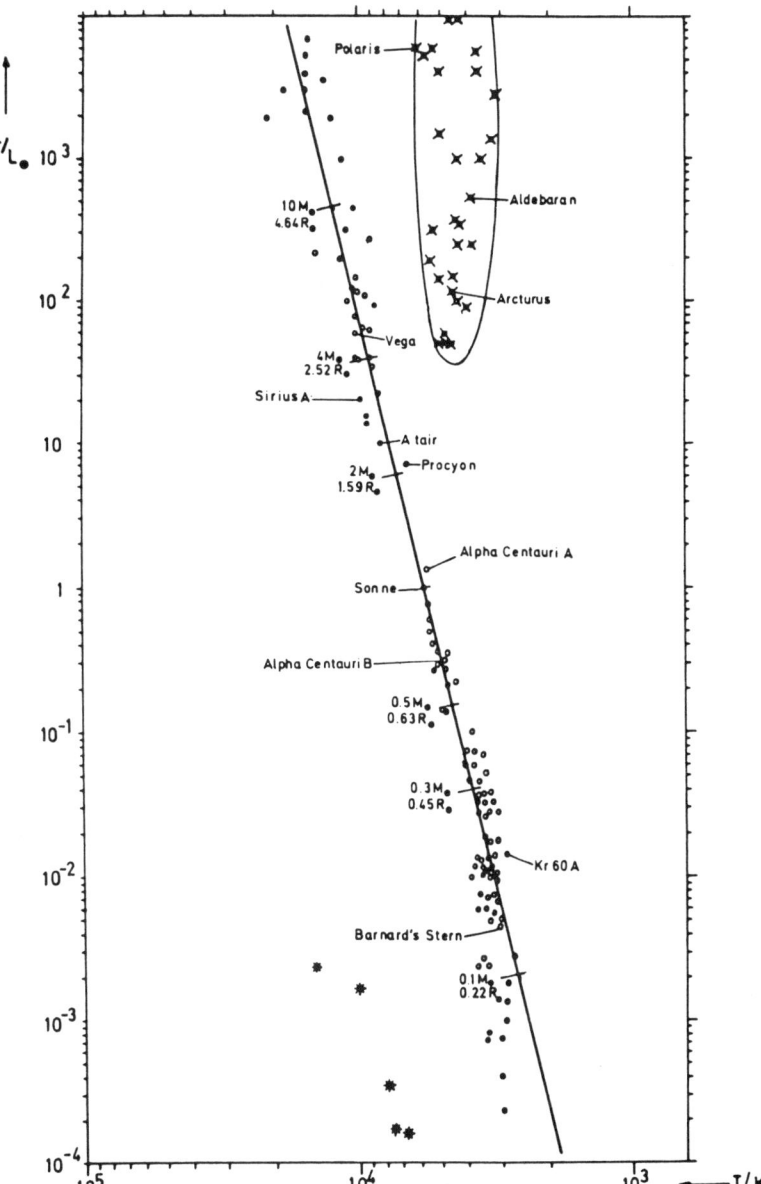

Abb. 6: Hertzsprung-Russell-Diagramm: Auf der Geraden (Hauptreihe) liegen die Wasserstoff-verbrennenden Sterne; rechts oben befindet sich das Gebiet der Roten Riesen; links unten sind einige Weiße Zwerge eingezeichnet.

wichtsradius mit dR/dt = 0 einstellt. Sollte R über den Gleichgewichtswert ansteigen, so resultiert umgekehrt ein dR/dt<0, infolgedessen der
Stern sich zusammenzieht und ebenfalls wieder den Gleichgewichtsra-
dius anzunehmen strebt. Die Hauptreihensterne stellen somit sich selbst
regulierende Kernfusionsreaktoren dar; sie können nicht explodieren!

Da die Oberflächentemperatur eines Sterns über sein Spektrum der
Beobachtung eher zugänglich ist als Masse oder Radius, ist es zweckmä-
ßig, die Temperatur als unabhängige Variable aufzufassen. Man erhält so
aus (2.2) in erster Näherung $L \sim T^9$. Die Darstellung dieser Relation ergibt
das *Hertzsprung-Russell*-Diagramm, oder genauer die «Hauptreihe» in
diesem Diagramm (deshalb auch «Hauptreihensterne»). Sie ist in Abb. 6
dargestellt und mit den bekannten Beobachtungsdaten der Fixsterne
verglichen, wonach Theorie und Beobachtung erstaunlich gut übereinstimmen.

Die Verweildauer eines Sterns auf der Hauptreihe ist natürlich begrenzt, da die ihm zur Verfügung stehende Kernenergie seiner Masse
proportional ist. Mit Rücksicht auf (2.2) ergibt sich daher für die
Hauptreihenlebensdauer $t_{HR} \sim M^{-2}$, wonach die massereichen heißen Objekte wesentlich kürzer auf der Hauptreihe verweilen als die massearme-
ren, weil sie ihren größeren Energievorrat in viel kürzerer Zeit verschleu-
dern als die massearmen ihren vergleichsweise geringen Energievorrat.

$$He^4 + He^4 \rightleftharpoons Be^8 - 95\,keV \;(endotherm!)$$

$$Be^8 + He^4 \rightarrow C^{12} + 7{,}3\,MeV \;(exotherm)$$

Abb. 7:   Heliumbrennen (3α-Prozeß): Wegen der Instabilität des Be^8-Kerns
läuft der Prozeß nur in einem He^4-Substrat ab bei $T = 10^8\,K$ und $\varrho = 10^4\,g/$
cm^3. Aus diesem Grund findet die Synthese von Kohlenstoff und aller
weiteren schweren Elemente nicht im Frühstadium des Universums, sondern
nur in den späten Phasen der Entwicklung eines Sterns statt.

Was geschieht nun mit einem Stern, der etwa 10 % seines Wasserstoff-
vorrats zu Helium verbrannt hat? Er muß im Zentralbereich, in dem sich
das Helium vorwiegend angesammelt hat, zur Deckung der Energieab-
gabe unter Ansteigen von Dichte und Innentemperatur erneut kontrahieren. Erreichen hierbei die Zentraltemperatur und -Dichte die Größenordnung von $10^8\,K$ bzw. $10^4\,g/cm^3$, so setzt im Innern die Verbrennung
des bereits gebildeten Heliums zu Kohlenstoff ein (Abb. 7), umgeben
von einer Wasserstoff-verbrennenden Schale. Infolge dieses inhomoge-

nen Aufbaus mit zusätzlicher innerer Energiequelle dehnt sich der Stern unter Anstieg der Leuchtkraft, aber Absinken der Oberflächentemperatur, was ein rotes Aussehen bewirkt, nochmals aus und wird zu einem «Roten Riesen» mit einem Radius, der denjenigen des Hauptreihenzustands um einen Faktor 100 übersteigt. Der Stern wandert also im *Hertzsprung-Russell*-Diagramm von der Hauptreihe nach rechts oben auf den sogenannten «Riesen-Ast» ab. Auch die Sonne wird einst in das Rote-Riesen-Stadium eintreten, was mit Sicherheit das Ende allen Lebens auf der Erde bedeutet.

Jedoch verweilen die Sterne im Rote-Riesen-Stadium nur vergleichsweise kurz, da die bei der Heliumverbrennung frei werdende Energie nur etwa 10 % derjenigen bei der Wasserstoffverbrennung ausmacht. Dem Stern steht also «bald» keine wesentliche Kernenergiequelle mehr zur Verfügung. Zwar können durch weitere exotherme Fusionsprozesse leichter Atomkerne schwerere bis hin zum Eisenkern aufgebaut werden, der die stärkste Bindungsenergie pro Nukleon besitzt und deshalb das Endprodukt der exothermen Kernfusion darstellt (Abb. 8). Auch dürften die chemischen Elemente bis zum Eisen auf diese Weise in früheren Sterngenerationen entstanden und später an das interstellare Gas wieder abgegeben worden sein. Aber die hierbei frei werdende Energie ist zu

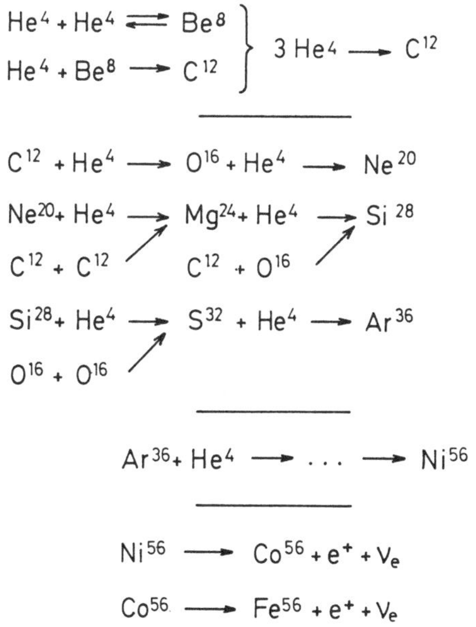

$$He^4 + He^4 \rightleftharpoons Be^8$$
$$He^4 + Be^8 \longrightarrow C^{12}$$
$$\left.\begin{array}{l}\\ \\\end{array}\right\} 3\,He^4 \longrightarrow C^{12}$$

$$C^{12} + He^4 \longrightarrow O^{16} + He^4 \longrightarrow Ne^{20}$$

$$Ne^{20} + He^4 \longrightarrow Mg^{24} + He^4 \longrightarrow Si^{28}$$
$$C^{12} + C^{12} \nearrow \qquad C^{12} + O^{16} \nearrow$$

$$Si^{28} + He^4 \longrightarrow S^{32} + He^4 \longrightarrow Ar^{36}$$
$$O^{16} + O^{16} \nearrow$$

$$Ar^{36} + He^4 \longrightarrow \cdots \longrightarrow Ni^{56}$$

$$Ni^{56} \longrightarrow Co^{56} + e^+ + \nu_e$$

$$Co^{56} \longrightarrow Fe^{56} + e^+ + \nu_e$$

Abb. 8: Die wichtigsten Schritte der thermonuklearen Elementsynthese im Stern. Der wesentlichste Prozeß ist die Anlagerung von He⁴.

geringfügig, als daß sie für den Strahlungsverlust des Sterns von wesentlicher Bedeutung sein könnte. Dieser wird daher zur Deckung seines Energiebedarfs erneut kontrahieren müssen, wobei die Temperatur nochmals ansteigt und der Stern im *Hertzsprung-Russell*-Diagramm nach links oben auf den «blauen Horizontalast» wandert.

Allerdings wird dieses Gebiet des *Hertzsprung-Russell*-Diagramms relativ rasch durchlaufen. Denn der Energiebedarf des Sterns kann im wesentlichen nur durch fortgesetzte Kontraktion gedeckt werden. Dabei werden aber schließlich wie bei den für die Bildung eines Fixsterns zu massearmen Objekten die Druckkräfte der entartenden Elektronen auftreten und die Kontraktion zum Stillstand bringen, ähnlich wie bei den Planeten. In diesem Zustand hat der Stern dann auch nur noch die Ausdehnung mittelgroßer Planeten, allerdings mit einer Masse und Oberflächentemperatur von der Größenordnung derjenigen der Sonne, so daß seine Dichte erheblich höher als diejenige der Planeten ist und bei ungefähr 10^6 g/cm^3 liegt. Es handelt sich hierbei um das Stadium der «Weißen Zwerge», einen Endzustand der Sternentwicklung, in dem der Stern nur noch auskühlt und sich damit langsam der visuellen Beobachtung entzieht («Schwarzer Zwerg»). Wie wir im folgenden sehen werden, ist bei sehr massereichen Objekten die Bildung eines Weißen Zwergs jedoch problematisch und gibt Anlaß zu Sternexplosionen.

3. Endzustände der Sternentwicklung

Wir wollen uns abschließend noch der Frage nach den möglichen Endzuständen der Sternentwicklung und damit der Materie innerhalb der Galaxien zuwenden. Die Endzustände sind dadurch gekennzeichnet, daß keine Energiequellen zur Aufrechterhaltung von Temperatur und Strahlung mehr zur Verfügung stehen. Die Atomkerne und Elektronen des ursprünglich heißen Plasmas werden sich – wenn möglich – zu Atomen konsolidieren; unter dem Einfluß der Massenanziehung werden die Atome eine dichteste Kugelpackung annehmen, d. h. das Gas wird in den flüssigen oder festen Zustand kondensieren. Den Massenanziehungskräften hält dann nicht mehr der thermische Gasdruck, wie bei den heißen Gassternen, sondern der temperaturunabhängige Druck der entarteten Elektronen die Waage. Dieser beruht darauf, daß die Elektronen dem *Pauli*-Prinzip der Quantentheorie gehorchen, wonach jeder Energiezustand des Elektronensystems nur mit zwei Elektronen (entgegengesetzten Spins) besetzt werden kann. Das hat zur Folge, daß selbst am absoluten Temperaturnullpunkt die Elektronen sämtliche Energiezustände bis zu einer Grenzenergie entsprechend der Anzahl der Elektronen bevölkern und somit eine «Nullpunktsenergie» besitzen, verbunden mit einem entsprechenden «Nullpunktsdruck». Die Gleichgewichtsbedingung zwischen Massenanziehung und Nullpunktsdruck führt sodann auf folgende Beziehung zwischen Radius und Masse eines «kalten» Himmelskörpers (Temperatur unterhalb der Entartungstemperatur):

$$(3.1) \quad R = 2,3 a_H \frac{(M/AZm_H)^{1/3}}{1 + (M/M_1)^{2/3}} \sqrt{1 - (M/M_2)^{4/3}}.$$

Hierin sind A mittleres Atomgewicht und Z mittlere Kernladungs-Zahl der jeweils vorliegenden chemischen Zusammensetzung und a_H = 0.5×10^{-8} cm der *Bohr*'sche Radius des Wasserstoff-Atoms. Die «kritischen» Massen M_1 und M_2 sind gegeben durch (e elektrische Elementarladung, $\hbar$ Plancksche Konstante):

$$(3.2) \quad M_1 = 1,8 \left(\frac{e^2}{m_H^2 G}\right)^{3/2} \left(\frac{Z}{A}\right)^3 Am_H = 2 \times 10^{30} \text{ bis } 6 \times 10^{31} \text{ g}$$

und

$$(3.3) \quad M_2 = 3,7 \left(\frac{\hbar c}{m_H^2 G}\right)^{3/2} \left(\frac{Z}{A}\right)^2 m_H = 2 \times 10^{33} \text{ bis } 1,4 \times 10^{34} \text{ g}$$

je nach chemischer Zusammensetzung. Der Wert für die kritische Masse M_1 wird bestimmt durch das Verhältnis der Stärke zwischen elektrischen und gravitativen Kräften; dieses Verhältnis geht in (3.2) in einer solchen Weise ein, daß für M≫M_1 die elektrische Elementarladung in (3.1) herausfällt: Das bedeutet, daß ab Massen der Größenordnung 10^{30} g, was etwa der Jupiter-Masse entspricht, die Gravitationskräfte zwischen den Atomen die elektrischen Kräfte innerhalb der Atome (wegen deren Abschirmung) überwiegen und die Atome «zerquetschen» (Ionisation durch Druck). Dabei erreicht die Radius-Masse-Kurve (3.1), dargestellt in Abb. 9, für M = M_1 einen maximalen Radius

$$(3.4) \quad R_1 = 1,4 \left(\frac{e^2}{m_H^2 G}\right)^{1/2} \frac{Z^{2/3}}{A} a_H = 7 \times 10^3 \text{ bis } 8 \times 10^4 \text{ km}$$

von der Größenordnung des Radius des Jupiter, der somit die für erkaltete Materie größtmögliche Ausdehnung besitzt! Für Massen M>M_1 nimmt der Radius gemäß (3.1) mit wachsender Masse ab, ganz entgegen der üblichen Erfahrung, und sinkt im Grenzfall M→M_2 auf den Wert Null herab (*Chandrasekhar*-Grenze). Für Massen größer als die kritische Masse M_2, welche etwa der Sonnenmasse entspricht, gibt es wegen der Wurzel in (3.1) keine reellen Gleichgewichtszustände mehr! Da M_2 gemäß (3.3) die Lichtgeschwindigkeit enthält, handelt es sich hierbei um einen speziell-relativistischen Effekt (die Geschwindigkeit der entarteten Elektronen nähert sich der Lichtgeschwindigkeit). Die Planeten und bereits erkaltete Sterne mit Massen unterhalb der kritischen Masse M_2 (Weiße Zwerge) liegen auf der durch (3.1) gegebenen und in Abb. 9 dargestellten Radius-Masse-Kurve.

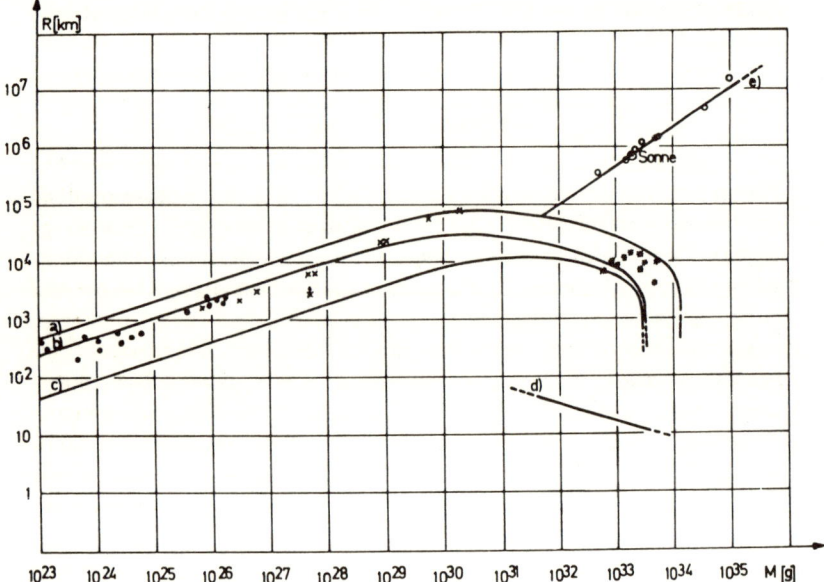

Abb. 9: Radius-Masse-Kurven für kondensierte Körper verschiedener chemischer Zusammensetzung: a) Wasserstoff, b) Argon, c) Eisen, d) Neutronenmaterie. Für gasförmige Hauptreihensterne ergibt sich zum Vergleich der Verlauf e). Die Monde und Planeten des Sonnensystems bevölkern die ansteigenden Kurvenäste, auf den absteigenden Ästen sind einige Weiße Zwerge eingetragen. Die Schnittstelle der Kurven a) und e) markiert den Massenwert, oberhalb dessen ein Objekt sich zunächst zu einem Hauptreihenstern entwickelt, unterhalb dessen es gleich in den kondensierten Zustand übergeht. *Quelle:* Dehnen 1972 (s. Literaturhinweise).

Was geschieht aber mit einem Stern, dessen Masse oberhalb der kritischen Masse M_2 liegt? Offensichtlich kommt die nach Versiegen der Kernenergiequellen einsetzende Kontraktion nicht zum Stillstand, so daß der Radius ständig weiter absinkt. Dabei steigt die kinetische Nullpunktsenergie der Elektronen rasch an, so daß ihre Energie bald ausreicht, um in einem inversen β-Zerfall die Protonen der Atomkerne in Neutronen umzuwandeln ($p^+ + e^- \rightarrow n + \nu_e$). Hierdurch entstehen Atomkerne mit hohem Neutronenüberschuß, die aber instabil sind und zerfallen, indem Neutronen «abtropfen». Das geht so lange, bis sämtliche Kerne in Neutronen zerfallen sind und ein Gebilde, hauptsächlich bestehend aus Neutronen, d. h. ein Neutronenstern, übrig geblieben ist, bei dem der Nullpunktsdruck der Neutronen nunmehr den Gravitationskräften die Waage hält. Dabei ist der Radius des Neutronensterns gegeben durch

$$(3.5) \qquad R = 3,5 \, \frac{\hbar c}{m_n^2 \, G} \left(\frac{M}{m_n}\right)^{-1/3} \frac{\hbar}{m_n \, c}$$

(m_n Masse des Neutrons), wonach im Vergleich zu (3.1) (für $M \gg M_1$) Neutronensterne einen um den Faktor 2×10^3 – d. i. das Massenverhältnis von Neutron zu Elektron – kleineren Radius haben als Weiße Zwerge gleicher Masse. Bei einer Masse von der Größenordnung der Sonnenmasse beträgt ihr Radius nur etwa 10 km, entsprechend einer Dichte von 10^{14} g/cm^3, was vergleichbar ist mit der Dichte innerhalb der Atomkerne. Aber auch für Neutronensterne gibt es eine obere Grenzmasse (*Oppenheimer-Volkoff*-Grenze), oberhalb derer keine stabilen Neutronensterne existieren können (s. Abb. 9). Ihr genauer Wert ist noch umstritten, da die Zustandsgleichung der Materie für die im Neutronenstern herrschenden extremen Bedingungen zu ungenau bekannt ist. Das Auftreten der *Oppenheimer-Volkoff*-Grenze ist deshalb in (3.5) auch nicht berücksichtigt; ihre Existenz wird aber wieder dadurch bedingt, daß mit zunehmender Masse die Geschwindigkeit der entarteten Neutronen sich der Lichtgeschwindigkeit nähert. Ihr Wert dürfte etwas oberhalb des kritischen Massenwertes M_2 liegen. Für noch größere Massen gibt es somit keine (bisher bekannten) Kräfte, welche den Gravitationskollaps aufhalten könnten. Solche Massen werden sich einmal so weit zusammengezogen haben, daß die Entweichgeschwindigkeit von ihrer Oberfläche die Lichtgeschwindigkeit erreicht. Ihr Radius hat dann den Wert (*Schwarzschild*-Radius):

$$(3.6) \qquad R = 2MG/c^2.$$

In diesem Zustand, dessen Eigenschaften wegen der starken Gravitationsfelder im einzelnen durch die Einstein'sche Gravitationstheorie zu beschreiben sind, vermag schließlich selbst das Licht, ausgehend von der Oberfläche des Objekts, entfernte Beobachter nicht mehr zu erreichen, weshalb man für diese Zustände den Begriff des «Schwarzen Lochs« geprägt hat. Dieses kann mit der Umgebung nur noch durch sein äußerst starkes Gravitationsfeld in Wechselwirkung treten. Ob es Schwarze Löcher innerhalb unserer Milchstraße gibt, ist bisher nicht mit Sicherheit erwiesen. Nur Kandidaten hierfür können genannt werden.

In diesem Zusammenhang muß aber darauf hingewiesen werden, daß ein massereiches Objekt bei Kontraktion auf den *Schwarzschild*-Radius hin offensichtlich kritische Phasen durchläuft: Zum einen besteht bei nicht zu massereichen Objekten die Gefahr, daß die infolge der thermonuklearen Fusionsprozesse im Zentrum angesammelten Elemente wie Kohlenstoff und Sauerstoff bei Kontraktion explosionsartig zünden und zu Mg^{24} und S^{32} verbrennen. Die hiermit verbundene Detonationswelle ist in der Lage, den gesamten Stern zu zerreißen. Es ist anzunehmen, daß dieser Vorgang mit den Supernovaausbrüchen vom Typ I identisch ist, bei welchen kein zentrales kompaktes Objekt übrigbleibt; jedenfalls sind solche zentralen Objekte nicht nachgewiesen. Zum anderen wird sich im Zentrum eines massereicheren Objekts der Zustand eines Weißen Zwerges herausbilden; dieses Gebilde wächst mit zunehmender Kontraktion. Erreicht es schließlich eine Masse von der Größenordnung der *Chandrasekhar*-Masse M_2, ohne daß die soeben beschriebene Kohlenstoff/Sauerstoff-Detonation eingetreten ist, weil bereits alle Materie im Zentrum zu Eisen «verbrannt» ist (was bei massereicheren Objekten zutrifft), so wird das zentrale Gebiet mit einer Masse von $M_2 = 1,4\,M_0$ gravitativ instabil,[3] kollabiert und bildet einen Neutronenstern. Die hierbei freigesetzte gravitative Bindungsenergie (Radiusverringerung des kollabierenden zentralen Gebiets um den Faktor 2×10^3, s. o.) ist etwa 10mal so groß wie durch sämtliche nuklearen Fusionsprozesse erzeugt werden kann. Sie reicht aus, um die äußeren Massen des Sterns abzusprengen. Es bleibt ein Neutronenstern von etwa $1,4\,M_0$ übrig, umgeben von einer mit großer Geschwindigkeit (bis zu 10^4 km/sec) auseinanderstiebenden Gaswolke.

Es ist wahrscheinlich, daß die bekannten Supernova-Explosionen vom Typ II diesen Explosionsvorgang darstellen. Jedenfalls wird diese Vorstellung durch Beobachtungen gestützt: Es ist erwiesen, daß es sich beim Crab-Nebel um ein Überbleibsel einer Supernova aus dem Jahre 1054 handelt und daß der Zentralstern, ein sogenannter Pulsar (Abb. 10), ein rotierender Neutronenstern ist. Darüber hinaus hat die Massenbestimmung bei Doppelsternpulsaren ergeben, daß die Pulsarmasse etwa $1,4\,M_0$ beträgt, wie aufgrund obiger Vorstellung zu erwarten ist. Schließlich sind beim Supernova-Ausbruch in der Großen Magellanschen Wolke im Februar 1987 die bei der Entstehung des Neutronensterns aus dem inversen β-Zerfall stammenden Neutrinos nachgewiesen worden.

Den Supernova-Explosionen kommt in zweifacher Hinsicht Bedeutung zu: Einmal können in ihrem Verlauf auch die Elemente höherer Ordnungszahl als Eisen, und zwar bis zu den Transuranen hin durch Neutronen- und Protoneneinfang mit anschließendem β-Zerfall innerhalb der Explosionsstoßwelle aufgebaut und zusammen mit den leichten chemischen Elementen, die sich im Verlauf der Entwicklung des Sterns gebildet haben, an das interstellare Gas abgegeben werden (Abb. 11), aus dem dann später neue noch junge Sterngenerationen, zu denen auch die Sonne gehört, hervorgehen. Diese sind tatsächlich nach Ausweis ihrer Spektren reicher an schweren Elementen als die alten Sterne der ersten Sterngeneration, die sich vornehmlich in den Kugelhaufen des Halos der Spiralgalaxien finden. Zum anderen erschweren Supernova-Explosionen die Bildung von Schwarzen Löchern, wenn sie diese nicht sogar verhindern! Heute sind etwa 150 Pulsare, d. h. Neutronensterne, bekannt. Da diese Objekte sehr lichtschwach und daher nur schwer auffindbar sind, dürfte ihre Gesamtzahl in unserer Galaxie wesentlich höher sein. Es liegt daher die Vermutung nahe, daß doch ein nicht unerheblicher Prozentsatz ausgebrannter massereicher Fixsterne – wenn nicht sogar alle – dem Schicksal des Schwarzen Lochs durch eine Supernova-Explosion entgeht und somit ihre Materie der Welt erhalten bleibt und nicht für immer jenseits des *Schwarzschild*-Radius versinkt.

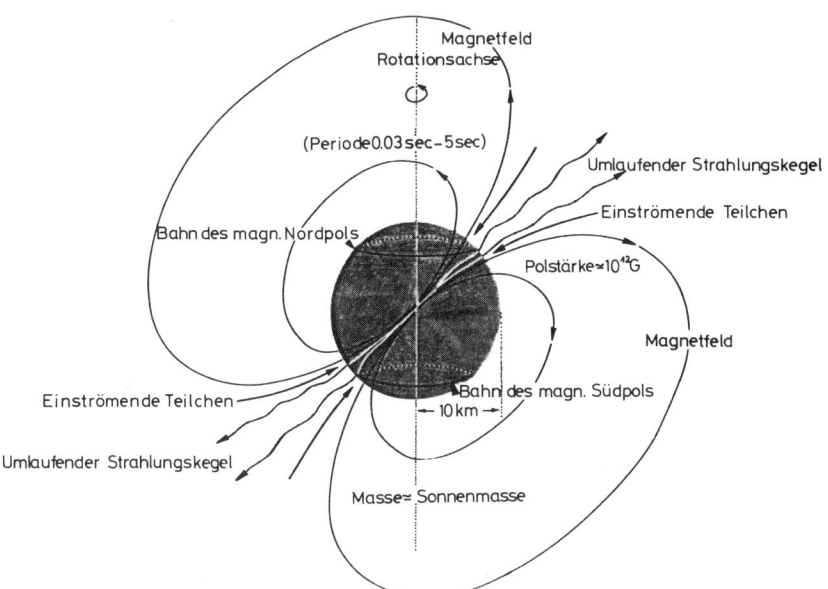

Abb. 10: Pulsar-Modell: Rotierender Neutronenstern mit gegen die Rotationsachse geneigten magnetischen Polen; die von den Polen ausgehende elektromagnetische Synchrotronstrahlung relativistischer elektrisch geladener Teilchen überstreicht infolge der Rotation einen Doppelkegel im Raum, vergleichbar dem Leuchtfeuer eines Leuchtturms. Liegt unsere Erde irgendwo auf diesem Kegel, empfangen wir während einer Rotationsperiode jeweils einen Strahlungspuls von extrem kurzer Dauer.

Aus einem anfänglichen «Chaos» – der Rekombinationsphase des Wasserstoffs – sind im Laufe von Milliarden Jahren sich selbständig differenzierende Strukturen hervorgegangen, ein Prozeß, der auch erst unser eigenes Dasein ermöglicht hat. Diese Strukturierung hat ihre Ursache einmal in den fein aufeinander abgestimmten Wechselwirkungskräften der Materie, zum anderen aber in der Expansion und der daraus

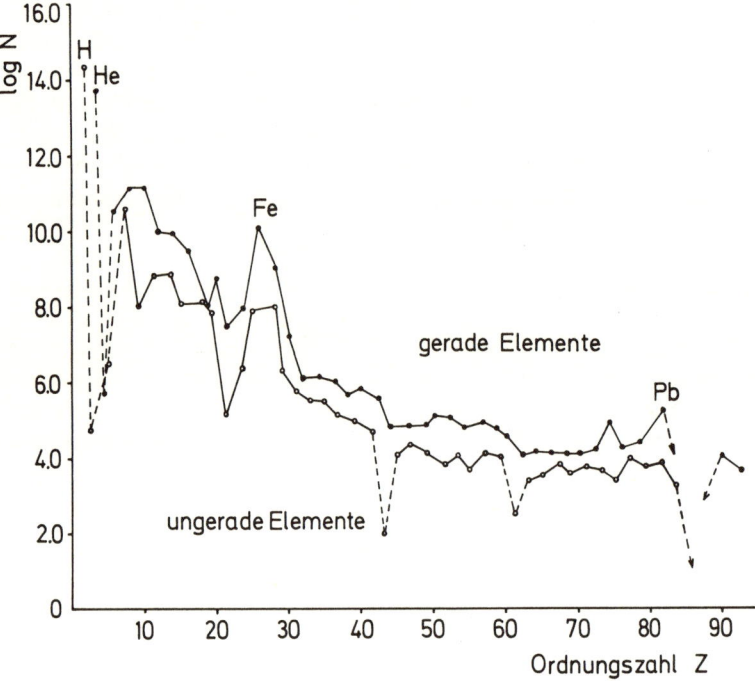

Abb. 11: Häufigkeit der chemischen Elemente unserer Galaxie: Wasserstoff
und Helium stammen aus der Frühphase des Kosmos. Die Elemente bis zur
Eisenspitze sind in Sternen synthetisiert worden. Die Elemente vom Eisen bis
zum Blei wurden in Supernova-Explosionen gebildet. *Quelle:* Karl Stumpff
(Hrsg.), Fischer-Lexikon der Astronomie.

resultierenden Kälte oder Schwärze des Weltraums. Es besteht kein
Zweifel, daß die Schwärze des Nachthimmels die Entwicklung der
Strukturen treibt, indem sie die Voraussetzung dafür ist, daß die bei der
Entstehung von Strukturen frei werdenden Bindungsenergien an ein
umgebendes kälteres Wärmebad, den kalten Weltraum, abgeführt werden. Der Expansion des Universums kommt somit eine ganz fundamentale Bedeutung zu: Ohne sie dürfte es die Vielfalt der beobachteten
Strukturen, wie Galaxien, Sternhaufen, Sterne, Planeten und sogar chemische Elemente und Moleküle, nicht geben.

Kapitel VII

Naturphilosophie, Kosmologie und das Anthropische Prinzip

VON BERNULF KANITSCHEIDER

1. Die Rolle der Philosophie beim Verständnis der Natur

Historisch gesehen besteht sicherlich kein Zweifel, daß die Philosophie zu den Wissenschaften gehört, die sich schon ganz früh mit kosmologischen Fragen befaßt haben. Wenngleich auch die Frage vom Ursprung der Welt in der vorrationalen, mythischen Epoche des Denkens gründet, so waren es jedoch schon die ionischen Naturphilosophen des 6. Jahrhunderts v. Chr. wie Thales von Milet, Anaximander und Anaximenes, die das Problem des Ursprungs und der natürlichen Organisation des Kosmos mit rationalen Mitteln in Angriff genommen haben. Die Naturphilosophie, einst eine respektierte Disziplin der Philosophie, ist in der Neuzeit durch ihren starken Antagonismus zur Naturwissenschaft in Verruf gekommen.[1] Als Reaktion auf die spekulative Naturphilosophie etablierte sich zu Beginn unseres Jahrhunderts eine wissenschaftliche Philosophie, die gegenüber der metaphysisch orientierten Naturphilosophie älterer Prägung eine gänzlich andere inhaltliche und methodische Zielsetzung hatte. Ihr zentraler Punkt ist der «linguistic turn», die Wende zur Sprache. Er bedeutet, daß die Philosophie der Natur nun nicht mehr über die Natur selbst redet, sondern als logische Analyse der Sprache der Wissenschaft von Natur aufzufassen sei. Der logische Empirismus des Wiener Kreises, der diese Abwendung von den inhaltlichen Zielen des Philosophierens und die Hinwendung zur formalen, strukturell orientierten Wissenschaftsphilosophie in erster Linie vollzog, hoffte, dadurch das intellektuelle Ärgernis zu beseitigen, daß Philosophie nur eine Abfolge von kognitiv unentscheidbaren Begriffskonstruktionen sei. Der Fortschritt der Naturwissenschaft sollte auch in die Philosophie Einzug halten.

Der Preis, den der logische Empirismus für diese Präzisierung zu zahlen hatte, war hoch. Die linguistische Wende war mit einem starken Verlust an philosophischen Problemen verbunden. Nurmehr logisch-strukturelle Fragen des wissenschaftlichen Sprachgebrauches und semantische Fragen über Sinn und Bedeutung von Zeichen der Wissenschaftssprache fielen unter die Domäne der wissenschaftlichen Philosophie. Der

Philosoph sollte das metatheoretische Instrumentarium für die Einzel-
wissenschaften aufbereiten, strukturale Begriffe wie Definition, Explika-
tion, Explanation, Prognose, Retrodiktion und dgl. mehr präzisieren,
aber nicht in die materiale Diskussion der Wissenschaft selbst eingreifen.
Stellvertretend für die damals verbreitete Auffassung kann die Formulierung Walter Dubislavs angesehen werden, wonach Naturphilosophie
identisch ist mit der Ermittlung der allgemeinen Forschungsverfahren.[2]

Trotz aller Kritik, die im folgenden am Alleinanspruch der struktura-
len Wissenschaftstheorie geübt werden soll, muß betont werden, daß die
Wende zur Sprachanalyse einen wertvollen Nebeneffekt hatte. Das kritische Bewußtsein gegenüber den empirisch nicht kontrollierbaren Teilen
der Wissenschaft wurde geschärft. Die Rolle der Metaphysik wurde neu
überdacht und die Sprachreinigung brachte auch die wichtige Unterscheidung von deskriptiver Bedeutung und emotiver Konnotation mit sich.
Viele Schlüsselbegriffe der traditionellen metaphysischen Naturphilosophie wie etwa Weltseele, Urgrund, absoluter Geist, wie sie bei Schelling,
Fichte und Hegel verwendet werden, waren von stimmungshaften Ne-
benbedeutungen umgeben, die ihre logisch stringente Handhabung wesentlich erschwerten. War die ältere Naturphilosophie noch kein rein
kognitives Unternehmen, so brachte der logische Empirismus in jedem
Fall Nüchternheit und Sachlichkeit in die Philosophie. So war das
Klarheitspostulat der linguistisch orientierten Philosophie zweifelsohne
eine Bereicherung für die Philosophie insgesamt.

Anders steht es jedoch mit der formalen Zielsetzung der Wissenschaftsphilosophie. Sie ausschließlich als logische Analyse aufzufassen,
entpuppte sich schon zu Zeiten des Wiener Kreises als Zwangsjacke.
Bereits Moritz Schlick und Hans Reichenbach befaßten sich bei der
Analyse der neuen revolutionären Theorien wie Relativitätstheorie und
Quantenmechanik nicht nur mit Explikationsfragen, sondern sie gingen
auch auf Geltungsfragen ein, d. h. auf begriffliche Konsequenzen allgemeiner Art, die dann auftreten, wenn die analysierten Theorien wahr sein
sollten.[3]

Deutlich distanziert von dem linguistischen Reduktionismus in der
philosophischen Fragestellung hat sich dann vor allem Karl Popper.
Bereits in der Logik der Forschung ist zu lesen: «Die Sprachanalytiker
glauben, daß es keine echten philosophischen Probleme gibt, oder daß
die Probleme der Philosophie, wenn es solche überhaupt gibt, Probleme
des Sprachgebrauchs und Fragen über den Sinn oder die Bedeutung von
Wörtern sind. Ich glaube jedoch, daß es zumindest ein philosophisches
Problem gibt, das alle denkenden Menschen interessiert. Es ist das
Problem der Kosmologie: das Problem, die Welt zu verstehen – auch uns
selbst, die wir ja zu dieser Welt gehören, und unser Wissen.»[4]

Poppers schärfster Gegner in bezug auf die Existenz echter philosophischer nichtlogischer Probleme war Ludwig Wittgenstein. Er verteidigte in seinem «Tractatus» unmißverständlich die rigoristische Doktrin, daß alle Philosophie Sprachkritik ist und ihr Ziel nur in der logischen Klärung von Gedanken bestehen kann. Damit ist natürlich jede materiale Wissenschaftsphilosophie ausgeschlossen und fachwissenschaftliche Ergebnisse, sei es aus Psychologie, Biologie oder Physik, können niemals Relevanz für eine philosophische Problemstellung besitzen.[5]

Die innere philosophische Entwicklung zeigt im folgenden, daß Wittgensteins dogmatische Reduzierung der philosophischen Aufgabestellung wesentlich zu kurz greift.[6] Erstens ist diese Restriktion extrem unhistorisch; es entspricht dem überkommenen Sprachgebrauch, den abstraktesten Teil der Naturwissenschaft als philosophisch zu bezeichnen. So rangierten von jeher die Atomtheorie Demokrits, die Kosmologie des Aristoteles oder die allgemeine Naturgeschichte und Theorie des Himmels von Immanuel Kant als Philosophie. Gerade im Fall des Atomismus und der Kosmogonie Kants läßt sich sehr deutlich verfolgen, wie diese qualitativen metaphysischen, aber rationalen Entwürfe im Laufe der Geschichte der Wissenschaft allmählich in testbare quantitative fachwissenschaftliche Theorien überführt worden sind. Dabei wurde natürlich begriffliche Transformationsarbeit geleistet. Moderne Planetenentstehungstheorien sind nicht einfach Ausfaltungen von Kants Ansatz von 1755, und die Quantenchromodynamik geht selbstverständlich in bezug auf intellektuelle Organisation und mathematische Form weit über die einfachen Ideen eines Leukipp hinaus. Es gibt jedoch nichttriviale strukturelle Gemeinsamkeiten beider Theorien, die beim Atomismus etwa in der Existenz einer tiefsten Beschreibungsebene elementarer Materiekonstituenten, die keine weitere Feinstruktur besitzen, zu sehen ist.

Neben dem historischen Argument lassen sich auch noch weitere Überlegungen gegen die rigoristische Wittgenstein-Doktrin vorbringen. Es gibt Problemkreise aus der Interferenzzone von erkenntnistheoretischer Reflexion und Fachwissen, die nicht einfach einer Einzelwissenschaft zugeschlagen werden können und die auch mehr als nur angewandte Logik darstellen. Ein Beispiel ist hier besonders eindrucksvoll. Seit Newton und Leibniz über den absoluten oder relationalen Status von Raum und Zeit disputierten, ist die Auseinandersetzung nicht abgerissen über die Frage: Konstituieren die Körper allererst die Raumzeit oder trägt die Raumzeit ihre metrische und topologische Struktur unabhängig von der Anwesenheit und Dynamik bestimmter Teilchen und Felder? Newton und Leibniz zogen zur Beantwortung dieser philosophischen Frage nach dem ontologischen Status der Raumzeit die zu ihrer Zeit aussagekräftigsten Konsequenzen der klassischen Mechanik heran. Heute wird man für dieselbe Frage diejenige physikalische Theorie befragen, in der das Verhältnis von Raumzeit und Materie zentral thematisiert wird: Einsteins Gravitationstheorie. Dabei ist eine Aussage über die Natur der Raumzeit nicht einfach als Theorem dieser Theorie zu gewinnen, also als ein Satz der Physik, sondern eine schlüssige Auskunft über dieses synthetische philosophische Problem ist nur mit Hilfe einer begrifflichen Analyse der Feldgleichungen und ihrer Lösungsmannigfaltigkeit einschließlich der Vakuumwelten zu erlangen. Die naturphilosophische Frage, was denn Raum und Zeit nach unserem heutigen Verständnis seien, bedarf neben den Hilfsmitteln der Logik und Semantik des faktischen Wissens über die derzeit gültigen physikalischen Theorien.[7] Hans Reichenbach hat schon 1928 in klarer Überschreitung der Wittgenstein-Doktrin die geschilderte Situation durch die symbolische Gleichung gekennzeichnet, wonach die Naturphilosophie sich zum materialen Gehalt der Naturwissenschaft so verhält wie die Kulturphilosophie zur Geschichte.

Nach dieser kurzen generellen Charakterisierung von Naturphilosophie wollen wir uns vor Augen führen, wie das in der modernen Kosmologie aufgetretene Anthropische Prinzip in philosophische Problemstellungen hineinführt.

2. Das Kopernikanische Prinzip des Standardmodells

Das Anthropische Prinzip kann man am besten aus seinem Gegensatz zum Kopernikanischen Prinzip begreifen. Die Entwicklung der modernen Astronomie brachte eine wachsende Dezentrierung des menschlichen Beobachtungsortes mit sich. Durch Kopernikus' Einführung eines heliozentrischen Bezugssystems erhielt die Erde 1543 – nach antiken Vorbildern – zum erstenmal eine untergeordnete Position im Weltraum. Ein Zeitgenosse des Frauenburger Domherrn, Thomas Digges, erkannte 1576, daß die im Kopernikanischen Modell noch vorhandene feste Sternsphäre funktionslos geworden ist.[8] Der Wohnort des Menschen ist damit in einem homogen mit Sternen besetzten Universum ohne Mitte und Rand unlokalisierbar geworden. Diese Unbestimmtheit des Ortes wirkte seit der Renaissancezeit bis zur Gegenwart immer erschreckend,[9] obwohl natürlich die fehlende Auszeichnung unserer Lokalisation im Universum noch nicht bedeutet, daß nicht evtl. andere Besonderheiten des menschlichen intelligenten Lebens vorhanden sind, die nur ihm zukommen.

Doch auch diese Art der Sonderstellung wird bereits von Giordano Bruno radikal in Frage gestellt,[10] der die physische Beschaffenheit der Erde der von anderen Himmelskörpern gleichstellt und vermutet, daß die Bewohner einiger Planetensysteme intellektuell und sittlich den Menschen sogar überlegen sein könnten. Die tiefverwurzelte Abneigung gegen die Zentrums- und Randlosigkeit des Universums läßt Johannes

Kepler eine Denkfigur ersinnen, die eine Art Vorform des Olbers'schen Argumentes darstellt, wonach es bei den Standardvoraussetzungen, die man für das Universum natürlicherweise machen würde, in der Nacht eigentlich taghell sein müßte.[11] Kepler festigte durch sein neues kinematisches Planetenmodell, wo die Sonne im Brennpunkt der elliptischen Bahn des Trabanten steht, Kopernikus' heliozentrische Grundidee, die in dessen eigenem Modell nur unvollkommen realisiert war. Der nächste Dezentralisierungsschritt, der den Übergang zu einem galaktozentrischen Weltbild mit sich brachte, wurde von Friedrich Wilhelm Herschel 1785 vollzogen.[12] Bei seinem Modell der Milchstraße ist unsere Sonne in der Nähe des Kerns unserer Galaxis lokalisiert. Sie weist aber auch eine Eigenbewegung auf, deren Apex Herschel richtig bestimmt hat. Die wahre exzentrische Position der Sonne entdeckte Harlow Shapley 1922, und den letzten Schritt in der Dezentralisierung tat 1952 Walter Baade mit der Entdeckung, daß unsere Milchstraße eine Spiralgalaxis von durchschnittlichen Abmessungen ist, die sich in der Größenordnung und im Aufbau durch nichts vom Andromeda-Nebel M 31, einer Nachbargalaxis in der lokalen Gruppe, unterscheidet. Die im Rahmen der einheitlichen Theorien auftauchende Hypothese, daß neben unserem Universum noch eine Vielzahl von weiteren Welten existiert, läßt wiederum die Frage zu, ob unsere Welt durch irgendeine Besonderheit ausgezeichnet ist. Wir werden sehen, daß in der Tat die Welt, in der wir leben, Eigenschaften besitzt, die sie besonders geeignet für auf Kohlenstoff gegründetes intelligentes Leben macht. Dies ist der Ausgangspunkt für das moderne Anthropische Prinzip. Ehe wir in dessen Diskussion einsteigen, müssen wir uns vergegenwärtigen, daß die moderne physikalische Kosmologie ein Prinzip verwendet, das auf jede Art von räumlichem Anthropozentrismus verzichtet.

Die Entwicklung der Astronomie von der Renaissancezeit bis zum Ende des 19. Jahrhunderts führte, wie wir gesehen haben, zu einer Dezentralisierung des menschlichen Wohnortes, ließ jedoch die Frage unberührt, ob das Universum möglicherweise andere Zentren besitzt oder ob es vielleicht überhaupt ohne ausgezeichnete Punkte zu denken ist. Dies kann man natürlich ohne ein explizites Modell der großräumigen Verteilung der Materie gar nicht entscheiden. Die moderne relativistische Kosmologie, wie sie seit Einsteins erstem Modell, das er als Lösung seiner Feldgleichungen der Gravitation gefunden hatte, existiert, ist in bezug auf die Frage von ausgezeichneten Orten sehr explizit. Alle Modelle, die heute als Beschreibung der tatsächlich vorliegenden großräumigen Struktur der Materie und der Raumzeit in Frage kommen, stammen aus jener Klasse von Welten, die die Gleichberechtigung aller Richtungen (Isotropie) und die Gleichberechtigung aller Raumpunkte (Homogenität) an der Basis eingebaut haben. Einsteins Theorie läßt jede

Art von Anisotropie und Inhomogenität zu, jedoch scheint momentan von den astrophysikalischen Fakten her kein Bedarf für solche komplizierteren Modelle vorhanden zu sein. Momentan ist allein jene Klasse von Welten mit den empirischen Befunden in Einklang, die Expansion zeigen – der sich ausdehnende Raum trägt die Galaxiengruppen voneinander fort – und die durch Homogenität und Isotropie ausgedrückte Gleichförmigkeit besitzen. Homogenität bedeutet, in eine empiristische Sprache übersetzt, daß ein Beobachter nicht sagen kann, wo er sich im Raum befindet, da das Universum in jedem Punkt den gleichen Anblick bietet. Homogenität, die in der Kosmologie als Randbedingung in die Lösung der Gravitationsgleichungen eingeht, ist empirisch nicht direkt bestätigungsfähig. Indirekt besitzen wir jedoch durch die Linearität des Hubble-Gesetzes $v = H_0 r$ einen Hinweis auf die Homogenität. Diese lineare Relation ist nur mit einer homogenen Raumstruktur vereinbar. Unmittelbar prüfen können wir die Aussage, daß alle Punkte des Dreierraumes (nur dieser ist natürlich gemeint, nicht die $3+1$-dimensionale Raumzeit) physikalisch gleichwertig sind, jedoch nicht, da wir, zumindest in kosmologischen Größenordnungen gesehen, unseren Beobachtungsort nicht verlassen können. Diese Unbeweglichkeit erzwingt die Einführung eines neuen Postulates. Tatsächlich beobachten können wir die Isotropie der Galaxienverteilung, der Mikrowellenhintergrundstrahlung, des Röntgenhintergrundes, der kosmologischen Rotverschiebung und anderer kosmologischer Charakteristika um unseren speziellen Standpunkt. Diese sogenannte lokale Isotropie oder Rotationsinvarianz um unseren Beobachtungspunkt ist empirisch kontrollierbar. Doch nur, wenn diese Richtungsunabhängigkeit um alle Raumpunkte gegeben wäre – das nennt man die globale Isotropie –, könnte man nach einem mathematischen Theorem die Homogenität ableiten. Um den Überstieg von der lokalen zur globalen Isotropie zu bewerkstelligen, sind verschiedene Zusatzannahmen formuliert worden. Die jüngste von ihnen ist das sogenannte Standortprinzip (location principle),[13] das besagt, daß ausgezeichnete Orte im Universum unwahrscheinlich sind. Es drückt, besser als das früher von Hermann Bondi zu demselben Zweck eingeführte Kopernikanische Prinzip, aus, daß wir an einem typischen Ort des Universums leben.[14]

Unabhängig davon, welche Version des Prinzips man bevorzugt, in jedem Fall ist ausschließlich die räumliche Stellung des menschlichen Wohn- und Beobachtungsortes im Universum involviert. Über Werte, Rangordnung, Komplexität ist dabei nichts gesagt. Unberührt bleibt auch die Stellung des Menschen in der kosmischen Zeit. Die letzte spielt, wie wir gleich sehen werden, eine wichtige Rolle bei der Interpretation der Koinzidenz von großen Zahlen, und deren Deutung führt uns unmittelbar zum Anthropischen Prinzip.

3. Die anthropische Wendung

Nicht nur seit dem Beginn der relativistischen Kosmologie, sondern schon in der klassischen Naturphilosophie ist es ein zentrales Anliegen zu verstehen, wie der Mensch mit seiner von uns als herausragend empfundenen Fähigkeit zur Erkenntnis (Kognition) in das Bild des materiellen Kosmos einzuordnen ist. Zwei sehr disparate Sehweisen dieses Verhältnisses haben sich in der Vergangenheit herausgebildet. Vom naturalistischen Standpunkt aus, der von vielen als bedrückend und unerfreulich angesehen wird, ergibt sich aus dem gegenwärtigen Stand des kosmologischen Wissens eine Alternativsituation.

Intelligentes Leben und damit auch die von ihm hervorgebrachte geistig-ideelle Welt ist ein akzidentelles Durchgangsstadium des Universums, dem durch dessen zukünftige Entwicklung die materielle Existenzbasis entzogen wird. Das Schicksal der Kognition und der Selbsterkenntnis der Materie ist in den beiden kosmologischen Entwicklungsmöglichkeiten nicht sehr verschieden. Übersteigt die Materiedichte ϱ die kritische Dichte ϱ_c, $\varrho > \varrho_c$, wird zu späten Zeiten ein zum heißen Anfang korrespondierender heißer Endzustand erreicht, der alles Leben auslöscht. Sollte die Materiedichte geringer sein, also $\varrho < \varrho_c$ oder auch nur $\varrho = \varrho_c$, dann tritt ein relativistischer Wärmetod auf, dies ist ein kalter thermodynamischer Zustand maximaler Unordnung, bei dem zu späten Zeiten ebenfalls keine stabilen materiellen Strukturen als Lebensträger mehr vorhanden sind. Unter dem Gesichtswinkel dieses evolutionären naturalistischen Realismus, bei dem erkennendes und erkanntes System in einer kausalen Abhängigkeit stehen,[15] sind die Menschen Teile der Welt, sie erkennen die Welt über Wechselwirkungen, oder anders ausgedrückt, Menschen sind Untersysteme der globalen Ordnung mit Einschluß der kognitiven Organisation. Die realistische Komponente des Naturalismus drückt aus, daß zwischen Geist und Bewußtsein kausale Wechselwirkungen stattfinden und daß Erkenntnis ein Resultat dieser Wechselwirkung darstellt. Welcher kosmologische Fall auch eintritt, unendliche Expansion oder Rekollaps, in beiden Fällen ist Erkenntnis, Selbstbewußtsein, Ideation ein temporäres Durchgangsstadium eines speziell feinabgestimmten Universums. Beide eschatologischen Alternativen stehen in starkem Antagonismus zur traditionellen teleologischen Perspektive, wonach das Universum eine speziell auf den Menschen ausgerichtete Wohnstätte darstellt, geplant und geordnet von einer wissenden, zielgerichtet handelnden Vorsehung. Bis zum Jahre 1859, als Charles Darwin zusammen mit Alfred Russell Wallace die speziellen Züge der Lebewesen als Ergebnis einer evolutionären Adaption an ihre Umgebung erkannte und als kausalen Mechanismus die natürliche Selektion vorschlug, war die teleologische Interpretation weithin verbreitet. Danach begann man die Zusammenhänge anders zu sehen. Intelligentes Leben verdankt seine Existenz der Gunst der materiellen Umgebung. Wenn diese sich nur ein wenig ändert, so viel jedenfalls, daß der Adaptionsmechanismus zu langsam ist, dann würde auch diese Art von Leben und alles, was es an Geistigem hervorbringt, schnell aus dem Universum verschwinden. Der Unterschied zwischen den beiden Rollen, die intellektuelles Leben im Universum einnehmen kann, ist kaum größer zu denken: Existiert eine globale teleologische Ausrichtung des Universums auf den Menschen, dann besitzt er Bedeutung, Funktion, Ziel im Ganzen; gilt hingegen die naturalistische Alternative, dann ist er ein Stück denkende organische Materie am Rande einer durchschnittlichen Spiralgalaxis, das nach einem kosmisch gesehen kurzen Intervall wieder verschwindet, während das Universum, nun unerkannt und unreflektiert, weiter seinem Endzustand zustrebt. In der Wissenschaft wurde die teleologische Sichtweise in der Folge kaum mehr berücksichtigt, wenn man von einigen Versuchen absieht, Extremalprinzipien der Mechanik teleologisch zu deuten. Nur Philosophen werfen noch gelegentlich einige traurige Blicke in die Vergangenheit zurück.[16]

In dieser Situation kamen nun neuartige überraschende Koinzidenzen zum Vorschein, die auf den ersten Blick eine erneute Wendung in Richtung auf das teleologische Paradigma nahezulegen schienen. Zufällige Konstellationen physikalischer Größen suggerierten einen neuen Klärungsansatz mit Hilfe des Anthropischen Prinzips, das eine innere Tendenz zur teleologischen Interpretation zu besitzen schien. Es gibt eine Reihe von Zugängen zum Anthropischen Prinzip, einer führt direkt über das Urknallmodell des expandierenden Universums, dem heute zumeist in der verfeinerten Form des inflationären Szenariums die größte Wahrheitsnähe zugeschrieben wird. Die zentrale Aussage des Urknallmodells ist, daß die kosmische Szene ständig in Veränderung begriffen ist und damit sich auch die Umgebung wandelt, die zur Entstehung, Entwicklung und Aufrechterhaltung von Leben führen kann. Heute ist das Universum aus dieser Sichtweise ca. 15×10^9 Jahre alt. Im beobachtbaren Bereich bis zum Ereignishorizont befinden sich 10^{11} Galaxien mit jeweils 10^{11} Sternen. Man kann nun fragen, warum ist das Universum eigentlich so unermeßlich groß? Würde als lebenstragende Basis nicht auch eine einzige Galaxis ausreichen? Bereits eine einfache Überlegung fördert Überraschendes zu Tage. Unser Leben auf der Erde ist ganz entscheidend an die chemischen Eigenschaften von Kohlenstoff und seinen Beziehungen zu Wasserstoff, Stickstoff, Sauerstoff und Phosphor gebunden. Mit Ausnahme von Wasserstoff entstammen diese biologisch wichtigen Elemente nicht der primordialen Nukleosynthese des Feuerballs, die nur Wasserstoff und Helium synthetisieren konnte und vielleicht einige Spuren Lithium und Beryllium. Kohlenstoff, Stickstoff, Sauerstoff und

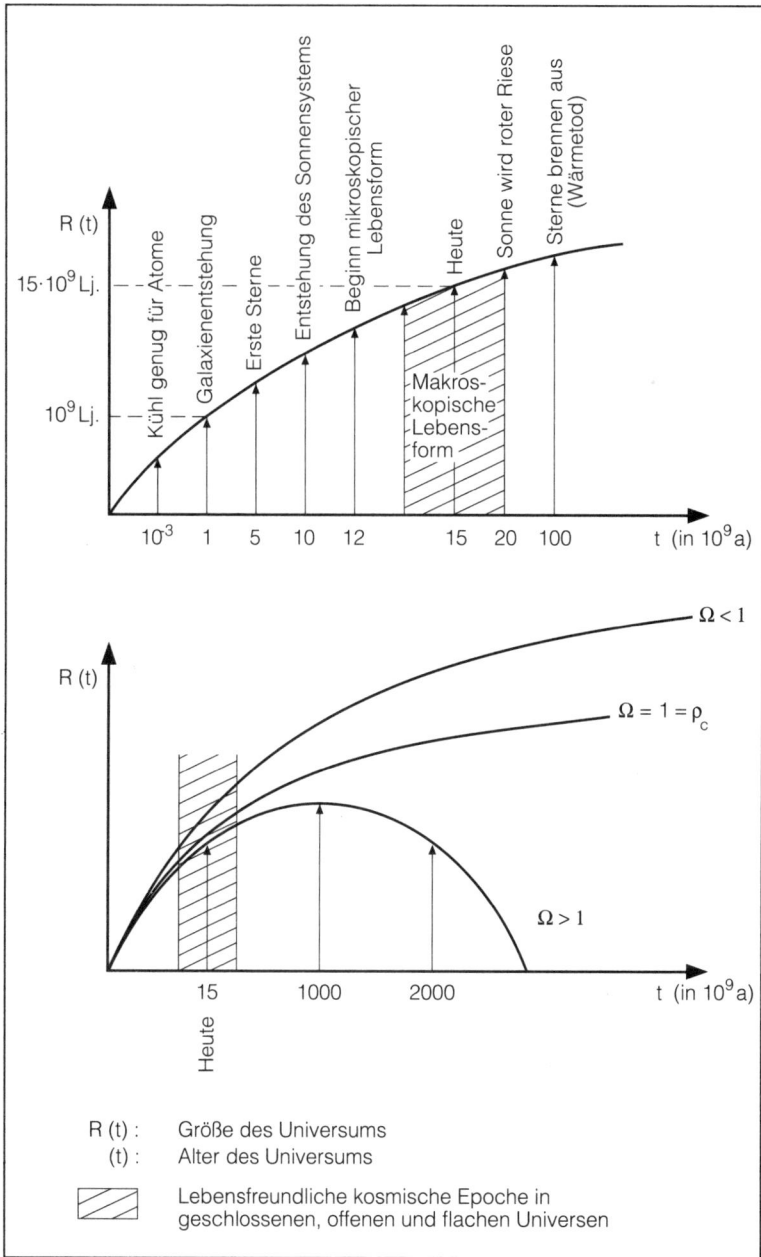

Abb. 1a, 1b: Rolle des intelligenten Lebens bei beiden kosmologischen Alternativen, gesehen unter naturalistischer Perspektive

Phosphor sind Verbrennungsprodukte von Sternen. Nur in massiven Sternen können diese schweren Elemente gebildet werden. Für die Erzeugung von Kohlenstoff sind die späten explosiven Brennstadien, die Supernova-Zustände schwerer Sterne notwendig. Die Sternexplosionen reichern die interstellare Materie mit neuen Elementen an, die später in den Aufbau einer neuen Sterngeneration mit ihrem Planetenkranz einbezogen werden. Jedes Kohlenstoff-Atom unseres Körpers ist einmal bei einer Supernova-Detonation in den Raum geschleudert worden. Die 10×10^9 Jahre, die das Universum älter ist als unser Sonnensystem, werden tatsächlich gebraucht, um das metallarme Ausgangsmaterial ausreichend differenziert zu machen, denn mit H und He allein könnte man nach gegenwärtigem biochemischem Wissen kein Leben und erst recht keine Erkenntnis aufbauen. Da auch Stern- und Planetenentwicklung und die biologische Evolution ihre 5×10^9 Jahre benötigen, müssen wir uns nicht mehr wundern, daß das Universum so alt ist, und da es in diesem Zeitraum expandiert, muß es auch ca. 15×10^9 Lichtjahre ausgedehnt sein. Auch wenn wir das einzige carboneische Leben im Universum wären – kleiner könnte das Universum nicht sein. Eine Welt von galaktischen Ausmaßen wäre bereits nach ca. einem Monat rekollabiert, ohne daß eine chemische Evolution Gelegenheit gehabt hätte, die biologischen Bausteine zu erzeugen. Die Existenz von Leben ist also in jedem Fall eine einschränkende Bedingung für Alter und Ausdehnung des Universums.

An diesem Beispiel kann man bereits die wesentlichen Züge der anthropischen Denkfigur erkennen:

1. Die Anwesenheit von intelligenten Lebewesen setzt Grenzen für die Werte kosmologischer Parameter.

2. Die großräumige Umgebung des Menschen hat nicht nur eine ästhetische Funktion, sie ist nicht nur theologisch zu deuten als Zeichen der Größe Gottes, sondern sie wird gebraucht für die physiko-chemische Basis des Lebens.[17]

3. Leben ist an ein bestimmtes Intervall der kosmischen Zeit gebunden. Ein materiedominiertes Universum muß ausreichend heruntergekühlt worden sein, damit die fragilen biochemischen Makromoleküle stabil bleiben. Dies liefert eine Grenze für die Frühzeit. Auf der anderen Seite müssen noch Hauptreihensterne existieren, die als Energielieferanten über lange Zeit die thermodynamisch offenen Biosysteme energetisch versorgen.

Aufgrund der Verbindung zwischen dem großräumigen Aufbau des Universums und der Existenz biologischer Systeme läßt sich viel von der Überraschung in bezug auf die unwahrscheinliche Feinabstimmung von Naturkonstanten und Parametern reduzieren, wenn man in Rechnung stellt, daß der Überraschte schon bei kleinen Abweichungen von der

Koinzidenz nicht existieren könnte. Ausdruck dieses Zusammenhanges ist das schwache Anthropische Prinzip, das die notwendigen Vorbedingungen für organische Systeme ausdrückt. Der Aufweis von notwendigen (wenngleich nicht hinreichenden) Bedingungen ist jedoch wesentlich nicht gleichwertig mit einer kausalen Erklärung von Leben selbst. John Barrow und Frank Tipler haben deshalb das schwache Anthropische Prinzip richtig als Selektionsprinzip bezeichnet.[18] Sowohl bei einer Messung im Labor als auch bei einer astronomischen Beobachtung muß man auf denkbare Auswahleffekte achten, systematische Fehler, die im Apparat oder in Störungen durch die Umgebung liegen, wodurch die empirischen Daten eine gewisse Schiefe erhalten können, die den wirklichen Systemen gar nicht anhaftet. Man kann sagen, daß das schwache Anthropische Prinzip eigentlich nur eine kosmologische Anwendung systematischer Fehlersuche darstellt. Wenn menschliche Beobachter die Kenndaten ihres Universums durchmustern, dann fungieren ihre Körper im übertragenen Sinne als «Meßgeräte». Diese «menschlichen Meßgeräte» können natürlich nur solche Eigenschaften messen, die, wenn man einmal die Kantische Terminologie verwendet, die Bedingung der Möglichkeit für die Evolution von menschlichem Leben und seiner zerbrechlichen Kohlenstoffchemie erfüllen. Dies schließt selbstredend nicht aus, daß andere Lebensformen – kaltes Silizium-Leben wurde eine Zeitlang in Betracht gezogen, oder Hoylesches Leben auf einer interstellaren Gaswolke – existieren können, aber unser Leben ist nun einmal von der Kohlenstoffbasis abhängig und deshalb durch diese Bedingung selegiert. Wenn man diese Situation noch einmal mit dem Kopernikanischen Prinzip in Verbindung bringt, läßt sich der Unterschied zwischen räumlicher Dezentralisierung und physikalischer Bedeutungshaftigkeit gut fassen. «Wir sollten den wichtigen Hinweis von Kopernikus, daß unser Ort im Universum räumlich nicht ausgezeichnet ist, nicht in der Weise mißverstehen, daß unsere kosmische Situation überhaupt keine Besonderheiten aufweist.»[19]

In jedem Fall kann unser Aufenthaltsort nur dort sein, wo die Bedingungen für unsere Existenz günstig sind. In dem exotischen kosmologischen Modell von J. F. R. Ellis, das sogenannte sphärisch-symmetrische statische Universum (SSS), das zwei Zentren besitzt, ein kaltes Zentrum und eine heiße nackte Singularität, wird Leben natürlich nur in einem kleinen räumlichen Bereich um das kalte Zentrum vorzufinden sein, weil es in der Nähe der Singularität zu heiß ist. In dem SSS-Universum wirkt also der Selektionseffekt in der gleichen Weise wie in unserem Friedmann-Universum, in dem wir eben in zeitlich frühen Epochen kein Leben im Universum vorfinden können.

4. *Naturkonstanten und Anfangsbedingungen*

Jede physikalische Erklärung läßt bestimmte kontingente Züge der Welt verstehen, verwendet aber dabei andere Informationsstücke wie Gesetze, Konstanten und Anfangsbedingungen, die sie im Rahmen dieser konkreten Erklärung nicht hinterfragt, sondern voraussetzt. In der Kosmologie werden die Expansionsrate und die Materiedichte, in der Elementarteilchenphysik die Massenverhältnisse der Teilchen und die Kopplungskonstanten, die die Stärke der Kräfte festlegen, zwar bei Erklärungen verwendet, aber jedenfalls bis vor kurzem nicht von grundlegenden Prinzipien abgeleitet. Folgende dimensionslose Konstanten spielen in der Physik eine entscheidende Rolle:

$$\frac{m_N}{m_e} = 1836,1515 \qquad \alpha = \frac{e^2}{\hbar c} = 0,0073 \qquad \alpha_W = \left(\frac{m_e^2 c}{\hbar^3}\right) g_f = 10^{-11}$$

$$\alpha_S = f = 3,9 \qquad \alpha_G = \frac{G\, m_p^2}{\hbar\, c} = 0,5 \times 10^{-40}$$

Dies sind Konstanten, die durch die Kombination von dimensionsbehafteten Größen dimensionslos gemacht worden sind: m_N = Masse des Nukleons, m_e = Masse des Elektrons, m_p = Masse des Protons, e = Elementarladung, $\hbar$ = Wirkungsquantum, c = Lichtgeschwindigkeit, g_f = Konstante der schwachen Wechselwirkung, f = Konstante der starken Wechselwirkung, G = Gravitationskonstante.

Massenverhältnisse und Kopplungskonstanten dieser Art bestimmen, welche Strukturen in einem Universum überhaupt möglich sind, und zwar tun sie dies auf eine überraschend restriktive Weise. Die Toleranzen in der Variation der Konstanten sind äußerst gering.[20] So konnte z. B. Brandon Carter zeigen, daß bereits eine einprozentige Veränderung der Sommerfeldschen Feinstrukturkonstante α die Existenz von normalen Hauptreihensternen, die die notwendigen langbrennenden Energielieferanten für die biologische Evolution darstellen, unmöglich machen würde. Dabei ist wichtig, daß die Existenz von stabilen Subsystemen des Universums zumeist nicht von einer Kraft, sondern von der feinabgestimmten Balance mehrerer Kräfte abhängt. Die Existenz der Atome verlangt das bekannte exakte Verhältnis von elektromagnetischer Wechselwirkung und Kernkraft. Sterne und Planeten sind extrem empfindlich in bezug auf das Verhältnis von elektromagnetischer und Gravitationswechselwirkung. Bis hin zu organischen Lebewesen hängt das gesamte Spektrum der physikalischen Systeme an der haarscharf getunten Stärke der Wechselwirkung und den Massen der Teilchen. Ein Beispiel mag dies verdeutlichen. Die Masse eines Sternes ist durch das Gleichgewicht von innerem Gasdruck und Gravitation bestimmt. Die obere Massengrenze eines stabilen, nichtrelativistischen wasserstoffbrennenden Sternes läßt sich durch die Gravitationsfeinstrukturkonstante abschätzen. Die Zahl der Kernbausteine ist durch $\left(\dfrac{Gm^2p}{\hbar c}\right)$, das sind etwa 10^{60} Nukleonen, gegeben.[21]

Dimensionslose Konstanten, deren Wert nicht durch eine neue Einheitswahl verändert werden kann, gaben den Anstoß zu anthropischen Überlegungen. Bereits 1937 war es Dirac aufgefallen, daß in der Physik Gruppierungen von Konstanten auftauchen: einerseits solche, die innerhalb einiger Größenordnungen sich um die 1 herumhäufen wie etwa m_N/m_e und $e^2/\hbar c$, auf der anderen Seite riesige Zahlen wie etwa

$$N_1 = \frac{t_0}{e^2/m_e c^3} \approx 6 \times 10^{39} \quad \frac{\text{Alter des Universums}}{\text{Zeit, in der das Licht den}}$$
klassischen e^--Radius durchläuft

und

$$N_2 = \frac{e^2}{Gm_N m_e} \approx 2,3 \times 10^{39} \quad \frac{\text{elektrische Kraft zwischen p und } e^-}{\text{Gravitationskraft zwischen p und } e^-}$$

Dirac schlug zur Erklärung der überraschenden Koinzidenz von N_1 und N_2 seine Hypothese der großen Zahlen vor, die besagt, daß $N_1 = N_2$ eine permanente Relation darstellt, bei der Koeffizienten dauernd in der Größenordnung von 1 liegen. Da N_1 die kosmische Zeit (Hubble-Alter t_0) einschließt, müßten alle Zahlen vom Typ $(10^{39})^n\sim t^n$ sein. Insbesondere muß die Gravitation mit der Zeit schwächer werden[22] ($G\sim t^{-1}$), und die Zahl der Teilchen im beobachtbaren Universum ($N = 10^{80}$) muß quadratisch anwachsen ($N\sim t^2$). Auch stellare Massen, die ja, wie wir gesehen haben, von der Größenordnung $(10^{40})^{3/2}$ sind, müßten mit $t^{3/2}$ zunehmen.

Da die Diracsche Hypothese der großen Zahlen zu kosmologisch und astrophysikalisch unhaltbaren Konsequenzen führte, drehte Robert H. Dicke 1961 die Hypothese um, indem er die Vermutung aussprach, daß wir nur zum gegenwärtigen Zeitpunkt $N_1 = N_2$ beobachten.[23] Er begründete dies mit unserer speziellen menschlichen Situation. Im frühen Universum, als dieses jung und heiß war, konnte kein Beobachter existieren, der gesehen hätte, daß $N_1 < N_2$ sei. In der fernen Zukunft, wenn das Universum alt und die Sterne ausgebrannt sein werden, kann wieder niemand existieren, der sieht, daß $N_1 > N_2$ ist. Nur in einem begrenzten Intervall, nämlich genau dann, wenn $N_1 = N_2$ ist, sind auch die astrophysikalischen Bedingungen günstig für die Existenz intelligenter Beobachter, und deshalb sehen wir heute effektiv diese Übereinstimmung der beiden großen Zahlen.

Nicht nur astrophysikalische, auch kosmologische Bedingungen müssen in ausreichendem Maße erfüllt sein. Erst einmal muß die Laufdauer des Universums überhaupt ausreichend sein, um die relativ langsame Lebensentwicklung zu gestatten – auf der Erde hat diese sicher $3,6 \times 10^9$ Jahre gebraucht, um von den ersten Mikroorganismen zu den Primaten zu führen. Die Materiedichte des Universums hat sich hierbei als Schlüsselparameter enthüllt. Stabilitätsuntersuchungen an offenen und geschlossenen Universen haben ergeben, daß nur bei jenem Grenzfall zwischen den beiden Klassen von Welten, wo die potentielle Energie der kosmischen Materie gleich der kinetischen Energie der Expansion ist, kleine Störungen (z. B. Abweichungen von der strengen Isotropie) sich zu späten Zeiten wegdämpfen.[24] In den allermeisten Welten wachsen die Störungen an und machen das Universum zu späten Zeiten so stark irregulär, daß die physikalische Basis für Lebensentstehung nicht mehr gegeben ist. Deshalb besteht die kosmologische Voraussetzung für Leben, die zu den früher genannten physikalischen Bedingungen hinzutreten muß, darin, daß die Dichte ϱ ziemlich exakt gleich jener kritischen Dichte ϱ_c ist ($\varrho_c = \dfrac{3c^2H^2}{8\pi G}$), bei der der Rekollaps des Universums vermieden wird.

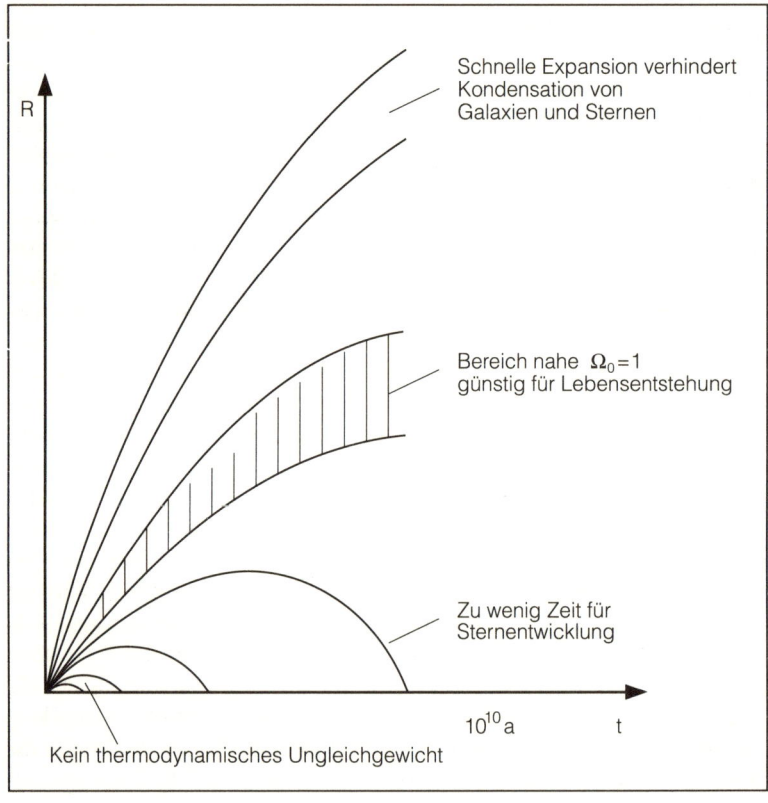

Abb. 2:   Kosmische Bedingungen für Leben.

Die kosmischen Einschränkungen für die Existenz von Leben sind sehr streng. Ist die kosmische Laufdauer extrem kurz, kann sich nicht einmal das für alle offenen Systeme notwendige thermodynamische Ungleichgewicht ausbilden. Nach unserem heutigen Wissen sind Organismen offene, sogenannte dissipative Systeme, die nur fern vom thermodynamischen Gleichgewicht existieren können. Selbst wenn das Universum nach einigen Millionen Jahren rekollabieren würde, ohne daß die Sternentstehung in Gang gekommen wäre, hätte es keine Voraussetzung für die Existenz von Leben gegeben. Dasselbe gilt auch für den Fall, daß eine zu schnelle Expansion alle Keime von beginnender Galaxienentstehung wieder auseinandergetrieben hätte. Im letzten Fall würde die kosmische Entwicklung das Stadium der Materiekondensation einfach überspringen. Strahlung und materielle Teilchen würden durch die dynamische Expansion schnell ausgedünnt, ohne jene klumpige Gestalt anzunehmen, die für ein temporäres Tragen von Leben notwendig ist. Nur im Bereich knapp neben $\varrho/\varrho_c = \Omega = 1$ ist ein Universum in der Lage, Leben, Intelligenz und Erkenntnis hervorzubringen. Wenn man all die denkbaren Welten betrachtet, die beliebige Parameter-Kombinationen und alle Arten von Werten für die Naturkonstanten besitzen, so ergibt sich, daß sie als materielle physikalische Universen wohl existieren können, aber sie werden während ihrer gesamten Laufdauer niemals Leben und deshalb auch kein Erkennen ihrer selbst besitzen. Es gibt Argumente aus der Quantenmechanik der Messung dafür – und auch einige Ansätze aus den sogenannten Großen Einheitlichen Theorien legen es nahe–, diese Welten nicht nur als kontrafaktische Denkobjekte, als mögliche Realitäten anzusehen, sondern als wirkliche Welten. In Einklang mit dem schwachen Anthropischen Prinzip – es besagt, daß die Eigenschaften des Universums durch jene Bedingungen eingeschränkt sind, die notwendige Voraussetzungen für die Existenz von Beobachtern darstellen – läßt sich dann durch eine solche starke ontologische Annahme die erstaunliche Unwahrscheinlichkeit der kosmologischen Bedingung $\Omega = 1$ verständlich machen. Alle Anfangsbedingungen, die mit den physikalischen Gesetzen (vor allem Einsteins Feldgleichungen der Gravitation) vereinbar sind, kommen vor. Ein unendliches Ensemble von Welten verschiedenster Struktur bildet die Gesamtheit der Realität. Philosophisch gesehen ist diese Deutung des schwachen Anthropischen Prinzips unproblematisch, nur ist sie relativ aufwendig. Zum Verständnis eines Zuges unserer Welt, nämlich ihrer Eigenschaft, Lebensträger zu sein, muß eine unendliche Gesamtheit von anderen Welten bemüht werden. Dies ist allerdings kein Verstoß gegen eine bewährte Methodologie, denn schon oft mußte die Existenz nichtbeobachtbarer Entitäten postuliert werden, um ein bestimmtes sichtbares Phänomen erklären zu können.
Anders liegt der Fall beim sogenannten starken Anthropischen Prin-

zip, das die vielen scheinbar unzusammenhängenden Koinzidenzen, die alle in unserer Welt zusammentreffen und das Leben ermöglichen, damit «erklärt», daß ein Universum grundsätzlich in einer Phase seiner Entwicklung intelligentes Leben entstehen lassen muß.[25] Damit wäre die Einheit des Universums gewahrt – die anderen, rein materiellen, unerkennbaren Universen werden nicht gebraucht –, aber um den Preis, daß eine nach den Maßstäben gewöhnlicher Physik kaum verständliche höhere interne, logisch zwingende Struktur gefordert werden muß, die diese eindeutige konsistente Anordnung anthropophiler Parameterkombinationen hervorbringt. In diesem Fall erscheint eine teleologische Deutung wohl unausweichlich. Ein naturalistisch nicht mehr verstehbarer metaphysischer Planungs- oder Steuerungsprozeß führt unausweichlich zu einem erkannten Universum. Aufgrund der grundsätzlichen Unanalysierbarkeit einer solchen metaphysischen Zielgerichtetheit kann diese Deutung nicht in eine kontrollierbare empirische Wissenschaft eingebracht werden. Gibt es dennoch eine Lösung für diese anscheinend aporetische Situation, in die uns das Anthropische Prinzip hineingesteuert hat?

5. Sind anthropische Argumente Erklärungen?

Das Anthropische Prinzip hat unkontroverse und problematische Züge. Wie wir an den im vorstehenden geschilderten Beispielen gesehen haben, weist es einmal auf die Tatsache hin, daß unsere großräumige Umgebung entscheidend die Vorbedingungen für unsere Existenz formt. Wäre das Universum sehr verschieden von seinem tatsächlichen Zustand, wären wir gar nicht da, um es zu erforschen. Zum anderen liefert dieser nichttriviale Zusammenhang eine neue Informationsquelle über die globale Struktur des Universums. Das Anthropische Prinzip besitzt in diesem Sinne auch Überschußbedeutung. Es läßt nicht nur weit auseinanderliegende Koinzidenzen verstehen, sondern gibt einen indirekten Fingerzeig auf die möglicherweise vorhandene Vielheit von Welten.

Auf der anderen Seite ist die anthropische Denkfigur stark dem Mißbrauch ausgesetzt. Es gibt eine illegitime Verwendung des anthropischen Argumentes, darauf haben Physiker wie Gerald Feinberg[26] und Wissenschaftstheoretiker wie J.J.C. Smart[27] hingewiesen. Die Formulierungen in manchen Forschungsberichten lassen vermuten, daß die Autoren den logischen Zusammenhang, den das Anthropische Prinzip stiftet, im erklärenden Sinne verstanden haben. So beantworten etwa Barry Collins und Stephen Hawking die Frage, warum das Universum so isotrop ist, lapidar mit «because we are here».[28] Als kausale Erklärung verstanden wird der Zusammenhang jedoch widersinnig. Der Beobachter zu späten kosmischen Zeiten kann nicht die Ursache für die Isotropie des Universums sein. Die Wirkungsketten laufen nur in eine Richtung, nämlich von der raumzeitlichen Eigenschaft der Isotropie als notwendiger Vorbedingung zu den intellektuellen Organismen, aber nicht umgekehrt. Das letztere wäre eine Verletzung der festliegenden asymmetrischen Kausalstruktur der Raumzeit. Jedermann würde eine Erklärung für das Vorhandensein einer sauerstoffhaltigen Erdatmosphäre durch den Hinweis, daß Menschen den Sauerstoff in der Luft zum Atmen brauchen, als verdreht zurückweisen. Das gleiche gilt auch für G. Whitrows «Erklärung» der 3-Dimensionalität des Raumes[29] durch den Hinweis, daß nur in einer Dimensionszahl von n = 3 ein neuronales Netzwerk entstehen kann, das die Frage nach der Dimensionszahl des Raumes stellen kann. Der logische Zusammenhang, wonach Welten mit dim n>3 und dim n<3 unerkennbar sind, mag stimmen. Dies ist jedoch kein Ersatz für eine Erklärung, warum in unserer Welt dim n = 3 ist. Damit sind wir auch auf der richtigen Fährte, worin der korrekte Gebrauch der anthropischen Prinzipien bestehen kann. Virginia Trimble hat die legitime Verwendung der anthropischen Zusammenhänge von Mensch und Kosmos kompakt formuliert: «Das Anthropische Prinzip sollte als Hinweis darauf verwendet werden, an welcher Stelle wir uns nach neuen physikalischen Gesetzen umsehen müssen.»[30] Anders ausgedrückt: Sowohl das schwache als auch das starke Anthropische Prinzip liefern Zusammenhänge, die wir kausal aber noch nicht verstanden haben; das Anthropische Prinzip hat mithin einen starken heuristischen Wert, es besitzt Hinweischarakter und fordert auf, nach neuen Wirkungszusammenhängen zu suchen.

Wie dies im Prinzip geschehen könnte, läßt sich an den früheren Beispielen deutlich demonstrieren. Eine echte Erklärung, die nicht nur logisch wohlgeformt ist, sondern auch materialadäquat die Kausalstruktur unserer Welt berücksichtigt, läßt sich aus den momentan in der Konstruktion befindlichen großen einheitlichen Theorien aller fundamentalen Kräfte, kurz GUT (Grand Unified Theory) genannt, gewinnen. So ist etwa die als wichtige Lebensvoraussetzung erkannte Bedingung $\Omega_0 = 1$ aus dem inflationären Szenarium als Ergebnis eines Prozesses mit einsehbarem kausalem Ablauf ableitbar. Die heutige Nähe der Dichte ϱ_0 des Universums zur kritischen Dichte ϱ_c (die 3-Flachheit der Raumzeit) rührt daher, daß dieses über eine kurze Zeitspanne eine extrem heftige exponentielle Expansion erfahren hat, die die Krümmung fast völlig zu Null gestreckt hat. Jene Theorien, die diese Ableitung einer lebensnotwendigen Koinzidenz gestatten, haben darüber hinaus ein starkes Potential von Erklärungen weiterer kontingenter Züge unserer Welt, die vorher unverstanden bleiben mußten wie etwa das Singularitäts-, das Horizont- und das Kausalitätsparadoxon.[31]

Dasselbe gilt auch für das früher angesprochene Dimensionsproblem. Auch in bezug auf die Frage nach dem Grund für die 3+1-Dimensionalität der Raumzeit haben die modernen einheitlichen Theorien eine überraschende Antwort parat. Unter Verwendung einer älteren Idee von Theodor Kaluza und Oskar Klein wurden Theorien vorgeschlagen, die alle vier Wechselwirkungen umgreifen, die sich aber mathematisch besonders vorteilhaft in höheren Dimensionszahlen formulieren lassen. Zwei Kandidaten von Theorien wetteifern heute um den Rang, die stärkste begriffliche Einheit der Physik zu liefern, die vorzugsweise in elf $(10+1)$ Dimensionen formulierte Supergravitation und die am besten in zehn $(9+1)$ Dimensionen ausgedrückte Superstring-Theorie. Beide machen, um den Anschluß an die $3+1$-dimensionale Erfahrung zu halten, Gebrauch von der Kaluza-Klein-Idee der Kompaktifizierung: Die heute in der Beobachtung nicht vorhandenen Dimensionen des Raumes (an der Dimensionszahl der Zeit ändert sich nichts) sind bereits in der Frühzeit des Universums, als die Temperatur unter $T < 10^{17}$ GeV sank, in kleine Röhren in der Größenordnung der Planck-Länge aufgerollt worden. Dies versteht man unter dem sogenannten Kompaktifizierungsprozeß, durch den sich nun ein tieferes Verständnis der Dimensionszahl des Raumes eröffnet. Unter Einsatz dieser Theorie können wir eine kausale Erklärung von dim $n = 3$ geben. Diese Zahl liegt deshalb vor, weil alle anderen höheren Dimensionen in unserem kalten Universum eingefroren worden sind. Zu betonen ist noch, daß die Zurückverlegung der Erklärungsebene keinen trivialen Schritt bedeutet. Es lassen sich einsichtige mathematische Gründe aus der Symmetriegruppe der Theorien angeben, warum die wahre Dimensionszahl des Raumes $n = 9$ bzw. $n = 10$ ist. Daß auch diese Theorien irgendwelche Voraussetzungen machen müssen, um die scheinbar anthropophilen Koinzidenzen und kosmischen Anfangsbedingungen zu erklären, ist kein Einwand gegen ihre Verwendung, sondern nur der Ausdruck dessen, was wissenschaftstheoretisch schon längst bekannt ist, daß es nämlich Letzterklärungen nicht geben kann. So läßt sich abschließend konstatieren, daß das Anthropische Prinzip und seine Varianten zwar wertvolle heuristische Hinweise auf noch unverstandene Zusammenhänge im Gesamtverband liefern, die genuinen Erklärungen dann aber auf einer fundamentalen Ebene gesucht werden müssen.

Zuletzt kann man noch die psychologische Frage stellen, warum die anthropische Wende in der Physik und der Philosophie gegenwärtig so viel Aufmerksamkeit erfahren hat. Dies scheint mit der heutigen allgemeinen Unsicherheit und Orientierungslosigkeit zusammenzuhängen. Immer wieder taucht, selbst in wissenschaftlichen Kontexten, die Sinnfrage auf. Je mehr Information über das physikalische Universum mit seinen unendlichen, lebensfeindlichen Räumen bekannt wird, um so eindringlicher empfinden viele Menschen das, was Pascal in seinen «Pensées» mit den Worten ausgedrückt hat: «Das ewige Schweigen der unendlichen Räume läßt mich schaudern.»

In diesem berühmten Satz von Pascal kommt das zum Ausdruck, was seit der Renaissance die Menschen angesichts des weichenden Horizontes, wie er sich durch die astronomische Forschung ergab, immer wieder empfunden haben. Anthropozentrische Gegenbewegungen in der Philosophie haben versucht, die Belastung des Menschen durch seine kosmische Bedeutungslosigkeit aufzufangen und darzutun, daß er zumindest im Erkenntnisprozeß eine zentrale Position im Gesamtverband der Dinge einnimmt. Bei näherem Hinsehen haben sich jedoch weder die idealistischen Umdeutungen des Erkenntnisvorganges noch die Konsequenzen von einzelwissenschaftlichen Theorien (wie etwa der Quantenmechanik) als ausreichend erwiesen, um eine antikopernikanische Gegenrevolution herbeizuführen. Das Anthropische Prinzip macht in dieser Hinsicht keine Ausnahme, es weist bei richtigem Gebrauch eher in die umgekehrte Richtung einer starken Verankerung der menschlichen Existenz in den kosmischen Randbedingungen. Die großräumige Umgebung steuert in einer bisher unbekannten Weise unser Dasein. Diese Verbindung noch besser zu verstehen, wird eine wichtige Forschungsaufgabe der Zukunft sein.

Kapitel VIII

Biblische Schöpfungsgeschichte und physikalische Kosmogonie

von Alfons Deissler

Das Thema «Der Anfang der Welt» ist Frage- und Forschungsgegenstand mehrerer Wissenschaften, vieler Religionen und der Weltentstehungsmythen der Vorzeit. Sie alle nehmen ihr «Objekt» von verschiedenen Stand- und Gesichtspunkten her in den Blick. Den jeweiligen Horizont und Hinblick auf ein Materialobjekt nennt man in der philosophischen Tradition das Formalobjekt. Die Unterscheidung der Wissenschaften ist also nicht nur durch die jeweilige Verschiedenheit des Materialobjekts konstituiert – wie etwa Naturwissenschaften und Kulturwissenschaften –, sondern auch durch ihr Formalobjekt und durch die Erkenntnismittel, die Material- und Formalobjekt jeweils erfordern. Die Disziplinen, die hier zum Generalthema sprechen, bilden gleichsam einen Kreis um das Thema herum und sollten idealerweise miteinander ins Gespräch eintreten und womöglich zu einer «Symbiose» der Diskurse kommen. Als Teilnehmer an diesem Versuch will ich meinen Teil dazu beitragen, Theologie und physikalische Kosmologie miteinander ins Gespräch zu bringen. Ich spreche dabei als Vertreter der Theologie, die sich selbst in Abhebung von den anderen Wissenschaften Glaubenswissenschaft nennt. Dabei will ich vorab die biblische Schöpfungsgeschichte auslegen. Von da aus läßt sich auf die einschlägigen Modelle der Naturwissenschaften blikken. Über sie muß ich als Theologe der Gegenwart informiert sein; doch vermag ich mangels Fachspezialität sie letztlich in ihren Prämissen, Erkenntniswegen und Ergebnissen nicht zureichend zu beurteilen. Eine nicht voll sachkundige Einmischung der Theologen wäre eine unzulässige Grenzüberschreitung.

1. Evolutionstheorie oder Schöpfungsglaube?

Unser Thema ist im Spannungsfeld von Glaube und Naturwissenschaft angesiedelt, welches seit dem bekannten Galilei-Streit der abendländischen Kultur- und Geistesgeschichte ein besonderes Gepräge gibt. Schon Luther und Melanchthon hatten die heliozentrische Hypothese des Nikolaus Kopernikus[1] als «bibelwidrig» verurteilt. Als 70 Jahre später die kopernikanische Hypothese in verbesserter Form von Galileo Galilei[2] verbreitet

wurde, reagierte der Papst zunächst mit einer Verurteilung dieses neuen
«Systems» (1614), und Galilei bekam einen langwierigen Prozeß gemacht, der schließlich 1633 mit einem römischen Verdikt endete. In dieser Auseinandersetzung hat der Florenzer Gelehrte den Standpunkt vertreten, daß das biblische Weltbild nicht zur Offenbarungslehre gehöre
und daß darum auch seine eigene Theorie mit der Hl. Schrift vereinbar
sei. Die Galilei verurteilenden Theologen waren nicht dessen eingedenk,
daß schon der große Kirchenlehrer Augustinus folgende Meinung vertrat: Die heiligen Autoren hatten zwar im großen und ganzen die richtige
Naturerkenntnis, aber «der durch sie sprechende Heilige Geist habe diese
zum Heile unnützen Dinge die Menschen nicht lehren wollen» (De Ge-
nesi ad litteram II.9, vgl. Kap. 19–21). In der Auseinandersetzung mit
dem Manichäer Felix formulierte Augustinus die These, Jesus habe nicht
den Beistand des Hl. Geistes verheißen, um die Seinen über den Lauf von
Sonne und Mond zu belehren und sie zu Mathematikern und Naturken-
nern zu machen, sondern um sie zur Verkündigung der Frohbotschaft zu
befähigen (Contra Felicem 1,10). Hinter dieser Erkenntnis bleibt auch
der heute wieder besonders in den USA virulent gewordene «Fundamen-
talismus» zurück, der in den Schulen an der Stelle der naturwissenschaftlich begründeten Lehre die biblische Botschaft von der Weltentstehung
unterrichten lassen will. Freilich haben auch viele Naturwissenschaftler,
vorab im 19. Jahrhundert, ihrerseits eine unzulässige Grenzüberschreitung vorgenommen, da sie die Devise Ernst Häckels[3] unterstützten:
Wenn Evolution – dann keine Schöpfung, wenn Schöpfung – dann keine
Evolution! Auch heute noch glauben sehr viele Menschen, sie müßten
sich für die eine dieser beiden Positionen unter Ausschluß der andern
entscheiden. Da sie sich nicht zu den Anhängern eines «finstern Mittelalters» rechnen lassen wollen, wählen sie «die Lehre der Wissenschaft»
und geben – unter Einstufung der biblischen Schöpfungserzählungen als
«Märchen» – den Schöpfungsglauben auf.

An dieser Stelle sind zwei fundamentale Feststellungen fällig:
a) Glauben ist nach der Bibel ein religiöser Akt, der nicht zuerst eine Sache oder einen Tatbestand in den Blick bringt, sondern Gott als des Menschen «ewiges Du» (M. Buber). Dem entspricht nicht das übliche Sprach-
spiel: «Ich glaube, *daß*...», sondern das seltenere: «ich glaube *dir*». Der
Grundakt des biblischen und damit christlichen Glaubens lautet so: «Ich
glaube dir, Gott, deine Zuwendung zu Welt und Mensch in Schöpfung
und Geschichte.» Alle Dogmen sind als Glaubensinhalte nur Variationen
dieses Zentralthemas von der engagierten Zuwendung Gottes in Schöpfung und Geschichte.
b) Die Kirche hat aus der biblischen Offenbarungsüberlieferung die wesentlichen Glaubensinhalte abstrahiert und in den frühen «Glaubensbe-
kenntnissen» zusammengefaßt. Darin steht, was unser Thema angeht,

nur dies: «Gott ist Schöpfer des Himmels und der Erde.» Aus der Schöpfungsbotschaft der Hl. Schrift ist also nur der «Lehrsatz» von Genesis 1,1
dogmatisch festgehalten: «Im Anfang schuf Gott Himmel und Erde
(= das All!).» Alles, was dann in den beiden biblischen Schöpfungsgeschichten (Gen 1,1–2,4a und Gen 2,4b–25) folgt, sind keine dogmatischen Formulierungen. Was sind sie dann?

2. Schöpfungshistorie oder Schöpfungsmythos?

Eine unter gläubigen Christen weit verbreitete Meinung ist diese: Wo in
der Bibel die Literaturgattung der Erzählung vorliegt, muß diese historisch verstanden werden. Wiewohl der Abendländer im profanen Bereich
weiß, daß die erzählende Literatur vielerlei Textsorten aufweist (z. B.
Protokoll, Historiographie, historische Romane und Novellen, Romane
und Novellen überhaupt, Sagen, Legenden, Fabeln, Märchen, Mythen),
die alle ihre je eigene «Wahrheit» haben, nimmt er den Satz von Hebräer
1,1 nicht ernst: «Vielmals und auf *vielerlei* Weise hat Gott einst zu den
Vätern gesprochen...» Er schreibt damit gleichsam dem inspirierenden
Gottesgeist vor, nur die historische Erzählart als Gefäß seiner Offenbarung in Dienst zu nehmen. Das ist im tiefsten Grunde unfromm, weil der
wahrhaft Fromme Gott Gott sein läßt. Nun gehört aber in der Umwelt
der Bibel zur Religion wesentlich der Mythos. Dieser gilt vielen Menschen von heute von vornherein als «unwahre Geschichte», als «Phantasieprodukt», ja als «Lüge». Selbst in den Medien und in den Reden der
Politiker taucht das Wort «Mythos» in diesem profanisierten und damit
völlig verfehlten Sinn auf. Es gibt leider selbst Theologen, für die «mythisch» so viel bedeutet wie «unaufgeklärt», «rational unannehmbar»
oder sogar «unwahr». Sie zahlen damit Tribut an die verbreitete «westliche» Überzeugung, daß die Naturwissenschaften die einzige authentische
Instanz für die Erkenntnis von Wirklichkeit seien. Dies wird allerdings
heute längst nicht mehr von allen Naturwissenschaftlern vertreten. Manche hegen in der Spurlinie von Kant sogar Zweifel daran, ob man mit naturwissenschaftlichen Methoden das «Ding an sich» ausmachen und erkennen könne. Freilich verbreiten andererseits einige insbesondere für
das große Publikum sensible Wissenschaftler immer noch die These, die
Naturwissenschaften seien für alle Wirklichkeitsvergewisserung zuständig, und damit seien z. B. alle religiösen Überzeugungen «mythisch»,
d. h. für sie: rein subjektiv, jedoch objektiv völlig unzutreffend und so
Zeugnisse eines beschränkten Geistes.[4]
Andererseits ist seit einem Jahrhundert die geisteswissenschaftliche Beschäftigung mit dem frühen Menschheitsphänomen «Mythos» stetig gewachsen. Sie hat zu früher unvermuteten Ergebnissen geführt, vorab zur
Erkenntnis, daß der «Mythos» seine eigene «Wahrheit», ja seine eigene

«Rationalität» besitzt.[5] Kein seriös denkender und dem wissenschaftlichen Ethos verpflichteter «Mensch von heute» kann darum guten Gewissens die Mythen als «Seifenblasen der frei wuchernden menschlichen Phantasie» betrachten.

Das sogenannte «Alte Testament», d. h. die Bibel Israels, ist von ihrer Entstehung und menschlichen Dimension her ein Literaturwerk des Alten Orients. Israel ist ein relativ spät entstandenes Volk, das hineingeboren und hineingestellt wurde in eine bereits hoch kultivierte Welt, in der die «Mythologumena», d. h. die in den heiligen Texten vergegenwärtigten «Ursprünge», eine den Kultus und das staatliche und soziale Leben prägende Rolle spielten. Uns muß, unserem Thema gemäß, vor allem der weit über Babylon hinaus – bis nach Kanaan hinein – bekannte Mythos «Enuma eliš» interessieren. Er wurde verkündet und auch z. T. dramatisch dargestellt im Gottesdienst am höchsten babylonischen Fest, dem Neujahrsfest. Sein Thema ist die Entstehung der Götter (Theogonie), des Kosmos (Kosmogonie) und der Menschen (Anthropogonie). Danach steht am Anfang des Alls ein riesiges Wasserchaos, bevölkert mit Urmächten und Urdrachen. Aus diesem Chaos steigen die Götter paarweise empor wie Blasen aus dem Sumpf. Sie machen alsbald eine Revolution gegen die «elterlichen» Chaosmächte. So kommt es zum furchtbaren Götterkampf. Die oberen Götter siegen durch die Krafttaten ihres «Königs» Marduk, des Obergottes von Babylon. Er spaltet zuletzt den Urdrachen Tiamat in zwei Hälften und macht daraus Himmel und Erde. Schließlich empören sich in der Götterwelt die mit mühevollen Diensten belasteten «Unteren» gegen die «Oberen». Letztere siegen und töten den Anführer der bisherigen «Diener-Götter». Mit seinem Blut wird Lehm geknetet, und daraus werden die Menschen gemacht zur künftigen Bedienung der Götter durch Speise-, Trank- und Duftopfer.

Wer mit den beiden Schöpfungserzählungen zu Anfang der Genesis vertraut ist oder sich damit vertraut macht, vermag unschwer zu erkennen, daß zwischen ihnen und den entsprechenden Schöpfungs- bzw. Ursprungs-Mythen in der Umwelt Israels das Verhältnis von Ähnlichkeit – Unähnlichkeit waltet. Die festzustellenden Analogien haben dazu geführt, daß man neuerdings gern vom «biblischen Schöpfungsmythos» spricht. Die Unähnlichkeit bringt man dabei im Unterscheidungswort «biblisch» unter. Aber damit kommt die Differenz bei weitem zu kurz. Ein Unterschied ist in jedem Fall fundamental: die Bibel kennt keine Theogonie. Ihr Gott ist ein alleinziger und als solcher vor aller Zeit und vor aller Materie, d. h. allem Seienden voraus und in seinem eigenen Sein und Selbst unwelthaft und weltübersteigend (Transzendenz). Seine Immanenz bezieht sich darum vorab auf sein schöpferisches Walten. Dieses ist ein allumfassendes, und darum ist die Welt in der Bibel ein bei aller Mannigfaltigkeit im einzelnen doch einheitliches Ganzes, weil einer einzigen und damit zugleich allwaltenden Gottheit «untertan». Offensichtlich sind die biblischen Schöpfungserzählungen die berichtigende jahwistische Antwort auf die umlaufenden Mythen. Als Antwort wäre sie schwer verständlich ohne die Sprache des Mythos. So ist die «mythische Metaphorik» (K. Hübner) zu erklären, die man in beiden Genesistexten – wiewohl in recht verschiedener Weise – feststellen kann. Sie reicht aus den oben dargelegten Gründen jedoch nicht aus, einfachhin vom «biblischen Schöpfungsmythos» zu sprechen.[6]

Ist die Alternative dazu, Genesis 1–2 als Schöpfungs- bzw. Naturhistorie aufzufassen? Gegen diesen «fundamentalistischen» Schluß verwahrt sich die Bibel selbst dadurch, daß sie zwei Erzählungen über den «Anfang von allem» überliefert.

3. Zwei unterschiedliche Schöpfungserzählungen

Die Schöpfungsbotschaft der Bibel ist in zwei voneinander nach Form und Inhalt verschiedenen Texten tradiert: I: Genesis 1,1–2,4a; II: 2,4b–25. Wiewohl II auf das 3. Kapitel (Eröffnung der Perspektive der menschlichen Geschichte) bezogen ist, kann kein Zweifel darüber bestehen, daß es zunächst die Schöpfung thematisieren will. Man vermag auch ohne Hebräischkenntnisse die erstaunliche Verschiedenheit von I und II zu erkennen:

– an Sprache und Stil:
  in I: abwechselnd «erschaffen» (immer nur von Gott ausgesagt) und «sprechen»
  in II: handwerkliche Begriffe: «machen» (Erde und Himmel), «formen» (= töpfern), «pflanzen», «bauen» (die Rippe zur Frau!)
– am jeweils vorausgesetzten Urzustand der Welt:
  in I: Urflut (= Wasserchaos)
  in II: trockene Wüstenei
– an der Reihenfolge der Schöpfungswerke:
  in I: Licht – Himmelsgewölbe inmitten der Wasser – Land und Meer – Grün auf der Erde – Lichter am Himmel – Wassertiere und Vögel – Tiere des Landes – Menschheit
  in II: Erde und Himmel – Mensch (Mann) – Pflanzen – Tiere – Frau.

Text II ist älter als Text I. Er stammt wahrscheinlich schon aus der Zeit von König Salomo (961–931 v. Chr.) und ist in jedem Falle im Milieu der frühen Weisheitsschule in Jerusalem angesiedelt, also bei den Südstämmen Israels, d. h. in der Nähe des Negeb. Sein Weltbild ist das der Nomaden (Wüste – Oase).

Text I ist im babylonischen Exil (6. Jhdt.) in gelehrten Priesterkreisen entstanden. Seine ersten Adressaten sind die Verbannten in Babel, die dort dem Weltbild der Sedentären (Landsässigen) an den großen Strömen begegneten («Alles kommt aus dem Wasser»). Auf naturkundlicher Ebene sind beide Erzählungen bemerkenswert widersprüchlich. Da die Priester als Verwalter der heiligen Schriften Genesis 1 ohne ausgleichende Änderungen vor Genesis 2 gestellt haben, ist der logische Schluß unumgänglich: diese Texte wollen keine Naturhistorie lehren und verkünden. Wie sind sie aber dann näherhin zu deuten?

a) Genesis 2,4b–25 – in sich betrachtet

Wir haben hier eine biblische Schöpfungsgeschichte vor uns, die formal und stilistisch auffallende Ähnlichkeiten mit den umlaufenden Schöpfungsmythen aufweist. Der Schöpfer «Jahwe-Elohim» ist dargestellt als ein in und an der Welt «handwerklich» wirkender Gott: «er macht (= verfertigt) Erde und Himmel» – «er formt (= töpfert) den Menschen» – «er haucht das verfertigte Gebilde an und bringt es zum Leben» – «er pflanzt den Garten von Eden» – «er töpfert das Getier» – «er versenkt den Menschen in Tiefschlaf» – «er entnimmt eine Rippe und näht die Wunde wieder zu» – «er baut aus der Rippe die Frau».

Augustinus hat die Christenheit früh angewiesen, diese Aussagen über Gott nicht im buchstäblichen Sinne zu nehmen. Bei einem so einheitlich geformten Text kann man aber nicht «unhistorische» Aussagen trennen von «naturhistorischen». Sie müssen *insgesamt* bildhaft gemeint sein. Beim Wort «Bild» oder gar beim Wort «mythisches Bild» erschrickt der orthodoxe Abendländer, weil er nicht wie die Orientalen von Haus aus weiß, daß ein «Bild» mehr Wirklichkeit einfangen kann als ein dürres «photographisches» Wortprotokoll.

Am Tempel von Luxor konnten die Ägypter des 14. Jahrhunderts v. Chr. eine noch erhaltene mythische Darstellung der «Entstehung» ihres Pharao Amenhotep III. bewundern. Da sahen sie, wie der Lebensgott Khnum zusammen mit der Lebensgöttin den Pharao töpfert. Sollten die damals schon «aufgeklärten» Ägypter an die reale Töpferung ihres Königs geglaubt haben? Keiner von ihnen hat die Darstellung als «photographisch-protokollarisch» verstanden, sondern als anschaulich-bildhafte Vergegenwärtigung ihrer Glaubenslehre, daß der Pharao durch das Eingehen des Gottes in den zeugenden Vater dessen göttliches «Erzeugnis», d. h. sein direkter Sohn ist.

Unser biblischer Text, der diese ägyptische Vorlage voraussetzt, kann darum nicht anders gedeutet werden. Aber gerade dieser Hintergrund gibt ihm eine eminente anthropologisch-theologische Tragweite: Jeglicher Mensch – nicht nur der Pharao! – ist unmittelbar gottbezogen und damit Gottes Kind, Sohn oder Tochter Gottes. Ebenso ist die dem Mythos verwandte Geschichte vom «Werden» der Frau ein bildhafter Hinweis auf ihr «Wesen»: Sie ist vom Schöpfer her Vollmensch wie der

Mann, dessen ebenbürtiges und gleichberechtigtes «Du» sie nach dem Entwurf Gottes ist und sein soll. Genesis 2,4–25 enthält also auch in sich selbst gewichtige Indizien, daß dies kein naturhistorischer Bericht ist, sondern eine mit mythologischen Formen, Farben und Bildern arbeitende theologische Erzählung, welche die Kosmos- und Anthroposmythen der Umwelt ins Licht der biblischen Gottesoffenbarung stellen und damit zugleich überbieten sollte.

b) *Genesis 1,1–2, 4a – in sich betrachtet*

Nicht nur der hebräische Urtext, sondern jede Übersetzung läßt schon im ersten Angang erkennen, daß hier eine andere «Werdegeschichte» der Welt und des Menschen als in Genesis 2 vorliegt. Da begegnet ein Text, welcher selbst «nach Maß, Zahl und Gewicht» strukturiert ist wie die Welt (vgl. Weisheit 11,20), die er widerspiegeln soll. Die Führung hat dabei die Zahl sieben: Die Siebentagewoche gibt den Großraster für das Geschehen her – siebenmal wird das Sonderwort bārā' (= göttliches und darum geheimnisvolles «Erschaffen») verwendet – sieben Arten von Sprachformeln werden gebraucht – siebenmal begegnen Dreier-Anordnungen, u. a. drei Namengebungen an den ersten drei Tagen – drei Segnungen an den zweiten drei Tagen – dreimal kommt bārā' (s. o.) bei der Menschenschöpfung vor. Wie daraus hervorgeht, spielt auch die zweite heilige Zahl der Bibel, die Drei, in Genesis 1 ihre besondere Rolle. Schließlich ist auffällig die Verwendung der Zahl Zehn: Es gibt zehn Schöpfungsworte – in Parallele zu den Zehn Geboten und zu den zehn Aufforderungen zum Lob in Ps 150. Genesis 1 ist also ein durch und durch künstlich-künstlerisch komponierter Text,[7] welcher sich ausnimmt wie die Federzeichnung eines Architekten, der sein Werk von einem Grundriß aus gestaltet. Naturkundliche Texte, die aus der Antike uns überkommen sind, verfahren und sind anders.

Warum lieben aber nun gerade gläubige Naturwissenschaftler Genesis 1?

1. Weil hier die räumlich wahrnehmbaren «Stufen des Seins», wie sie sich der naturkundlichen Beobachtung bieten, zeitlich hintereinandergesetzt und zu einer Werdeschilderung mit quasi-evolutivem Charakter gestaltet sind. Zudem steht im Hintergrund dieses Strukturmodells die altorientalische sogenannte «Listenwissenschaft» (= ordnendes Verzeichnis aller Naturdinge).

2. Weil der Bericht «irdische» Mit-Ursachen für die Weltwerdung «einsetzt»: a) Genesis 1,11: «Das Land lasse junges Grün sprießen!» b) 1,24: «Das Land bringe alle Arten von lebendigen Wesen hervor!»

3. Weil «Landtiere und Mensch» zusammen als Werk des sechsten Tages erscheinen.

4. Weil die erste Schöpfungstat die Erschaffung des Lichtes ist, also nach heutiger Erkenntnis der Übergangszone von Energie zu Materie.

In Genesis 1 scheint in der Tat Alexander von Humboldt bestätigt zu werden: «Überall geht ein frühes Ahnen dem späteren Wissen voraus.» Diese erstaunlichen Aussagen können von seiten der Naturwissenschaften mit Sympathie bemerkt und vermerkt werden. Dennoch gilt es daran festzuhalten: Es handelt sich in Genesis 1 nicht um Offenbarung von Naturhistorie; deren Aufklärung ist Aufgabe der von Gott geschaffenen menschlichen Vernunft und ihres Ingeniums. Die Aussageintention unseres Genesistextes ist eine theologische, d. h. er soll auf seine Art bezeugen, daß das All nach seinem Dasein und Sosein das Werk des geheimnisvoll schöpferischen Wirkens des einen Gottes ist. Das Resümee von Genesis 1 läßt sich so zusammenfassen: «Wirklichkeit gibt es, weil Gott wirkt» (Westermann).

4. Die theologische Botschaft der Schöpfungsgeschichte von Genesis 1 und 2

Aus unseren bisherigen Darlegungen lassen sich folgende Schlußfolgerungen ziehen:

a) Die Bibel bezeugt in beiden Texten auf zwei verschiedene Weisen den einen theologischen «Tatbestand»: «Schöpfung der Welt durch Gott». Beide Erzählungen zeigen schon durch ihre jeweilige Eigenstruktur und ihre unterschiedliche «mythische Metaphorik» (K. Hübner), aber erst recht darin, daß in ihrem Hintergrund zwei Weltbilder stehen und ihre Geschehensabläufe bemerkenswert differieren, untrüglich dies auf: Die physische Kosmogenese, wie immer sie sich auch naturwissenschaftlich ergründen und darstellen läßt, ist an sich und für sich selbst kein Gegenstand biblischer Offenbarung noch biblischer Lehre. Vielmehr ist in dem Auftrag «Machet euch die Erde untertan!» der Mensch bevollmächtigt zur eigenen Erforschung der Welt und dessen, was sie «im Innersten zusammenhält». Nach der biblischen Schöpfungsbotschaft sind Kosmos und Natur «entgöttert», sind also in keiner Hinsicht göttlichen Wesens.[8] Darum ist ihr Erforschen, Gestalten und Verwalten (in Verantwortung vor dem Schöpfer!) kein Angriff auf Göttliches, sondern ein Gottesauftrag an den Menschen. Unsere Bestimmung des Formalobjektes der biblischen Schöpfungsbotschaft kommt bereits in Augustinus' «De doctrina christiana» klar zum Ausdruck: Das Ziel der Bibel ist die Heilsbotschaft! Augustinus hat zwar das biblische Weltbild in den Grundzügen für einigermaßen stimmig angenommen, doch macht er auch Ausnahmen: An Wasser über dem Firmament hat er z. B. nicht geglaubt. Ferner hat er – von Plato angeregt – an eine Art «Evolution» in den Schöpfungsphasen gedacht (z. B. Ei vor der Henne!). Bezeichnenderweise ist er auch Vertreter des «Generatianismus». Danach zeugen die Eltern Seele und Leib der Kinder. Auch Thomas von Aquin hat das ptolemäische Weltbild der Bibel ausdrücklich relativiert. Er schreibt zu diesem Thema: «Wenn auch durch solche Annahmen (sc. der Astronomen) der Augenschein erklärt wird, so muß man doch nicht notwendig sagen, diese Annahmen seien wahr; denn vielleicht findet der Augenschein hinsichtlich der Gestirne auf irgendeine andere Weise, die von den Menschen noch nicht gefunden ist, seine Erklärung» (In libros Aristotelis de coelo et mundo expositio, lib. 2 cap. 12. L. 17). Er warnt darum davor, das alte Weltbild dogmatisieren zu wollen. Verängstigt durch die Katastrophe der Kirchenspaltung im 16. Jahrhundert haben die christlichen Konfessionen diese gewichtigen Stimmen der großen früheren Theologen «verdrängt».

b) Die positive theologische Botschaft, die beiden Schöpfungserzählungen gemeinsam ist, läßt sich so formulieren: Was ist und geworden ist, d. h. die ganze Welt mit allen ihren Seinsbereichen, ist durch Gottes Entwurf und Setzung da und so da. Das «All» steht von jeher und für immer in einem fundamentalen, weil alles fundamentierenden Schöpfungsbezug zu Gott. Damit wird dem wissenschaftlich feststellbaren innerweltlichen Bezugsnetz in allem Seienden eine neue Dimension beigegeben, die nicht in der Linie der welthaften Ursachenverkettung verläuft, sondern diese «meta-physisch» trägt und in ihrem «Da» und «So» je und je begründet. Die biblische Offenbarung bezieht sich, etwas anders formuliert, nicht auf die immanente Entfaltung der Welt, wie sie in den Perspektiven der naturwissenschaftlich erforschbaren Kosmogenese, Biogenese und Anthropogenese aufscheint, sondern auf die alles umfassende Grundbeziehung: Gott und Welt, Welt und Gott. Das ist gewissermaßen die Dimension der «vertikalen» Weltbetrachtung im Gegensatz zur «horizontalen» Weltsicht. Diese im Bereich naturwissenschaftlich nachprüfbarer und erforschbarer Phänomene nicht erscheinende «konstitutive» Grundrelation unseres Kosmos zu Gott wird in der älteren Schöpfungserzählung mythisch-bildhaft in den Kategorien handwerklichen Machens und Gemachtwerdens vergegenwärtigt; im jüngeren Text wird sie vorgestellt als schöpferisches, Dasein und Sosein setzendes und bestimmendes Sprechen Gottes. Die plastische Bildhaftigkeit von Genesis 2 wird in Genesis 1 abgelöst von einer abstrakteren Darstellungsweise. Diese knüpft an die gemeinorientalische Vorstellung von der magischen Kraft des Wortes an und gewiß auch an die israelitische Erfahrung des geschichtlich wirksamen Wortes der Propheten. Um die Tragweite dieser Vorstellung vom schöpferisch wirkenden Sprechen Gottes einigermaßen zu erfassen, muß man die ganze Wort-Theologie des Alten Testamentes in den Blick nehmen. Dann wird klar, daß es hier nicht nur um die «Erstschöpfung» (creatio prima) geht, sondern daß die ganze Schöpfungsentfaltung, durch geheimnisvolles göttliches «Weitersprechen» begründet und bestimmt, «fortdauernde Schöpfung» (creatio continua) ist. Dies bezeugt insbesondere der Prophet Deuterojesaja (um 550 v. Chr.), der als Prediger im babylonischen Exil die Wort-Theologie einsetzt, um das beständige schöpferische Weiterwirken Gottes sowohl im Bereich der Geschichte wie in dem des Kosmos seinen Hörern vor Augen zu führen. Von den Gestirnen sagte er in 40,26: «Er (Jahwe) ist es, der ihr Heer täglich zählt und heraufführt, der *sie alle beim Namen ruft*.» In 50,2 lesen wir den Gottesspruch: «Durch meine *Drohung* trockne ich das Meer aus, ich mache Flüsse zur Wüste, so daß die Fische verfaulen aus Mangel an Wasser und sterben vor Durst» (vgl. 44,27). Am ausführlichsten feiert Psalm 147,15ff. das schöpferisch fortwirkende Sprechen Gottes im Bereich der Natur: «Er (Jahwe) sendet sein Wort zur Erde, rasch eilt sein Befehl dahin. Er spendet Schnee wie Wolle, streut den Reif aus wie Asche. Eis wirft er herab in Brocken, vor seiner Kälte erstarren die Wasser. Er sendet sein Wort aus, und sie schmelzen, er läßt den Wind wehen, dann rieseln die Wasser.» Die Vergegenwärtigung des den Anfang setzenden wie den «Fortgang» bestimmenden Schöpfungsbezuges in der Form des wirksamen göttlichen Sprechens ist, so «mythisch» man dies auch einstufen mag, eine sehr geeignete Weise, um im Seinsverhältnis von Schöpfer und Schöpfung sowohl die Distanz (Transzendenz) wie die Nähe (Immanenz) beider in eine ausgewogene Balance zu bringen.

5. Die gegenwärtige Situation[9]

Es muß als eine große Tragik – Tragik ist immer auch mit Schuld verknüpft! – gelten, daß die Kulturgeschichte abendländischer Prägung seit drei Jahrhunderten durch ein wachsendes Auseinanderdriften von Theologie und Naturwissenschaft gekennzeichnet ist. Auf die fatale Grenzüberschreitung christlicher Theologen im 16. und 17. Jahrhundert folgte im 18. und 19. Jahrhundert im Gegenzug der mit naturwissenschaftlichen Argumenten unternommene Versuch, jeder religiösen Weltdeutung gründlich den Boden zu entziehen. Das ging so weit, daß bis zum Ersten Weltkrieg an vielen deutschen Universitäten kein bekennender Christ – auch nicht bei naturwissenschaftlicher Ausgewiesenheit – einen Lehrstuhl als Ordinarius erhalten konnte. Seine Glaubensüberzeugung wurde als «der Wissenschaft abträglich» eingestuft. Erst allmählich kam eine Wende in Gang. Für sie gab es zwei Gründe: einerseits hat die theologische Erforschung der Bibel im 19. und 20. Jahrhundert eine überzeugende Klärung dessen gebracht, was in der Heiligen Schrift als überzeitliche Botschaft und was als zeitgeschichtlich bedingte Einkleidungsform ihrer Heilsverkündigung zu gelten hat; andererseits hat die Entwicklung der Kernphysik und der damit zusammenhängenden Astrophysik das naturwissenschaftliche «Weltbild» des 19. und beginnenden 20. Jahrhunderts neuerdings in vielem nicht nur ergänzt, sondern im ganzen auch verändert und bei aller Erkenntnisausweitung zugleich die Grenzen der naturwissenschaftlichen Erforschung der Welt in den Blick gebracht – und dies in mehr als in einer Hinsicht. Eine in sich geschlossene und zugleich schlüssige Welterklärung scheint heute vielen Naturwissenschaftlern noch nicht möglich. Andere plädieren sogar für ein «Ignorabimus» («wir werden es nicht wissen») hinter diesem «Ignoramus» («wir wissen es nicht»).

In dieser Situation befindet sich auch die heutige Forschung im Bereich der Kosmogenese. Das kosmologische Wissen ist trotz der Erfolge in der Radioteleskopie und in der subatomaren Kernphysik noch bemerkenswert lückenhaft. Die Theorie des «Urknalls» («big bang» als Anfang des Alls) hat zwar durch vielfältige neuere Beobachtungen und Erkenntnisse die höchste Wahrscheinlichkeit für sich, aber noch immer ist umstritten, ob die «Explosion» im Gesamt des Alls nur eine Phase ist, der eine «Kontraktion» vorausging und nachfolgen wird, oder die Konstituente des Kosmos schlechthin.

Der Theologe als Theologe sollte sich in die naturwissenschaftlich auszudiskutierenden Probleme nicht einmischen und darum nicht Position beziehen im Streit der durch Extrapolationen und Analogieschlüsse erstellten «Weltmodelle». Nur in dem Falle, daß Naturwissenschaftler ihre Kompetenz überschreiten und ihrerseits die Gottesfrage negativ zu entscheiden versuchen, kann und muß er sein «Veto» einlegen. Denn weder ist die Wirklichkeit als Ganzes noch viel weniger Gott ein «Gegenstand» der Naturwissenschaften. Freilich darf der Theologe andererseits auch nicht mit den «Lücken» in der naturwissenschaftlichen Erkenntnis operieren oder sie gar willkommen heißen. Denn sie könnten sehr wohl eines Tages mit wissenschaftlicher Begründung «gefüllt» werden. Es gilt nach allen Seiten: Die Dimension Gottes ist naturwissenschaftlich weder positiv noch negativ erfaßbar.

Soll der gläubige Christ sich deswegen abstinent verhalten gegenüber den Naturwissenschaften? Dies wäre eine ganz irrige Schlußfolgerung aus unseren Darlegungen. Nicht einmal die Sackgassen des Industriezeitalters, das ohne das in den letzten Jahrhunderten erarbeitete Wissen über die Natur nicht heraufgekommen wäre, dürfen gläubigen Christen die Augen dafür verschließen, daß die Erkenntnis jeglicher Art ein hohes menschliches Gut ist. Die Natur-Erkenntnis wird in der Perspektive des Bibelglaubens «Erkenntnis der Schöpfung», in welche Gott als Schöpfer seine unendliche Weisheit, Allmacht und Bundesliebe investiert hat. Je mehr man sie als Christ kennen und erfassen lernt, um so gefüllter wird der Lobpreis, den die Kirche zusammen mit Israel in den kosmologischen Hymnen des Psalters (Ps 8, 19, 24, 104, 148, 150) anstimmt. Wer als Bibelgläubiger die Welt beschaut, vor welcher die moderne Kernphysik im Bereich des Mikrokosmos den Vorhang wegzieht, kommt in jenes Staunen, das nach Aristoteles der Anfang aller Philosophie (und damit auch Theologie!) ist. Er wird in neuer, vertiefter Ehrfurcht mit Weisheit 11,22 bekennen: «Du (o Gott) hast alles nach Maß, Zahl und Gewicht geordnet.» Und wenn der Gläubige unter Anleitung der heutigen Astrophysik in die Raum und Zeit hervorbringenden kosmischen Welten der Galaxien hinaufblickt, wird ihm eine Ahnung dessen zuteil, was Endlichkeit und Unendlichkeit sein mögen und was das Thema von Weisheit 11,23 ist: «Wer könnte, o Gott, der Kraft deines Armes widerstehen? Die ganze Welt ist ja vor dir wie ein Stäubchen an der Waage, wie ein Tautropfen, der am Morgen zur Erde fällt!» Angesichts der Ergebnisse der Mikro- und Makrophysik erahnen wir mehr von dem Gottesgeheimnis, in welchem «wir leben, uns bewegen und sind» (Apostelgeschichte 17,28).

Wem es verstattet ist, biblischen Glauben und welthaftes Wissen mit seiner Geistes- und Seelenkraft zu umfassen und beide versöhnt und harmonisch zusammenklingen zu lassen, wird des Wortes Goethes inne, daß dies das Glücken des Menschseins bedeutet: «das Erforschliche erforscht zu haben und das Unerforschliche still zu verehren» (Maximen und Reflexionen 718).

Kapitel IX

Die biblische Schöpfungsgeschichte im Lichte moderner Evolutionstheorien

VON KURT HÜBNER

Vielleicht hat kaum etwas den Christlichen Glauben tiefer erschüttert als der Widerspruch, der zwischen der Schöpfungsgeschichte des Alten Testamentes (AT) und der kosmologischen und biologischen Evolutionstheorie besteht. Enthält doch die Schöpfungsgeschichte, die ich im folgenden auf Genesis 1 eingrenzen werde, eine notwendige Voraussetzung für das Evangelium des Neuen Testamentes, worin Christus als Sohn des Schöpfers von Himmel und Erde und aller Lebewesen auftritt.

1. Mythische Schöpfungsgeschichte und wissenschaftliche Kosmologie

Die ersten Verse der Genesis lauten in der Übersetzung von Erich Zenger, die ich für den vorliegenden Zusammenhang anderen, auch der Lutherischen vorziehe:

1,1. Als Anfang hat Gott den Himmel und die Erde geschaffen. 1,2. Und die Erde war Wüste und Leere, und Finsternis war über der Urflut. 1.3. Und Gott sprach: Es werde Licht! Und es wurde Licht.

Ich möchte hier nicht auf den Streit unter den Alttestamentlern eingehen, ob diesen Versen zu entnehmen ist, daß Gott die Welt aus dem Nichts erschaffen hat oder aus dem Chaos. Auf jeden Fall wird bereits im zweiten Vers das Chaos beschrieben: Dort ist von Wüste, Leere, Finsternis und Urflut die Rede. Wir stoßen hier auf die mythischen Quellen der Genesis, die altorientalischer, vor allem aber mesopotamischer und ägyptischer Herkunft sind. Denn solche Rede ist mythische Metaphorik, mit welcher das Ungestaltete, Ungeordnete und Lebensfeindliche bezeichnet wird.

Auf dieselbe Art Metaphorik stoßen wir, wenn es heißt: Es werde Licht. Denn wie Wüste, Leere, Finsternis das Chaos, so bedeutet das Licht den Kosmos, also nicht etwa das Licht der Sonne, die ja erst am vierten Tag mit den anderen Gestirnen geschaffen wird. Das Licht ist hier vielmehr das Prinzip des Gestalthaften. Erst im Lichte erhält ja alles Kontur und Abgrenzung, werden geordnete Beziehungen erkennbar. In diesem Sinne hat die Sonne am Prinzip des Lichtes teil, nicht aber ist sie der Ausgangspunkt des Lichtes. Das Kennzeichnende der mythischen Metaphorik besteht nun darin, daß mit ihr alles Materielle zugleich einen ideellen Sinn erhält, weil sie es stets in unmittelbare Beziehung zum Göttlichen und Menschlichen setzt. Wüste, Leere, Finsternis, Licht sind gewissermaßen poetische Bezeichnungen, und doch werden sie als Wirklichkeiten verstanden. Die Schöpfung wird durchgängig teleologisch gesehen, sie wird im Lichte numinosen Lebens verstanden und beurteilt. Dazu steht freilich die Evolutionstheorie der modernen physikalischen Kosmologie in deutlichem Kontrast. Sie ist in der Sprache der Physik geschrieben. Nehmen wir beispielsweise die wichtigste von ihnen, die Relativistische Kosmologie. Sie kann gewissermaßen als ein klassisches Modell bezeichnet werden. Zum einen beruht sie auf der Einsteinschen Feldgleichung, welche die Abhängigkeit der geometrischen Maßverhältnisse des Weltraumes von der Verteilung der gesamten Materie beschreibt. Zum anderen stützt sie sich auf zwei Postulate, das Postulat über das Weltsubstrat (PW) und das sog. Kosmologische Prinzip (KP). Das PW fordert, daß die Materie im Weltraum nach Art eines Gases mit gleichförmiger Dichte verteilt ist, dessen Moleküle, die Galaxienhaufen, sich zu ihrer näheren Umgebung in Ruhe befinden. Das KP besagt, daß das Universum für alle Beobachter, die sich mit dem Weltsubstrat bewegen, den gleichen Anblick bietet. Das KP und das PW werden Prinzipien der Einfachheit genannt, weil sie dem Universum eine durchgängig einheitliche Form unterstellen. Unter diesen Voraussetzungen gelangt man schließlich zu einer Weltformel, die mehrere Lösungstypen enthält und damit mehrere Verläufe der Geschichte des Universums zuläßt. Hat also nach der Genesis Gott die Welt erschaffen, so ist deren Entstehung nach der wissenschaftlichen Kosmologie auf natürliche, und das heißt kausalgesetzliche Weise zu erklären. Schöpfungsgeschichte und Kosmologie stehen daher einander wie These und Antithese gegenüber. Lassen sie sich zu einer Synthese vereinen?

In der Tat gab es immer wieder Versuche, zwischen der modernen wissenschaftlichen Kosmologie und der biblischen Schöpfungsgeschichte zu vermitteln. Einige der erwähnten Lösungstypen für die kosmologische Weltformel enthalten nämlich den sog. Urknall, eine Urexplosion also, woraus das Weltall entstanden sein soll. Es wird nun geglaubt, im Urknall eine Art Indiz für die biblische Behauptung von der Schöpfung aus dem Nichts oder aus dem Chaos erblicken zu können, wobei das Chaos mit jenem Zustand gleichzusetzen wäre, in dem sich die Weltmaterie vor der großen Explosion befand, als sie noch in einem gestaltlosen Punkt zusammengedrängt war, und hinterher, solange sich noch nicht jene Bedingungen herausgebildet hatten, unter denen Leben grundsätzlich möglich ist. Einen weiteren Anhaltspunkt für eine derartige Vermittlung zwischen der religiösen und physikalischen Betrachtungsweise der Weltentstehung bietet die neuerliche Einführung des sog. Anthropischen Prinzips in kosmologische Theorien, die schließlich zu neuen Modellen geführt hat, worauf ich aber nicht näher eingehen kann. Scheint doch dieses anthropische Prinzip eine Rückkehr der Physik zu teleologischen Vorstellungen zu verraten. Der Astrophysiker Carter hat es mit den Worten «cogito, ergo mundus talis est» formuliert. Damit ist gemeint, daß der gegenwärtige Zustand des Universums, sein Alter und seine Dauer, aus der Existenz intelligenter Wesen abgeleitet werden können. Die Stelle in der Zeit, an der sich Menschen befinden, ist insofern eine privilegierte, als nur ein bestimmter Ausschnitt der Weltzeit jenen physikalischen Zustand aufweist, in dem Menschen existieren können.

Man sollte jedoch die Hoffnung fahren lassen, aus solchen Elementen der physikalischen Kosmologie theologischen Honig saugen und zu einer Art Synthese zwischen ihr und der Genesis gelangen zu können. Denn erstens ist der Urknall nicht, wie heute aus Unkenntnis vielfach geglaubt wird, eine wissenschaftliche Tatsache, sondern Gegenstand einer durchaus fragwürdigen Hypothese oder zumindest einer physikalisch unerlaubten Extrapolation.[1] Wie ich schon sagte, hat die relativistische Weltformel verschiedene Lösungstypen, und solche mit einem Urknall sind nur einige von ihnen. Obwohl gegenwärtig manches dafür spricht, daß die Welt explosionsartig entstanden ist (das wichtigste Argument dafür ist die sog. Hintergrundstrahlung), so kann doch von einer hinreichenden Gewißheit keine Rede sein. Zum zweiten stellt das anthropische Prinzip keine Rückkehr zur früheren teleologischen Betrachtungsweise dar, weil es eine ausschließlich heuristische Funktion hat. Es wird also damit nicht etwa unterstellt, daß der Mensch das Ziel des Universums sei, sondern es wird nur gefragt, wie es zu den physikalischen Bedingungen gekommen sein muß, die menschliches Leben möglich machen.

Anstatt also schwächliche Synthesen zu versuchen, sollten wir lieber die radikale Frage stellen, ob es überhaupt zwingende Gründe dafür gibt, diese Kosmologie für den wahrhaft authentischen Bericht über die Entstehung des Universums anzusehen, die Schöpfungsgeschichte aber für das Werk überholten Unwissens oder naiver Phantasie. Um diese Frage zu beantworten, genügt es nicht, sich nur mit dem Inhalt der Relativistischen Theorie zu befassen, wie ich ihn vorhin skizzierte, sondern man muß vor allem prüfen, wie die empirischen Grundlagen aussehen, auf die sich dieser Inhalt doch stützen muß, wenn er nicht eine bloße Fiktion bleiben will.

In der Relativistischen Kosmologie läßt sich eine Gleichung ableiten, welche die Abhängigkeit der beobachteten Strahlungsmenge einer Galaxie von der Rotverschiebung des Lichtes ausdrückt. Diese Gleichung enthält drei Lösungstypen. Also wäre die Relativistische Kosmologie falsifiziert, wenn die beobachtbaren Daten der beiden Parameter mit keinem dieser Typen vereinbar wären. Wie sich nun aber herausgestellt hat, liefert die Gleichung die überprüfbare Abhängigkeit nur dann, wenn man das Kosmologische Prinzip (KP) dabei voraussetzt. Dieses Prinzip ist also in der Relativistischen Kosmologie nicht nur die Grundlage für ihre Weltformel, worauf ich schon hingewiesen habe, sondern es ist auch die Grundlage für die Überprüfung dieser Weltformel.[2] Daraus folgt, daß es kein Gegenstand der Erfahrung sein kann, so daß es dieser vielmehr a priori vorausgeht. Wollte man es rechtfertigen, müßte man es, da es sich wie gesagt um ein Prinzip der Einfachheit handelt, aus einem allgemeineren Prinzip dieser Art ableiten. Das aber wäre nur in einem größeren philosophischen Zusammenhang möglich, ja, man müßte die Grenze zur Metaphysik überschreiten. Dasselbe gilt für das Postulat über das Weltsubstrat (PW).

Diese Feststellung läßt sich verallgemeinern. Letztlich stoßen wir auch bei den von unserem klassischen Modell abweichenden Kosmologien auf philosophische und metaphysische Grundlagen, die sowohl ihren Inhalt wie ihre empirische Überprüfung bestimmen. Nur am Rande kann ich hier erwähnen, daß kürzlich eine Reihe von Kosmologen die wichtigsten klassischen Prinzipien der Einfachheit, darunter das Kosmologische Prinzip (KP), auf einen nur kleinen Teil des Universums begrenzt haben, eben jenen, der für uns noch überschaubar ist. Man könnte darin eine gewisse Rückkehr zum Ptolemäismus sehen, weil damit dieser uns bekannte Teil des Universums eine Auszeichnung[3] erfährt.

Bevor ich aus dieser Sachlage die notwendigen Schlußfolgerungen ziehe, muß ich, ohne hier näher darauf eingehen zu können, auf die überraschenden Ergebnisse der heutigen Mythos-Forschung verweisen, die gezeigt hat, daß der Mythos keineswegs ein mehr oder weniger vages oder irrationales Gebilde ist, sondern daß er ein Erfahrungssystem darstellt, dem, wenn auch mit von der Wissenschaft grundverschiedenem Inhalt, eine Gruppe apriorischer Kategorien zugrunde liegt, womit das empirisch Gegebene geordnet und gedeutet wird.[4] Unter Verwendung dieser Entdeckung ergibt sich nun das Fazit aus den vorangegangenen Überlegungen wie folgt: Da der Hinweis auf Tatsachen nicht genügt, weil sie von bestimmten apriorischen Bedingungen abhängen, reduziert sich schließlich die Unvereinbarkeit der Kosmologie mit der Schöpfungsgeschichte auf die Unvereinbarkeit ihrer apriorischen Voraussetzungen.

Wir müssen jetzt aber noch ein weiteres wichtiges Forschungsergebnis heranziehen, diesmal aus dem Bereich der Wissenschaftstheorie. Sie lehrt nämlich, daß apriorische Voraussetzungen niemals auf zwingende Weise als gültig bewiesen werden können, weil alle Versuche, dies zu tun, am Ende nur in einem unendlichen Regreß oder in purer Dogmatik enden können. Auch der Hinweis auf die großen empirischen Erfolge der Wissenschaft ändert daran, entgegen einer immer noch weitverbreiteten Meinung, nichts, weil aus wissenschaftslogischen Gründen der Erfolg einer

Theorie keine Garantie für ihre Wahrheit ist.[5] Daraus folgt schließlich, daß eine theoretische Entscheidung darüber unmöglich ist, welche der apriorischen Voraussetzungen, ob diejenigen der Kosmologie oder diejenigen des religiösen Mythos, die wahren oder welche die falschen sind. Eher handelt es sich hier um verschiedene Entwürfe, die jeweils zu verschiedenen Aspekten der Wirklichkeit führen, so wie man auch einen Menschen einmal in seinem rein physisch-physiologischen Betracht, einmal in seinem seelisch-sittlichen Zustand auffassen kann. Der Christ darf also daran glauben, daß Gott es war, der den Kosmos aus dem Chaos oder aus dem Nichts geschaffen hat, während der Wissenschaftler, will er seinen Gegenstand nicht dogmatisch mißdeuten, rein physische Weltmodelle der kosmologischen Theorie nur als Hypothesen vertreten darf, die auf schwankendem Boden stehen. Der Offenbarungsglaube entspringt aber einer Quelle, über die nicht verfügt werden kann.

*2. Mythische und
wissenschaftliche Zeitvorstellungen*

Ich möchte es jedoch nicht bei diesen eher allgemeinen und prinzipiellen Überlegungen belassen und wende mich daher noch einem besonderen und augenfälligen Widerspruch zwischen Schöpfungsgeschichte und Kosmologie zu. Er besteht darin, daß Gott den Tag und die Nacht schuf, bevor er am vierten Tag die Gestirne ans Firmament setzte. So heißt es in 1,4f. der Genesis:

> Und Gott berief das Licht als Tag,
> Und die Finsternis berief er als Nacht.
> Und danach wurde es Abend,
> Und es wurde Morgen:
> Ein Tag. (Gemeint ist der erste Tag)

1,14 aber lesen wir:

> Und Gott sprach: Es seien Leuchtfeuer am Himmel, um zu scheiden
> zwischen dem Tag und zwischen der Nacht, und sie seien zu
> Zeichen, und zwar für Festzeiten und für Tage und Jahre.
> 1,19 heißt es hierzu abschließend:
> Und danach wurde es Abend,
> Und es wurde Morgen:
> Vierter Tag.

Offenbar sollen also die Gestirne, die, wie schon erwähnt, nicht mit dem Licht der ersten Schöpfungstage zu identifizieren sind, nur der Zeiteinteilung des Menschen, vor allem der Einhaltung der sakralen Festzeiten dienen. Modern gesprochen könnte man sagen, es handle sich um eine Zeitmetrik mit der Erde als Bezugssystem. Was bedeuten dann aber die Schöpfungstage, die doch der Schaffung der Gestirne und damit auch dieser Metrik vorausgehen? Um diese Frage zu beantworten, müssen wir die Denk- und Anschauungsformen des Mythos heranziehen.

Der Mythos unterscheidet zwischen einer heiligen Zeit, die sich in einem göttlichen transzendenten Raum abspielt, und einer profanen, deren Bestimmung in der Zeitmetrik erfolgt. Die heilige Zeit umfaßt Urereignisse, von den Griechen Archái genannt. Bleiben wir als Beispiel bei den Griechen. Eine Arché war für sie die Geburt eines Gottes, die Geburt des Tages aus der Nacht, die Entstehung der Jahreszeiten durch den Raub der Persephone usf. Diese Urereignisse sind nun nicht im unendlichen Fluß der profanen Zeit eingebettet, und deren Abfolge ist nicht auf etwas außerhalb dieses Geschehens reduzierbar oder daraus ableitbar. Sie haben vielmehr eine zyklische Struktur. Lassen Sie mich versuchen zu verdeutlichen, was damit gemeint ist.

Bezeichnen wir die Ereignisabfolge einer Arché mit den Buchstaben ABCD. Da es kein Vor-A und kein Nach-D gibt, ist diese Folge als ein geschlossener Kreis vorzustellen. Doch so, daß der Kreislauf nicht immer von Neuem beginnt. Daher wird darin D niemals zu einem Vor-A oder A zu einem Nach-D. Einer solchen Zeitstruktur fehlt also das, was wir in unserer profanen Vorstellung den Zeitfluß nennen. Es gibt darin kein ausgezeichnetes Jetzt, die Ereignisse «stehen» gewissermaßen von Ewigkeit zu Ewigkeit, obgleich an ihnen das Früher oder Später durchaus unterscheidbar bleibt.

Wer glaubt, es handle sich hierbei um eine phantastische Vorstellung, der irrt. Eine solche Zeitstruktur ist nämlich auch der Physik keineswegs fremd. (Ich betone noch einmal, daß ich hier nur von der Struktur spreche, nicht vom Inhalt, denn der Begriff des Heiligen ist der Physik selbstverständlich fremd.) Da nach der Maxwell-Boltzmannschen Wahrscheinlichkeitsmetrik und ihrer Ableitung von den klassischen Bewegungsgleichungen durch von Neumann und Birkhoff Wiederholungen identischer Verteilungszustände im Bereich des Möglichen liegen, kann im Rahmen dieser Thermodynamik die Zeit durchaus zyklisch verlaufen. Das gilt insbesondere für das Universum als Ganzes.[6] Hier ist ferner darauf hinzuweisen, daß die Weltformel der Relativistischen Kosmologie auch Lösungstypen zuläßt, wonach das Weltall oszilliert, also sich nach dem Urknall zunächst ausdehnt, um dann wieder in den identisch gleichen Zustand zurückzukehren, aus dem es explosionsartig entstanden ist. Dabei ist diese Rückkehr zum Ausgangszustand strukturell ganz im Sinne der heiligen Zeit zu verstehen: A, das Anfangsereignis, bleibt das identisch gleiche, es wird also niemals aus einem Nach-A, etwa D, wieder ein Vor-A. Anders gesprochen: Der Zyklus läßt sich nicht auf eine irreversible, offene, als unendliche Linie darstellbare Zeit abbilden. Schließlich stimmt die physikalische Zeit mit der heiligen Zeit noch darin überein, daß auch sie kein ausgezeichnetes Jetzt und damit keinen Zeitfluß kennt, sondern nur ein Früher und Später, so wie wir sagen, 1886 ist früher als 2086, ohne daß damit gesagt wird, was jetzt gerade der Fall ist. Wenn wir «jetzt» sagen, haben wir nur die «objektive» Welt der Physik in die «subjektive» unserer Erfahrung übertragen. Deswegen schreibt H. Weyl: «Die objektive Welt ist *schlechthin, sie geschieht* nicht. Nur vor dem Blick des in der Weltlinie meines Lebens emporkriechenden Bewußtseins ‹lebt› ein Ausschnitt dieser Welt ‹auf› und zieht an ihm vorüber als ... in zeitlicher Wandlung begriffenes Bild.»[7]

Kehren wir nun zu den Schöpfungstagen zurück. Sie sind wie gesagt als mythische Zeit zu deuten, doch so, daß mit der Schaffung der Gestirne, also mit dem vierten Schöpfungstag, profane, vom Menschen meßbare, in der Sprache der heutigen Zeit «subjektive» Zeit möglich ist.

Nun ist es eine weitere mythische Vorstellung, daß die heiligen Urereignisse aus der Sicht des Menschen in diese profane, irreversible und fließende Zeit projiziert werden und zur irdischen Erscheinung kommen. Was sich im Grunde nie wiederholen kann, weil es keine Wiederkehr zu einem identischen Anfang gibt (er müßte ja, um sich wiederholen zu können, ein vom Ursprung unterscheidbarer sein), das wird nun, vom Menschen aus betrachtet, als ewige Wiederkehr des Gleichen erfahren. Das ist letztlich der sakrale Sinn der Woche, die sechs Arbeitstage kennt, während wir am siebenten ruhen und des Göttlichen eingedenk sein sollen. Eine solche Wiederkehr des Gleichen vollzieht sich aber auch außerhalb des Ritus in der Natur, sofern sie menschlicher Erfahrung überhaupt zugänglich ist: Aus der Erde sprießen immer wieder aufs neue die Pflanzen, die Tiere zeugen immer wieder aufs neue Tiere und Menschen Menschen.

Erfaßt man also den mythisch-religiösen Sinn der Schöpfungstage, die gar nichts mit dem metrischen Begriff von Tag und Nacht zu tun haben, dann verschwindet der vermeintliche Widerspruch zur Kosmologie in diesem Betracht; mehr noch, trotz der verbleibenden Unterschiede gibt es, wie wir gesehen haben, Berührungspunkte, wenn auch rein formaler Art, zwischen dem Zeitbegriff der Physik und demjenigen der Schöpfungsgeschichte.

3. *Elemente des Logos in der Schöpfungsgeschichte*

Wenn man überhaupt mit der Genesis rationale Schwierigkeiten hat, so weit sie bisher Gegenstand unserer Betrachtung war, dann betreffen sie insbesondere den zweiten Schöpfungstag, wo die Konstruktion des Kosmos geschildert wird.

Wir lesen in der Genesis 1,6f.

> Und Gott sprach:
> Es sei eine Ausdehnung inmitten der Wasser, so daß sie scheidet
> zwischen Wasser und Wasser.
> Und Gott machte die Ausdehnung, so daß sie schied
> zwischen den Wassern, die unterhalb der Ausdehnung sind,
> und zwischen den Wassern, die oberhalb der Ausdehnung sind.

Dem ist zu entnehmen, daß sich über und unter dem Firmament eine Art Weltmeer befindet, das nicht mit den uns bekannten Meeren verwechselt werden darf. Diese Darstellung ist aber gar nicht mythisch, sondern beruht auf einer der Wissenschaft nahestehenden Wirklichkeitsauffassung: Betrachtet sie doch das Universum in seiner rein physischen Hinsicht, während der Mythos, wie erwähnt, das Physische, Materielle, stets in einer unlöslichen Einheit mit dem Numinosen, Ideellen sieht. Daher genießt die rein physische Konstruktion des Universums im AT auch nicht jene Immunität gegenüber wissenschaftlicher Kritik, die der Mythos als das ganz Andere genießt. Vergessen wir nicht, daß die Priesterschrift, der wir das erste Kapitel der Genesis verdanken, um 500 v. Chr., also etwa zur gleichen Zeit verfaßt wurde, als die Vorsokratik in voller Blüte stand. Es ist die Wirkung des *Logos* der Philosophie, die wir hier erkennen können, und die Art, wie im AT der Kosmos vorgestellt wird, unterscheidet sich der Form nach nicht von derjenigen, die etwa bei Thales, Anaximander oder Heraklit zu finden ist.

Fassen wir die bisherigen Betrachtungen zusammen, so kommt man zu folgendem Ergebnis: Anstelle, wie es heute übliche theologische Praxis ist, nach einer Entmythologisierung der Heiligen Schrift zu rufen oder auch Ansätze zu einer solchen schon in der Bibel selbst hervorzuheben, sollte man eher deren Entlogisierung verlangen. Die mythische Sicht ist etwas Unwiderlegliches;[8] die des Logos ist es nicht, da er im gegebenen Zusammenhang der Kosmologie eine Art Vor- oder Pseudowissenschaft darstellt. Hier also, nicht in den mythischen Denkformen des AT findet sich das historisch endgültig Überholte. Die Weltschöpfungsidee freilich wird dadurch nicht angetastet.

4. Zum wissenschaftstheoretischen Aufbau der Evolutionstheorie

Wenden wir uns nun jenen Schöpfungstagen zu, deren Beschreibung mit der modernen biologischen Evolutionstheorie in Konflikt geraten ist. Dieser Konflikt besteht vor allem darin, daß nach der Schöpfungsgeschichte Gott zuerst die Pflanzen, dann die Tiere und schließlich den Menschen geschaffen hat, während die sog. Evolutionstheorie lehrt, daß alle Organismen auf natürliche Weise allmählich aus primitiveren Formen des Lebens hervorgegangen sind. Dabei beschränke ich mich im folgenden auf die Theorie der Makroevolution, also auf jenen Teil der Evolutionstheorie, der sich auf die phylogenetische Entstehung von Stämmen (zum Beispiel Wirbeltiere), Klassen (zum Beispiel Säugetiere), Ordnungen (zum Beispiel Raubtiere) und Familien (zum Beispiel Hundeartig) bezieht, nicht aber auf die sog. Mikroevolution wie diejenige von Rassen oder Arten, deren Entstehung durch Züchtung, Isolation, Mutation usf.

experimentell bewiesen ist. Auch ist nur die Makroevolution im Vergleich mit der Genesis der Bibel von Bedeutung. Nach dieser notwendigen Klarstellung seien nun die Tatsachen aufgeführt, auf die sich die Makroevolution stützt. Es sind die folgenden.

Erstens: die paläontologischen Funde, aus denen hervorgeht, daß Organismen in bestimmten Zeiträumen aufgetreten oder wieder ausgestorben sind. Im Laufe dieses Prozesses wurden immer höhere Formen ausgebildet, bis er schließlich im Menschen kulminierte.

Zweitens: Unter den Organismen sind bestimmte anatomische, physiologische und verhaltensbestimmte Homologien erkennbar. Diese Homologien gestatten es, die Organismen in Gruppen zusammenzufassen und nähere oder entferntere Verwandtschaftsbeziehungen unter ihnen herzustellen.

Drittens: In der Keimbildung oder Ontogenie scheint sich eine Entwicklung von niederen zu höheren Formen zu wiederholen, weshalb sie von Haeckel als kurze Rekapitulation der Phylogenie bezeichnet wurde. «Alle diese Phänomene», schreibt ein bekannter Evolutionstheoretiker mit Hinblick auf die soeben aufgeführten drei Tatsachengruppen, «liefern in ihrer Gesamtheit einen eindeutigen Beweis dafür, daß eine Evolution der Organismen» (im Sinne der Evolutionstheorie) «stattgefunden hat.» Diese Schlußfolgerung, insbesondere aus den unter Punkt eins und Punkt zwei aufgeführten und kaum ernsthaft zu bezweifelnden Tatsachen, hält aber einer wissenschaftstheoretischen Prüfung nicht stand.

Es handelt sich hier offenbar um einen Schluß von der Wirkung, nämlich den angegebenen Tatsachen, auf eine Ursache, die niemals Gegenstand der Erfahrung sein kann, weil sie ausschließlich in der Vergangenheit liegt und, zumindest, wenn es sich um makroevolutionäre Vorgänge handelt, nicht reproduzierbar ist. Dieser Schluß von der Wirkung auf die Ursache entpuppt sich daher bei näherem Zusehen als Analogieschluß: So wie zum Beispiel gewisse Familienähnlichkeiten die Folge gemeinsamer Ahnen sind, so weisen die Homologien und Ontogenien auf eine gemeinsame Abstammung hin. Ich möchte damit nicht anzweifeln, daß die Evolutionstheorie eine hohe Plausibilität besitzt, wie ja auch dieser Analogieschluß durchaus einleuchtend klingt. Aber von einem eindeutigen Beweis kann nicht die Rede sein. Wann immer man eine Wirkung als Conclusio (hier zum Beispiel die Homologie unter bestimmten Tieren) aus einer bestimmten Ursache ableitet (hier die gemeinsamen Ahnen), da läßt sich dann über die Wahrheit oder Falschheit der Prämisse nicht entscheiden, wenn nur die Conclusio empirisch bestätigungsfähig ist. Eben dieser Fall liegt aber hier vor. Deswegen handelt es sich auch bei der biologischen Evolutionstheorie, so weit sie bisher betrachtet wurde, gar nicht um eine Theorie, deren Gesetze grundsätzlich stets dadurch überprüfbar sein müssen, daß bei empirischer Gegebenheit der Ursache die vorausgesagte Wirkung eintritt, sondern es handelt sich bei ihr in Wahrheit nur um eine Plausibilitätshypothese.

Richten wir hier einen Augenblick unser Augenmerk auf den wissenschaftstheoretischen Aufbau der biologischen Evolutionstheorie. Wir können an ihr gewissermaßen drei Schichten unterscheiden: nämlich erstens die aufgeführten Tatsachenbehauptungen, die nicht bestritten werden sollen; zweitens ein aus diesen gezogener Analogieschluß, der zu einer Plausibilitätshypothese führt; und drittens – darauf werde ich jetzt eingehen – den Versuch, für das in der Plausibilitätshypothese Behauptete eine wissenschaftliche Erklärung zu finden. Denn wenn es nach dieser Hypothese wahr sein soll, daß es eine durchgängig natürliche Evolution von den einfachsten zu den höchsten Organismen gegeben hat, dann ist doch damit noch nicht begreiflich, wie etwas derartiges möglich gewesen sein soll. Welche Ursachen, so ist also zu fragen, haben diese Entwicklung ermöglicht?

5. Kritische Analyse des Begriffs der Mutation

Betrachten wir diese Frage zunächst aus der Sicht jener einer breiteren Öffentlichkeit zugänglichen Biologie, die sich nur auf die phänotypischen Erscheinungen, nicht aber auf deren feinere molekularbiologische Grundlagen stützt. In dieser nicht auf molekularbiologischer Grundlage beruhenden und weitgehend populär gewordenen Biologie werden als Ursachen für die biologische Evolution hauptsächlich Mutation (heute von Biologen auch verallgemeinernd als Variation aufgefaßt) und Selektion angegeben.[9] Unter Mutationen werden Änderungen der chemisch nicht näher aufgeschlüsselten Gene innerhalb einer Population verstanden, die neue biologische Formen erzeugen und – zumindest im Bereiche der Makroevolution – auf Zufall beruhen;[10] durch Selektion aber werden diejenigen von ihnen ausgewählt, welche die «günstigsten» Eigenschaften haben. So bringe die Selektion in den Entwicklungsprozeß jene Richtung, die letztlich vom Einzeller zum Menschen geführt habe. Betrachten wir zunächst die Mutation.

Was bedeutet es eigentlich, wenn man sagt, sie beruhe auf Zufall? Die Naturwissenschaft kennt verschiedene Ereignistypen, die auf Zufall zurückgeführt werden. Wenn zum Beispiel eine Brücke einstürzt, weil sie nicht nur einem Orkan ausgesetzt war, sondern zugleich von einem Erdbeben erschüttert wurde, dann kann man zwar jedes dieser beiden Ereignisse für sich kausal erklären, nicht aber ihr Zusammentreffen. Oder es kann jemand mit Bezug auf einen Würfel ein statistisches Gesetz aufstellen, wonach unter 120 Würfen mit ihm zwanzig Sechsen sein werden. Und doch beruht es auf Zufall, wenn gerade der dreißigste Wurf eine Sechs ergab. Man muß aber unterscheiden zwischen solchen Fällen, wo

die Physiker annehmen, daß bestimmte Zufallsereignisse im Grunde
doch gesetzlich bestimmt sind (wenn es auch schwierig sein mag, dies im
einzelnen zu zeigen) und solchen Fällen, wo das nicht der Fall ist. So ist
zum Beispiel das Auftreten von Elektronen an einer bestimmten Raum-
Zeitstelle trotz der angebbaren Wahrscheinlichkeitsverteilungen genauso
ein Zufall wie der erwähnte dreißigste Wurf, der zu einer Sechs führte;
aber es gibt keine sog. verborgenen Parameter, die dieses quantenphysi-
kalische Ergebnis doch noch in ein kausalgesetzlich determiniertes über-
führen könnten. Was nun die Mutation im Makrobereich betrifft, wenn
sie, wie es ja meistens geschieht, in Absehung ihrer molekularbiologischen Grundlagen erfaßt wird, so gibt es nicht einmal definierte statistische Verteilungen, denen zufolge ihr irgendein Wahrscheinlichkeitswert
zugesprochen werden könnte – sie ist wirklich nichts als Zufall.

Der Satz «Dies beruht auf Zufall», stellt jedoch in Wahrheit überhaupt
keine sachhaltige wissenschaftliche Aussage über die Wirklichkeit dar.
Wir können uns das am besten klarmachen, indem wir ihn mit dem Satz
vergleichen: «Dies beruht auf Gesetzen.» Wenn wir mit ihm meinen, es
sei zwar das Gesetz noch nicht gefunden, woraus das betreffende Ereignis abgeleitet werden kann, aber man könne dessen gewiß sein, daß es
eines Tages entdeckt wird, so verwenden wir in diesem Fall den Begriff
«Gesetz» als apriorische Kategorie der Naturwissenschaften. Es handelt
sich um eine apriorische Kategorie, weil sie uns, wie das Beispiel zeigt,
dazu dient, Erfahrung zu organisieren. Sie stellt mit anderen Worten eines jener allgemeinsten Denkschemata dar, welche der Naturwissenschaft
zugrunde liegen. Wenn man nun aber mit der Aussage «Dies beruht auf
einem Gesetz» ein bestimmtes Gesetz meint, etwa das Gravitationsgesetz
oder das Lichtbrechungsgesetz, dann handelt es sich dabei um eine empirische Spezifikation jenes allgemeinen, apriorischen Denkschemas der
Kausalität. Es ist nun für den Begriff des Zufalls gerade das Kennzeichnende, daß er zu einer solchen empirischen Spezifikation nicht fähig ist.
Während unterscheidbaren Ereignistypen, wenn sie Gesetzen unterworfen sind, unterscheidbare Gesetze zugeordnet werden können wie das
Gravitationsgesetz, das Lichtbrechungsgesetz usf., lassen sich unterscheidbare Ereignistypen, die als dem Zufall unterworfen angesehen werden, nicht aus verschiedenen Zufallstypen ableiten. Wir haben daher dafür immer nur dasselbe Wort: Zufall. So bleibt der Begriff des Zufalls, im
Gegensatz zur Kategorie der Gesetze, immer nur ein apriorisches Denk-
schema, das nie mit einem empirischen Gehalt erfüllt werden kann. Daher trägt er auch zur empirischen Heuristik nichts bei. Er könnte also
ganz aus der Reihe der naturwissenschaftlichen Grundbegriffe entfernt
werden, ohne daß dies zu irgendeinem Verlust an Erkenntnissubstanz
führte. Ja, es würde sich sogar empfehlen dies zu tun, und überall dort,
wo vom Zufall geredet wird, die logisch äquivalente Aussage zu setzen:

«Hierfür gibt es keine wissenschaftliche Erklärung, und damit sind auch die wissenschaftlichen Kategorien und Grundbegriffe a priori auf das Erklärende nicht anwendbar.» Dies hätte nämlich den Vorteil, daß man sich so vor einem folgenschweren semantischen Mißverständnis hütete. Denn wenn man sagt, «Etwas ist entweder durch Gesetze erklärbar oder es beruht auf reinem Zufall», so wird doch damit der Eindruck erweckt, als seien Gesetz und Zufall im gleichen Sinne sachhaltige Elemente der Wirklichkeit. Sagt man aber «Etwas ist entweder wissenschaftlich mit Hilfe von Gesetzen erklärbar oder es ist nicht auf diese Weise erklärbar, und daher lassen sich darauf die wissenschaftlichen Kategorien nicht anwenden», dann ist das nicht nur vollkommen korrekt und logisch zwingend, sondern dann wird damit auch darauf hingewiesen, daß es vielleicht noch auf andere als wissenschaftliche Weise erklärt werden könnte. Alternative Deutungen, etwa religiöser oder mythischer Natur, wären damit nicht von vornherein dogmatisch ausgeschlossen. Tatsächlich ist ja auch die wissenschaftliche Verwendung des Zufalls als eine Art Pendant zum Gesetz nur ein semantischer, teilweise durchaus bewußter Trick, mit dem von vornherein jeder Hinweis auf ein mögliches Wirken transzendenter Mächte unterbunden werden soll.

Halten wir also fest: Das erste Axiom der Theorie über die Makroevolution, soweit es, in Absehung seiner molekularbiologischen Grundlagen, ins allgemeine Bewußtsein gedrungen ist, nämlich die Mutation von Genen, ist kein Gesetz, weder ein statistisches über die Wahrscheinlichkeit von Ereignissen noch ein deterministisches, sondern es ist, nennt man nur das Kind beim Namen, nichts anderes als das folgende Eingeständnis: Es gibt Veränderungen der Gene, die zu neuen makrobiologischen Formen führen, die wissenschaftlich nicht erklärbar sind.

6. Kritische Analyse des Begriffs der Selektion

Betrachten wir nun das zweite Axiom der Evolutionstheorie, die Selektion. Im Gegensatz zur Mutation wird sie zweifellos mit Gesetzen in Verbindung gebracht. Als Beispiele werden etwa aufgeführt: Insekten, die bisweilen zur Flugunfähigkeit mutieren und auf Inseln gerade dadurch besser überleben, weil sie nicht vom Winde auf das Meer hinausgetrieben werden; die durch Mutation gegen Gifte resistenten Bakterien; der Industriemelanismus, wonach verschmutzte und rußgeschwärzte Baumstämme zum Dunkeln mutierenden Nachtfaltern bessere Chancen bieten; die Darwin Finken, die auf den mannigfaltigen Galapagosinseln unter unterschiedlichen Umweltbedingungen leben und damit mehrere Arten ausbildeten; ähnliches gilt für bestimmte Kohlmeisen und andere Tiere oder Pflanzen, die sich durch langandauernde Separationen so voneinander entfernt haben, daß sie nicht mehr miteinander bastardisieren.

Dieses Tatsachenmaterial, worauf sich das Selektionsprinzip stützt, ist indessen recht einseitig. Zum einen enthält es ausschließlich Beispiele für die sog. Mikroevolution; zum anderen sind während der Makroevolution die Selektionsvorgänge vollkommen unbekannt, also jene Selektionsvorgänge, die zur makroevolutionären Entstehung von Organismen geführt haben. So stützt man sich zum Beispiel, ohne daß ich hier näher darauf eingehen kann, bei dem Übergang von den Reptilien zu den Vögeln oder von den Fischen zu den Landtieren auf bloße Vermutungen oder kühne Extrapolationen.

Der wichtigste Einwand gegen das Selektionsprinzip, das in bestimmten Bereichen, besonders bei der Rassenzüchtung gewiß zu Recht vertreten wird, besteht aber darin, daß für die Makroevolution die Kriterien der Selektion empirisch gar nicht definierbar sind. Es ist daher schon öfter darauf hingewiesen worden, daß dieses Prinzip nur tautologisch sei. Denn die allgemeinen Formen, die man ihm geben könnte, nämlich zum Beispiel, daß das Lebensfähigere überlebt oder das Angepaßtere oder dasjenige mit günstigeren Eigenschaften, sind teils zu vage, teils empirisch gar nicht überprüfbar. Man könnte daher in der überwältigenden Zahl der Fälle und gerade bei den bedeutendsten nur sagen, etwas ist lebensfähiger, angepaßter, günstiger usf., weil es überlebt hat, und es hat überlebt, weil es lebensfähiger, angepaßter oder günstiger war.[11]

Schließlich kann es nicht zutreffen, daß Selektion alleine die Richtung für die Evolution bestimmt. Denn was hülfe sie, wenn die Mutation ständig nur Material auf demselben Niveau lieferte? Die Richtung zur Entstehung immer höherer Organismen muß also schon in der Mutation selbst angelegt sein. Damit erweist sich, daß die Rolle des Zufalls noch weit größer ist, als es die übliche Betonung des Selektionsprinzips zuzulassen scheint, und die Hoffnung, mit diesem Prinzip eine kausalgesetzliche Komponente in die Entwicklungsgeschichte des Lebens einzubringen, wird noch kleiner.

7. Evolutionstheorie und Molekularbiologie

Betrachten wir nun die Theorie der Makroevolution auf der Grundlage der inzwischen weit vorangeschrittenen Molekularbiologie. Manche glauben, diese Theorie habe durch die Molekularbiologie eine entscheidende Stütze gefunden. Dabei wird besonders auf Manfred Eigens Entwurf zur Entstehung des Lebens verwiesen.[12]

Inzwischen ist aber die Eigensche Theorie durch den Polymerchemiker Bruno Vollmert kritisiert worden.[13] Während Eigen die Entstehung von längeren DNS-Ketten, die als Träger der sog. genetischen Information die Grundlage des Lebens bilden, unter den Bedingungen der sog. Ursuppe durch Mutation und Selektion annimmt, hält Vollmert dies aus folgenden

Gründen für unmöglich: Erstens gab es in dieser Ursuppe überwiegend monofunktionale Moleküle, also solche, die nur an einer Seite «kleben» und nicht an zwei wie die bifunktionalen, weswegen Ketten eher abgebrochen als fortgesetzt wurden. Zweitens mußte auch das vorhandene Wasser den Aufbau solcher Ketten stören, während Trockenheit wieder die Bewegung der Moleküle hinderte. Drittens fehlten die für die Weiterbildung von DNS-Ketten und gegen ihren Zerfall wirkenden Reparaturenzyme, die ja die Bildung von DNS-Ketten zur Voraussetzung haben. Eigens Theorie kann also nach Vollmerts Meinung die Entstehung des Lebens schon deshalb nicht erklären, weil die Entstehung der dafür erforderlichen DNS-Strukturen durch bloße statistische Polykondensation, also ohne Eingriff eines planenden Willens, gar nicht möglich ist. (Wie es zum Beispiel bei der Herstellung von polymerchemischen Stoffen im Labor oder in der industriellen Produktion geschieht.) Darüber hinaus ist Eigens Lehre von der Selektion von DNS-Strukturen unhaltbar, weil diese ja auf der Auswahl der stabilsten und replikationsfähigsten beruhen soll, Stabilität aber aus den genannten Gründen gerade nicht möglich war und auch die für die Replikation notwendigen Enzyme noch fehlten.

Aber diese Kritik trifft nicht nur die Theorie von der Entstehung des Lebens, sondern auch die heute immer noch weit verbreitete Vorstellung, daß die darauf folgende Makroevolution durch Mutation und Selektion vonstatten gegangen sei. Gegen diese Vorstellung bringt Vollmert gewichtige Einwände vor: Die Makroevolution beruht auf einem Anwachsen neuer Gene an bestehende DNS-Ketten und gerade nicht auf deren Mutation. Es genügt aber nicht, daß irgendein solches Wachstum stattfindet, sondern es müssen die zu der historisch bereits vorhandenen DNS-Struktur passenden Gene sein. So wäre es beispielsweise für einen in Evolution befindlichen Wurm nutzlos, wenn er ein für das menschliche Hirn notwendiges Gen enthielte. Vollmert stellt nun in diesem Zusammenhang eine Wahrscheinlichkeitsrechnung auf, die gar nichts mit der Statistik von Mutanten und deren Zufallsergebnissen zu tun hat, mit der die bisherige Evolutionstheorie ausschließlich operierte. Geht man nämlich davon aus, daß sich von einer Klasse von Organismen zu einer höheren die Zahl der Gene ungeheuer vermehrt, wobei diese etwa 50 000 Gene besäßen, nähme man ferner an, daß bei jedem für das Entstehen einer neuen Klasse notwendigen Wachstum immer nur *ein* bestimmtes Gen und die Nukleotide immer nur in der richtigen Reihenfolge hinzukommen müssen, daß ferner in diesem Zusammenhang eine Vielzahl neuer Stoffe erforderlich ist, deren jeder nur in fünf bis zwanzig Synthesestufen entstehen kann, dann kommt man schließlich für den Übergang von einer dieser Entwicklungsstufen zur nächsthöheren zu einer Wahrscheinlichkeit, die im Mittel $10^{-40\,000}$ beträgt. Zum Vergleich: Die Anzahl der Atome im ganzen Universum liegt bei 10^{80}.

Aber damit noch nicht genug. Es müssen schon sehr viele passende Gene zusätzlich an die historisch bestehenden Ketten angefügt oder in sie eingefügt werden, damit dies einen neuen Phänotypus ergibt. Dann aber tritt dieser als eine ganz neue Klasse in Erscheinung, die nicht durch einfache Mutation oder Selektion gebildet sein kann. Durch Mutation nicht, weil sie nicht auf einer sprunghaften Veränderung bestehender Strukturen erfolgt (weswegen ja derartige Mutationen immer nur innerhalb einer Art stattfinden); und durch Selektion nicht, weil es sich ja nicht um eine Reihe von phänotypischen Veränderungen handelt, die dann der natürlichen Auswahl preisgegeben werden könnten. Die neue Klasse muß sich vielmehr aufgrund eines statistisch absolut unwahrscheinlichen Vorganges im Wachstum von DNS-Ketten latent gebildet haben, um dann plötzlich, als Ganzes, in Erscheinung zu treten. Unter diesen Umständen beantwortet nach Vollmert die Polymerchemie die Frage, ob Lebewesen von selbst entstehen und sich auf natürliche Weise (nach statistischen Gesetzen) vom Einzeller bis zum Menschen entwickeln konnten, mit einem klaren NEIN. Vollmert bemerkt deshalb: «Je strenger sich meine Argumentation im exaktwissenschaftlichen Rahmen hält, indem ich die Bioevolution ganz im neodarwinistischen Sinn als Zufallsgeschehen, nämlich (in der Fachsprache des Polymerikers) als statistische Copolykondensation behandle, desto weniger Scheu habe ich, als Alternative zum Darwinismus die Erschaffung der Welt durch einen allmächtigen Schöpfergeist zu sehen...»[14]

Es ist hier nicht der Ort, näher auf den wissenschaftlichen Streit einzugehen, den Eigens und Vollmerts Auffassungen ausgelöst haben. Doch genügt es für unseren Zusammenhang, daß auch Eigen die Fragwürdigkeit seiner molekularbiologischen Hypothese zur Entstehung und Evolution des Lebens ausdrücklich zugegeben hat. «Wer heute behauptet», schreibt er, «das Problem des Ursprungs des Lebens auf unserem Planeten sei gelöst, der sagt mehr, als er wissen *kann.*»[15]

Blickt man also auf die wissenschaftstheoretische Analyse der sog. biologischen Evolutionstheorie zurück, so fragt man sich in der Tat erstaunt, warum an sie mit solcher Selbstverständlichkeit geglaubt wird, während man den Schöpfungsbericht des AT für ein kindliches Märchen hält. Denn wie man auch die Sache drehen und wenden mag – einen zwingenden Grund gibt es dafür nicht. Vielleicht erinnert man sich hier an das Märchen von dem Kaiser, der keine Kleider anhatte – es mußte nur einmal ausgesprochen werden, damit es alle sehen.

8. Zusammenfassung

Es hat sich gezeigt, daß die Evolutionstheorie des Universums, weit entfernt davon gesichertes Wissen zu sein, wie es ihre populäre Darbietung uns glauben machen will, auf einen bestimmten Wirklichkeitsaspekt gegründet ist, der keinen Anspruch erheben kann, der einzig mögliche zu sein und damit religiöse Aspekte der Welt als Schöpfung Gottes auszuschließen. Es wäre aber ein Mißverständnis, zu meinen, die Evolutionstheorie des irdischen Lebens habe, wolle man nun Vollmert oder Eigen recht geben, schließlich geradezu einen Beweis für oder gegen die in der Genesis vermittelte Schöpfungsgeschichte der Lebewesen geliefert. Auch die dieser Theorie zugrundeliegende Polymerchemie arbeitet wie die der modernen Kosmologie zugrundeliegende Physik mit metaphysischen Voraussetzungen, die nicht diejenigen des Glaubens sein können, sondern ebenfalls einen anderen Aspekt der Wirklichkeit betreffen wie dieser. Wenn daher Vollmert, wie zitiert, bekennt, er scheue sich nicht, als Alternative zum Darwinismus einen Schöpfergott anzunehmen, so spricht er in dieser Hinsicht trotz allem als Glaubender, nicht als Wissenschaftler. Ich will damit keineswegs leugnen, daß wissenschaftliche Ergebnisse, die, wie die seinen, uns vor das Mysterium des Lebens führen, den Glauben befördern können – begründen können sie ihn nicht. Er fließt wie ich schon bemerkte, aus einer ganz anderen Quelle.

Dennoch können wir heute sagen, daß sich die Situation grundlegend gewandelt hat. Denn sowohl die neuen Erkenntnisse innerhalb der Wissenschaftstheorie wie diejenigen der hier erörterten Evolutionstheorien haben jener naiven Wissenschaftsgläubigkeit den Boden entzogen, die in Umkehrung früherer Verhältnisse die Theologie zur ancilla, zur Magd der Wissenschaft gemacht hat.

Es wäre indessen ein grobes Mißverständnis, wollte man annehmen, man könne nun künftig den Spieß einfach wieder umdrehen. Die Kritik, die ich hier teilweise an den modernen Evolutionstheorien geäußert habe, darf nicht darüber hinwegtäuschen, welche zahlreichen Entdeckungen von höchster Bedeutung zugleich mit ihnen verbunden sind, und daß sie uns eine unendlich vertiefte Kenntnis der physikalischen Verhältnisse des Kosmos wie der chemischen Grundlagen des Lebens vermittelt haben.

So scheint mir jener amerikanische Forscher die gegenwärtige Lage am besten zusammengefaßt zu haben, der gesagt hat: «I am as confused as before – but on a much higher level.»

Anhang

Anmerkungen und Literaturhinweise

I. Philosophie und Geschichte der Kosmologie

Anmerkungen

1 A. Comte, Cours de philosophie positive I–VI, Paris 1830–1842.
2 I. Kant, Träume eines Geistersehers, erläutert durch Träume der Metaphysik (1766), Hamburg 1975.
3 Vgl. auch R. R. Hodson (Hrsg.), The Place of Astronomy in the Ancient World, London 1974.
4 K. Mainzer, Symmetrien der Natur. Ein Handbuch zur Natur- und Wissenschaftsphilosophie, Berlin/New York 1988, Kap. 1.3.
5 K. Mainzer, Grundlagenprobleme in der Geschichte der exakten Wissenschaften, Konstanz 1981, 8f.
6 K. Mainzer/J. Mittelstraß, Johannes Kepler, in: J. Mittelstraß (Hrsg.), Enzyklopädie Philosophie und Wissenschaftstheorie Bd. 2, Mannheim/Wien/Zürich 1984, 383–390.
7 K. Mainzer/J. Mittelstraß, Isaak Newton, in: s. Anm. 6, 997–1005.
8 K. Mainzer, Friedrich der Große und der Krieg der Philosophen. Zum Verhältnis von Physik, Philosophie und Religion von Leibniz bis zur Aufklärung, in: Annali dell' Istituto storico italo-germanico in Trente (Jahrbuch des italienisch-deutschen historischen Instituts in Trient) XI Bologna 1985, 103–140.
9 I. Kant, Kritik der praktischen Vernunft 1788, 288–289.
10 Vgl. Anm. 4, Kap. 3.2.
11 J. Audretsch/K. Mainzer (Hrsg.), Philosophie und Physik der Raum-Zeit, Mannheim/Wien/Zürich 1988.
12 Vgl. Anm. 10.
13 K. Mainzer, Geschichte der Geometrie, Mannheim/Wien/Zürich 1980, 196ff.
14 Vgl. z. B. den Beitrag von G. A. Tammann in diesem Band.
15 F. J. Dyson, Time Without End: Physics and Biology in an Open Universe, in: Reviews of Modern Physics 51, 1979, 447–460.
16 F. Hoyle/C. Wickramasinghe, Die Eisennadel-Theorie: Die Welt hat keinen Anfang, in: Bild der Wissenschaft 1, 1989, 77–84.
17 S. W. Hawking, A Brief History of Time. From The Big Bang to Black Holes, London u. a. 1988.

Literaturhinweise

J. Audretsch/K. Mainzer (Hrsg.), Philosophie und Physik der Raum-Zeit, Mannheim/Wien/Zürich 1988.
W. Hawking, A Brief History of Time. From The Big Bang to Black Holes, London u. a. 1988.

K. Mainzer, Symmetrien der Natur. Ein Handbuch zur Natur und Wissenschaftsphilosophie, Berlin/New York 1988.

K. Mainzer, Geschichte der Geometrie, Mannheim/Wien/Zürich 1980.

J. Mittelstraß (Hrsg.), Enzyklopädie Philosophie und Wissenschaftstheorie,
Mannheim/Wien/Zürich 1980ff.

S. Weinberg, Die ersten drei Minuten. Der Ursprung des Universums, München/
Zürich 1977.

II. Die Kosmologie der Griechen

Anmerkungen

 1 Das Problem und die Weise einer Entdeckung der Möglichkeit wissenschaftlicher Rationalität sind unter Rekurs auf die hier eine besondere Rolle spielende
Thaletische Geometrie näher dargestellt in J. Mittelstraß, Die Entdeckung der
Möglichkeit von Wissenschaft, Archive for History of Exact Sciences 2
(1962–1966), 410–435; ebenfalls abgedruckt in J. Mittelstraß, Die Möglichkeit
von Wissenschaft, Frankfurt 1974, 29–55, 209–221.

 2 W. Nestle, Vom Mythos zum Logos. Die Selbstentfaltung des griechischen
Denkens von Homer bis auf die Sophistik und Sokrates, Stuttgart ²1942.

 3 Aristoteles, de an. A5.411a7–8; vgl. Platon, Nom. 899b8–9. Die folgende
Darstellung der griechischen Vorstellung einer Göttlichkeit der Welt folgt der
ausführlicheren Analyse in J. Mittelstraß, «Alles ist voller Götter». Theologische Elemente in der griechischen Philosophie und Wissenschaft, in: B. Gladi-
gow (Ed.), Religionsgeschichte naturwissenschaftlicher Entwicklungen, Tübingen 1989 (im Druck).

 4 Vgl. Platon, Phaidr. 245eff., Nom. 896a.

 5 De an. A2.405a19–21.

 6 Aristoteles, de part. an. A5.645a17–21.

 7 Vgl. G. Patzig, Die frühgriechische Philosophie und die moderne Naturwissenschaft, in: Neue deutsche Hefte 7, 1960/1961, 310.

 8 VS 12 B 1.

 9 VS 22 B 67.

10 Vgl. VS 22 B 31, B 67.

11 VS 64 B 3.

12 Vgl. I. Düring, Aristoteles. Darstellung und Interpretation seines Denkens,
Heidelberg 1966, 214.

13 Tim. 28c.

14 Pol. 379a.

15 VS 21 B 34.

16 VS 31 B 131.

17 Vgl. Aristoteles, Met. B4.1000a18f.

18 Phys. Γ4.203b13–15.

19 Tro. 884–888. Zitat nach W. Burkert, Griechische Religion der archaischen
und klassischen Epoche, Stuttgart etc. 1977 (Die Religionen der Menschheit
15), 470.

20 Ebd.

21 Abbildung nach G. Wolters, Artikel Eudoxos, in: Enzyklopädie Philosophie

und Wissenschaftstheorie I, ed. J. Mittelstraß, Mannheim/Wien/Zürich 1980, 601.

22 Vgl. J. Mittelstraß, Die Rettung der Phänomene. Ursprung und Geschichte eines antiken Forschungsprinzips, Berlin 1962, 140 ff.

23 Dazu J. Mittelstraß, Wissenschaftstheoretische Elemente der Keplerschen Astronomie, in: F. Krafft/K. Meyer/B. Sticker (Eds.), Internationales Kepler-Symposium. Weil der Stadt 1971. Referate und Diskussionen, Hildesheim 1973, 3–27.

24 G. A. Seeck, Über die Elemente in der Kosmologie des Aristoteles. Untersuchungen zu «De generatione et corruptione» und «De caelo», München 1964 (Zetemata 24), 94. Dazu und zu den Analysen Seecks im einzelnen J. Mittelstraß, Über die Elemente in der Kosmologie des Aristoteles, Philosophische Rundschau 14 (1966), 47–60.

25 G. A. Seeck, a.a.O., 120.

26 Vgl. K. Mainzer/J. Mittelstraß, Artikel Kosmologie, in: Enzyklopädie Philosophie und Wissenschaftstheorie II, ed. J. Mittelstraß, Mannheim/Wien/Zürich 1984, 483 f.

27 In Aristotelis physica commentaria, I–II, ed. H. Diels, Berlin 1882/1895, II, 290 f.

28 Die folgende Darstellung der Platonischen und Aristotelischen Kosmologie- und Theologiekonzeption folgt erneut der in Anm. 3 angeführten Arbeit.

29 Tim. 30a/b.

30 Tim. 34a; vgl. 68e, 92c.

31 Tim. 42d.

32 Tim. 38c.

33 Tim. 40d.

34 Tim. 40c.

35 Tim. 90a.

36 Ebd.

37 Tim. 49a–52c.

38 Tim. 52dff.

39 Tim. 42b.

40 Pol. 525c.

41 Tim. 47b.

42 Pol. 615d–617c.

43 Tim. 34cff.

44 Pol. 616e.

45 Pol. 617b.

46 Tim. 29c/d.

47 Phaidr. 247c.

48 Phaidr. 114d.

49 Pol. 529a/b.

50 Nom. 967b.

51 Nom. 890d.

52 Nom. 888b.

53 Nom. 886a.

54 Epin. 988a; in Ansätzen schon bei Platon, Nom. 821d.

55 Phaidr. 246a ff. Übersetzung nach W. Burkert (wie Anm. 17), 477.
56 Frg. 18.
57 Dazu im einzelnen B. Effe, Studien zur Kosmologie und Theologie der Aristotelischen Schrift «Über die Philosophie», München 1970 (Zetemata 50).
58 De cael. A9.279a25–b3. Zur Entwicklung der ‹kosmologischen› Theologie des Aristoteles vgl. W. K. C. Guthrie, The Development of Aristotle's Theology, in: The Classical Quarterly 27, 1933, 162–171, 28, 1934, 90–98 (dt. Die Entwicklung der Theologie des Aristoteles, in: F.-P. Hager (Ed.), Metaphysik und Theologie des Aristoteles, Darmstadt 1969, 75–113). Text der zitierten Stelle nach dieser deutschen Übersetzung, 87.
59 Vgl. Phys. H1.241b34–37, H4.249a26–5.250a20.
60 Met. Λ6.1071b6–7.
61 Met. Λ7.1072a26. Übersetzung hier wie im folgenden nach F. F. Schwarz, Aristoteles. Metaphysik. Schriften zur Ersten Philosophie, Stuttgart 1970.
62 Met. Λ8.
63 Met. Λ7.1072b13–14.
64 Met. Λ7.1072b26–27.
65 Met. Λ7.1072b28–30.
66 Met. Λ7.1072b21.
67 Met. Λ7.1072b19–20 (αὐτὸν δὲ νοεῖ ὁ νοῦς κατὰ μετάληψιν τοῦ νοητοῦ).
68 Erkennbar auch schon bei Platon, Phileb. 30d.

Literaturhinweise

W. Burkert, Weisheit und Wissenschaft. Studien zu Pythagoras, Philolaos und Platon, Nürnberg 1962.
E. J. Dijksterhuis, Die Mechanisierung des Weltbildes, Berlin/Göttingen/Heidelberg 1956.
P. Duhem, Le système du monde. Histoire des doctrines cosmologiques de Platon à Copernic, I–X, Paris 1914–1959.
K. von Fritz, Grundprobleme der Geschichte der antiken Wissenschaft, Berlin/New York 1971.
W. Jaeger, Die Theologie der frühen griechischen Denker, Stuttgart 1953.
A. Koyré, From the Closed World to the Infinite Universe, Baltimore 1957 (dt. Von der geschlossenen Welt zum unendlichen Universum, Frankfurt 1969).
F. Krafft, Geschichte der Naturwissenschaft I (Die Begründung einer Wissenschaft von der Natur durch die Griechen), Freiburg 1971.
J. Mittelstraß, Die Rettung der Phänomene. Ursprung und Geschichte eines antiken Forschungsprinzips, Berlin 1962.
S. Sambursky, Das physikalische Weltbild der Antike, Stuttgart/Zürich 1965.
B. L. van der Waerden, Die Astronomie der Griechen. Eine Einführung, Darmstadt 1988.
C. F. von Weizsäcker, Die Tragweite der Wissenschaft I (Schöpfung und Weltentstehung. Die Geschichte zweier Begriffe), Stuttgart 1964.

III. Physikalische Kosmologie I:
Das Standardmodell

Literaturhinweise

J. Audretsch, Modelle des expandierenden Universums (Allgemeinrelativistische Kosmologie), in: Physik und Didaktik, 2, 218–235 (1974).
J. Audretsch, Die Thermische Geschichte des Universums, in: Physik und Didaktik, 7, 226–241 (1979).
E. R. Harrison, Cosmology, Cambridge Univ. Press., Cambridge 1981.
Kosmologie – Struktur und Entwicklung des Universums, in: Spektrum-der-Wissenschaft-Verlagsgesellschaft, Heidelberg 1984.
W. Priester, H.-J. Blome, Zum Problem des Urknalls: Big Bang oder Big Bounce?, in: Sterne und Weltraum 26, 83–89 (1987) und 26, 140–144 (1987).
G. Contopoulos, D. Kotsakis, Cosmology – The Structure and Evolution of the Universe, Springer-Verlag, Berlin 1987.

IV. Physikalische Kosmologie II:
Das Inflationäre Universum und der
kosmologische Münchhauseneffekt

Literaturhinweise

D. N. Schramm, The early universe and high-energy physics, in: Physics Today, April 1983, 27–33.
A. H. Guth, P. J. Steinhardt, Das Inflationäre Universum, in: Spektrum der Wissenschaft, Juli 1984, 80–94.
M. S. Turner, The inflationary paradigm in: Proc. Cargese School on Fundamental Physics and Cosmology, J. Audouze, J. Tran Thanh Van (Hrsg.), Editions Frontières, Gif-sur-Yvette, 1986.
A. Linde, Particle physics and inflationary cosmology, in: Physics Today, September 1987, 61–68.
T. Rothman, G. F. R. Ellis, Has cosmology become metaphysical? in: Astronomy 15, Heft 2, 6–22 (1987).

V. Die Bestätigung des Urknalls durch Beobachtung

Anmerkungen

1 Bewegt sich eine Schallquelle auf uns zu, wird ihr Ton zu hoch gehört, entfernt sie sich, erscheint ihr Ton tiefer. Der Effekt ist als Doppler-Effekt bekannt. Analog erscheint eine sich annähernde Lichtquelle zu blau, eine sich entfernende zu rot. Dabei werden auch die Spektrallinien – sofern die Lichtquelle solche besitzt (wie etwa eine Galaxie) – ins Blaue bzw. Rote verschoben. Dies erlaubt sehr exakt, die Rotverschiebungen von Galaxien zu messen. – Bezeichnet man die Ruhewellenlänge einer Spektrallinie mit λ_0 (im Laboratorium gemessen), wird diese aber bei der Wellenlänge λ beobachtet, so ist die Rotverschiebung $z = (\lambda-\lambda_0)/\lambda_0$. Solange z klein ist, gilt dann angenähert für die Geschwindigkeit v (in km s^{-1}) $\approx$ cz (c = Lichtgeschwindigkeit = 300 000 km s^{-1}).

2 Es gilt $1+z = R_0/R$, wo R der Krümmungsradius bei der Rotverschiebung z und R_0 der heutige Krümmungsradius ist.

3 Es gibt allerdings einen warmen und einen kühlen Pol der Hintergrundsstrahlung, was aber durch eine zufällige Bewegung unserer Milchstraße von 600 km s^{-1} relativ zum Hintergrund und in Richtung des warmen Pols erklärt wird.

4 Bei der adiabatischen Expansion des Universums gilt für die Strahlungstemperatur T: $T/T_0 = R_0/R = (1+z)$ [vgl. Anm. 2], wo T die Temperatur bei der Rotverschiebung z und T_0 die heutige Temperatur ist. Aus der Beziehung folgt auch, daß der primordiale Feuerball heute bei einer Rotverschiebung von $z \approx 1100$ beobachtet wird.

5 Die erwähnten überhellen Quasar-Galaxien kommen für die He-Erzeugung nicht in Frage, weil sie sicher eine *zentrale*, extrem helle Lichtquelle haben, die vermutlich aus einem rotierenden schwarzen Loch besteht, in das Materie einfällt.

6 Man könnte diese Schwierigkeit noch beheben durch die Einführung der kosmologischen Konstante Λ. Aber dieser zusätzliche Freiheitsgrad würde das Konsistenzargument schwächen.

7 Auf die Masse eines Sternes kann aus seiner Leuchtkraft geschlossen werden. Hierfür ist allerdings eine gute Distanz notwendig.

8 Es wurde schon darauf hingewiesen, daß der stabilste Atomkern der von ^{56}Fe ist. Beim Aufbau der Elemente aus Protonen und Neutronen bis zum ^{56}Fe gewinnt man daher Energie; der Aufbau noch schwererer Atomkerne ist hingegen endotherm.

9 Das Alter des Sonnensystems ist äußerst zuverlässig bestimmt dank der radioaktiven Elemente in der Erd- und Mondkruste und in den Meteoriten.

Literaturhinweise

T. Ferris, Die Rote Grenze, Basel 1982.

T. Ferris, The Coming of Age of the Milky Way, New York 1988.

E. R. Harrison, Kosmologie, Darmstadt ^{2}1984.

R. Kippenhahn, Licht vom Rande der Welt, Stuttgart ^{3}1985.

Kosmologie, Spektrum-der-Wissenschaft-Verlag, Heidelberg ^{4}1988.

J. Narlikar, The Structure of the Universe, London 1977.

M. Rowan-Robinson, Cosmology, Oxford ^{2}1981.

A. Sandage, Observational Tests of World Models, in: Annual Review of Astronomy. Bd. 25, Palo Alto 1988.

D. W. Sciama, Modern Cosmology, Cambridge 1971.

R. Sexl und H. K. Schmidt, Raum-Zeit-Relativität, Braunschweig ^{2}1981.

J. Silk, The Big Bang, San Francisco 1980.

G. A. Tammann, Vom Urknall bis zur Entstehung der Erde, in: Schriftenreihe des Förderkreises der Wissenschaftlichen Regionalbibliothek Lörrach, Heft 1 (1987).

S. Weinberg, Die ersten drei Minuten, München 1983.

VI. *Entstehung und Entwicklung der* *Strukturen im Universum*

Anmerkungen

1 Wegen der Gültigkeit von $T = T_o z$, $\varrho = \varrho_o z^3$ fällt die z-Abhängigkeit heraus, so daß (1.4) auch gültig ist mit ϱ_o und T_o (heutige Dichte und Strahlungstemperatur).

2 Würde nicht der Gasdruck, sondern der Strahlungsdruck den Stern gegenüber der Gravitationsanziehung stabilisieren, so würde $L \sim GM$ gelten, was nicht beobachtet wird. – Die G^4-Abhängigkeit von L gemäß (2.3) setzt den Theorien einer variablen Gravitations-«Konstanten» enge Grenzen.

3 Dieser Massenwert ist die *Chandrasekhar*-Grenze für Eisen.

Literaturhinweise

H. Dehnen, Über den Endzustand der Materie, Universitätsverlag Konstanz, 1972.

R. Kippenhahn, 100 Milliarden Sonnen, Piper-Verlag, München 1980 (Taschenbuchausg. 1987).

P. J. A. Peebles, Physical Cosmology, Princeton University Press, 1971.

K. Schaifers und G. Traving, Meyers Handbuch über das Weltall, Bibliographisches Institut Mannheim, 1986.

R. Sexl und H. Sexl, Weiße Zwerge – Schwarze Löcher, Vieweg-Verlag, Wiesbaden 1987.

A. Unsöld und B. Baschek, Der Neue Kosmos, Springer-Verlag, Heidelberg 1988.

S. Weinberg, Die ersten drei Minuten, Piper-Verlag, München 1986 (auch als Taschenbuch bei dtv).

VII. *Naturphilosophie,* *Kosmologie und das Anthropische Prinzip*

Anmerkungen

1 Am stärksten ist dieser Gegensatz in der Frühschrift Hegels ausgeprägt: G. W. F. Hegel: Dissertatio Philosophica de Orbitis Planetarum (über die Planetenbahnen), lat.-dtsch. in: Hegels gesammelte Werke, hrsg. v. G. Lasson, Band 1, Leipzig 1928, 347–401.

2 W. Dubislav: Naturphilosophie, Berlin 1933.

3 M. Schlick: Naturphilosophie, in: Lehrbuch der Philosophie, hrsg. v. M. Dessoir, Bd. 2, Berlin 1925; H. Reichenbach: Philosophie der Raumzeitlehre, Berlin 1928, speziell die §§ 43–45.

4 K. R. Popper: Logik der Forschung, Tübingen ^{6}1976, Vorwort, XIV.

5 L. Wittgenstein: Tractatus logico-philosophicus 4.0031, 4.112.

6 Für eine ausführliche Kritik der Wittgensteinschen Position vgl. B. Kanitscheider: Zum Verhältnis von analytischer und synthetischer Philosophie, in: Neues Jahrbuch 1985, Band 11, S.91 (hrsg. von R. Berlinger, Würzburg 1985).

7 Für eine detaillierte Analyse dieses Problemkomplexes vgl. B. Kanitscheider: Philosophie und moderne Physik, Darmstadt 1979, Kap. III, 61 ff.

8 Th. Digges: A perfit description of the caelestiall orbes, London 1576.

9 Für viele zeitgenössische Äußerungen hierzu vgl.: A. Koyré: Von der geschlossenen Welt zum unendlichen Universum. Aus dem Amerikanischen übersetzt von R. Dornbuche, Frankfurt a. M. 1969.

10 G. Bruno: Das Aschermittwochsmahl, hrsg. von H. Blumenberg, Frankfurt a. M. 1981.

11 J. Kepler: Unterredung mit dem Sternenboten (1610), Hamburg 1964.

12 F. W. Herschel: On the construction of the heavens, in: Collected papers, hrsg. von J. L. E. Dreyer, Band 1, London 1912.

13 E. Harrison: Cosmology, Cambridge 1981, 90.

14 H. Bondi: Cosmology, Cambridge 2. Aufl. 1961, 13.

15 C. A. Hooker: A realist theory of science, State University of New York Press, Albany N.Y. 1987.

16 R. Spaemann/R. Löw: Die Frage wozu? München 1981.

17 So hören wir etwa Jean Leclercq von der Abtei d'Orval diese Auffassung formulieren: «Gott verbreitet seine Herrlichkeiten mit einer großzügigen Unbekümmertheit, die Sterne sind zu nichts anderem gut, als Zeugnis von seiner Größe zu geben.» (J. Demaret/Chr. Barbier: Le principe anthropique en cosmologie. Revue des Questions Scientifiques 1981, 152(2) 181–222).

18 J. D. Barrow/F. Tipler: The Anthropic Cosmological Principle, Oxford 1986, 15.

19 J. D. Barrow: Life, The Universe and the Anthropic Principle, The World and I, August 1987, 183.

20 P. C. W. Davies: The Accidental Universe, New York 1982.

21 V. Trimble: The Anthropic Principle as a unifying approach to the Universe. Preprint of the 16th ICUS, Atlanta (Georgia) 1987.

22 P. A. M. Dirac: The cosmological constants, Nature 139 (1937) 923.

23 R. H. Dicke: Dirac's Cosmology and Mach's Principle, Nature 192 (1961) 440.

24 C. B. Collins and S. W. Hawking: Why is the Universe isotropic? Astrophys. Journ. 180 (1973) 317–334.

25 Brandon Carter, der das starke Anthropische Prinzip 1974 eingeführt hat, hat später seine Verteidigungsfähigkeit abgeschwächt und sich dafür ausgesprochen, es eher im Sinne eines Kognitionsprinzips zu verwenden (B. Carter: The Anthropic Principle and its Implications for Biology. Transactions of the Royal Society London, A 310 [1983] 347–363).

26 G. Feinberg: The mis-anthropic principle, The World and I, August 1987, 384–391.

27 J. J. C. Smart: Philosophical Problems of Cosmology. Revue Internationale de Philosophie 41, 160 (1987) 112–126.

28 C. B. Collins, S. W. Hawking: Why is the Universe isotropic? loc. cit., 334.

29 G. J. Whitrow: Why physical space has three dimensions. Brit. Journ. Sci. 6 (1955) 13–31.

30 V. Trimble: The Anthropic Principle as a unifying approach to the universe, loc. cit., 8.

31 Für weitere Details vgl. B. Kanitscheider: Kosmologie. Geschichte und Systematik in philosophischer Perspektive. Stuttgart 1984.
32 B. Pascal: L'Œuvre de Pascal. Texte établi et annoté par Jacques Chevalier, Paris 1950 (Bibliothèque de la Pléiade) Fr. 91.

Literaturhinweise

E. Harrison, Darkness at Night, Harvard Univ. Press Cambridge (Mass.) 1987.
H. Fritsch, Vom Urknall zum Zerfall, Piper München 1987.
B. Kanitscheider, Kosmologie. Geschichte und Systematik in philosophischer Perspektive, Verlag Philipp Reclam jun. Stuttgart 1984.
B. Kanitscheider, Das Weltbild Albert Einsteins, C. H. Beck Verlag München 1988.
E. F. Taylor/J. A. Wheeler, Spacetime Physics, Freeman San Francisco 1966.

VIII. *Biblische Schöpfungsgeschichte und physikalische Kosmogonie*

Anmerkungen

1 In seinem Hauptwerk «De revolutionibus orbium coelestium Libri VI», 1543, hat der Domherr von Frauenburg (1473–1543) die Sonne als Mittelpunkt kreisförmiger Planetenbahnen dargestellt.
2 Galileo Galilei (1564–1642), schon 1614 vom Dominikaner Caccini angeklagt, wurde in einem 1. Prozeß 1616 verurteilt und nach hartnäckigem Festhalten an seinen heliozentrischen Thesen in einem 2. Prozeß 1633 zum Abschwören gezwungen und in Gewahrsam genommen. Leider hat die Kirche erst durch Papst Johannes Paul II. ihren schuldhaften Irrtum öffentlich einbekannt.
3 Ernst Haeckel (1834–1919), Zoologe, verhalf der Deszendenztheorie Darwins in Deutschland zum Durchbruch. Sein Werk «Welträtsel» (1899) erlebte viele Auflagen und wurde für unzählige Menschen ihre saekularisierte «Bibel».
4 In Wirklichkeit stecken selbst in den a-posteriorisch verifizierbaren Ergebnissen der Naturwissenschaften, vor allem aber in ihren weithin auf Extrapolation und Analogieschlüssen basierenden «Weltbildern», a-priorische Implikationen, die selber nicht mehr mit naturwissenschaftlichen Methoden verifizierbar sind. Instruktiv ist in dieser Hinsicht das Buch «Kritik der wissenschaftlichen Vernunft» von Kurt Hübner (Freiburg ²1979).
5 Einen überaus gewichtigen Beitrag zur Mythos-Forschung hat Kurt Hübner geliefert in seinem trotz der Beschränkung auf die Mythen der Griechen tiefschürfenden und umfassenden Werk «Die Wahrheit des Mythos» (München, C. H. Beck-Verlag, 1985, 465 S.).
6 Zum Unterschied zwischen christlicher Religion und Mythos überhaupt vgl. K. Hübner, Wahrheit des Mythos, a.a.O. 343 f.
7 Eine instruktive Analyse der Struktur von Genesis 1 findet sich bei Johannes Schildenberger O. S. B., Vom Geheimnis des Gotteswortes, Kerle, Heidelberg 1950, 138–148.
8 In Genesis 1 sind Sonne und Mond nicht wie in der Umwelt Israels Götter, sondern nur «Leuchten» und damit Dinge, Sachen, wiewohl sie bedeutende kosmische Funktionen haben.

9 Sie wird gut beleuchtet in dem Vortrag von Werner Heisenberg, Naturwissenschaftliche und religiöse Wahrheit (1973), in: Gesammelte Werke Bd. III (Piper, München 1985) 422–439.

Literaturhinweise

C. Westermann, Genesis. Biblischer Kommentar AT, Bd. I, 1, Neukirchen ²1976.

G. von Rad, Das erste Buch Mose, Göttingen ¹⁰1976 (in «Das Alte Testament Deutsch», Teilband 12/4).

J. Scharbert, Genesis 1–11, Würzburg 1983 (Neue Echterbibel Bd. 1).

O. Stech, Der Schöpfungsbericht der Priesterschrift, Göttingen 1975.

A. Deissler, P. Jordan, M. Schmaus, A. Winklhofer, Evolution und christliches Weltbild. Veröffentlichungen der Akademie der Erzdiözese Freiburg, Nr. 1 (1966).

IX. Die biblische Schöpfungsgeschichte im Lichte moderner Evolutionstheorien

Anmerkungen

1 Entweder das Universum wird in seinem Urzustand als realer Punkt vorgestellt, dann steht dies im Gegensatz zu fundamentalen physikalischen Erhaltungsgesetzen (Erhaltung der Baryonenzahl) oder man faßt diesen Punkt als bloße Singularität auf, dann hat die Aussage über den Urknall keinen Realitätsgehalt.

2 Ähnlich liegen die Verhältnisse bei anderen Tests, wie dem Dichtetest oder Altertest.

3 Vgl. V. Weidemann, Die Entstehung der Welt aus dem Nichts. Kosmologie an den Grenzen der Wissenschaft. In: H. Lenk (Hrsg.), Zur Kritik der wissenschaftlichen Rationalität. Freiburg 1986.

4 Vgl. K. Hübner, Die Wahrheit des Mythos, München 1985.

5 Vgl. K. Hübner, Kritik der wissenschaftlichen Vernunft, Freiburg ³1986.

6 Vgl. H. Reichenbach, The Direction of Time, Berkeley 1956.

7 H. Weyl, Philosophie der Mathematik und Naturwissenschaft, Darmstadt 1966.

8 Damit ist nicht gemeint, daß es *innerhalb* der mythischen Sichtweise keine Falsifikationen geben könne; damit ist nur gemeint, daß der mythische Aspekt als solcher, genauso wenig wie der wissenschaftliche, zurückgewiesen werden kann, weil er wie der wissenschaftliche auf apriorischen Voraussetzungen beruht, die keiner theoretischen Begründung mehr zugänglich sind.

9 Ich übergehe hier aus Raumgründen die meist noch erwähnte Rekombination der Gene und die verschiedenen Formen der Isolation.

10 Im mikroevolutionären Bereich dagegen lassen sich innerhalb bestimmter Arten Mutationen herstellen, die aufgrund physikalischer oder chemischer Einwirkungen (Röntgenstrahlen, Senfgas, Methane, Alkaloide usf.) zu Änderungen mit statistisch feststellbarer Häufigkeit führen. Überwiegend haben aber solche künstlich ausgelöste Mutationen eine Degeneration, ja, eine Zerstörung der Nachkommenschaft zur Folge.

11 Vgl. u. a.: C. H. Waddington, The Strategy of the Genes, London 1965, und L. L. Whyte: Internal Factors in Evolution, London 1965. Die Unmöglichkeit, makroevolutionäre Entwicklungen mit Hilfe von Selektion zu erklären, wird neuerdings von dem Polymerchemiker B. Vollmert behauptet. Siehe weiter unten Abschnitt 7.

12 M. Eigen, Selforganisation of Matter and the Evolution of Biological Macromolecules, in: Die Naturwissenschaften, Bd. 58, 1971.

13 B. Vollmert, Das Molekül und das Leben, Reinbek 1965.

14 B. Vollmert, a.a.O., S. 26.

15 M. Eigen, Die Entwicklung des Lebens, in: Natur, 3/83.

Literaturhinweise

M. Eigen, Selforganisation of Matter and the Evolution of Biological Macromolecules, in: Die Naturwissenschaften, Bd. 58, 1971.

H.-E. Hengstenberg, Evolution und Schöpfung, München 1963.

K. Hübner, Kritik der wissenschaftlichen Vernunft, Freiburg ³1986.

K. Hübner, Die Wahrheit des Mythos, München 1985.

A. Locker (Hrsg.), Evolution – kritisch gesehen, Salzburg 1983.

A. Portmann, Biologische Fragmente zu einer Lehre vom Menschen, Basel 1944.

W. Tischler, Naturgeschichte und Ökologie, in: Zool. Anz. 219 (1987) 5/6.

B. Vollmert, Das Molekül und das Leben, Reinbek 1985.

V. Weidemann, Die Entstehung der Welt aus dem Nichts. Kosmologie an den Grenzen der Wissenschaft, in: H. Lenk (Hrsg.), Zur Kritik der wissenschaftlichen Rationalität, Freiburg 1986.

Personenregister

Alpher, R. 122
Amenhotep II. 181
Anaxagoras 17, 23, 42
Anaximander 42–47, 157, 195
Anaximenes 157
Apollonios von Perge 18, 48
Aristarch von Samos 18, 50
Aristophanes 66
Aristoteles 19, 42, 44 f, 51–57, 61–64,
  159, 184, 186
Augustinus, A. 12, 19, 46, 81, 177, 181

Birkhoff, G. 193
Bloch, E. 93
Boltzmann, L. 193
Bondi, H. 34, 38, 162
Börner, G. 121
Brahe, T. 20
Bruno, G. 22, 160
Buber, M. 177
Bunsen, R. W. 25
Burkert, W. 47

Cartan, E. 31
Carter, B. 168, 190
Cavendish, H. 23
Chandrasekhar, S. 151, 154
Cheseaux, J.-Ph. L. de 67
Collins, B. 172
Comte, A. 13
Cusanus, N. 21 f
Cysat, J. B. 25

Dante 37
Darwin, Ch. 163
Demokrit 51, 159
Descartes, R. 17, 22 f
Deuterojesaja 184
Dicke, R. 122
Diggs, Th. 122
Diogenes von Appollonia 45
Dirac, P. A. M. 169

Dyson, F. J. 37

Eddington, A. S. 29, 119
Ehlers, J. 121
Einstein, A. 10, 26–29, 32, 35, 38, 71,
  75, 114 f
Ellis, J. F. R. 167
Empedokles 17, 42–45
Eudoxos von Knidos 18, 47 f, 51, 56,
  60 f, 63
Euripides 46

Feinberg, G. 172
Felix der Manichäer 177
Friedmann, A. 115 f, 121, 127

Galilei, G. 12, 22, 176 f
Gamow, G. 122
Gaua, K. F. 29
Gilbert, W. 21
Gödel, K. 35
Goethe, J. W. von 187
Gold, T. 34

Häckel, E. 177
Halley, E. 67
Hawking, S. W. 39, 172
Helmholtz, H. von 144, 146
Herakleides Pontikos 51
Heraklit 44 f, 195
Hermann, R. 122
Herschel, W. 25, 161
Hertzsprung, E. 148
Hesiod 41, 44 f
Hipparchos von Nikaia 48, 50, 52
Hölderlin, F. 113
Homer 41, 45, 58
Hubble, E. P. 71, 117, 119, 127 f
Hübner, K. 180, 183
Humason, M. L. 119
Humboldt, A. von 183
Huygens, Ch. 25

Ignatius von Loyola 113
Isis 16

Jeans, J. 136
Jesus 177
Johannes 37

Kaluza, Th. 174
Kant, I. 15, 17, 23f, 36, 38f, 159
Kelvin s. Thomson
Kepler, J. 2f, 23, 50, 52, 56, 161
Kirchhoff, R. 25
Klein, O. 174
Kopernikus, N. 47, 49, 52, 160, 176
Kristian, J. 120

Lagrange, J. L. 25
Laplace, P. S. 25
Leibniz, G. W. 24f, 159
Lemaître, G. 115, 119
Leverrier, U. J. J. 26
Lundmark, K. 117
Luther, M. 176

Marduk 41, 179
Marius, S. 25
Maxwell, J. C. 27, 193
Meer, S. van der 124
Melanchthon, Ph. 176
Messier, C. 25
Münchhausen, B. Freiherr von 195
Musaios 41

Neumann, J. von 193
Newcomb, S. 26
Newton, I. 10, 20f, 23–26, 28, 34f, 38, 159
Nietzsche, F. 37

Olbers, H. W. M. 26, 67, 134
Oppenheimer, J. R. 153
Osiander, A. 20
Osiris 16

Parmenides 42
Pascal, B. 174
Penrose, R. 33f

Penzias, A. A. 32, 73, 122
Pharao 181
Philippos von Opus 62
Philolaos 17, 43, 51
Platon 18f, 42f, 45, 51, 57–64
Poisson, S. D. 25
Popper, K. R. 158
Ptolemaios 17, 19f, 47–49
Pythagoras 17

Reichenbach, H. 158, 160
Rubbia, C. 124
Russell, H. N. 148

Salomo 180
Sandage, A. 119f
Schlick, M. 158
Schwarzschild, K. 153
Seek, G. A. 54
Seeliger, H. H. 26
Seleukos von Seleukeia 51
Shapley, H. 161
Silberstein, L. 117
Simplikios 57
Slipher, V. M. 116
Smart, J. J. C. 172
Strömberg, G. 117

Thales von Milet 17, 42–44, 157, 195
Thomas von Aquin 12, 183
Thomson, William Sir (Lord Kelvin) 144, 146
Tiamat 179

Volkoff, I. 153

Wallace, A. R. 164
Westfal, J. 120
Whitrow, G. 173
Wilson, R. W. 32, 73, 122
Wirth, C. 117
Wittgenstein, L. 39, 159
Wright, T. 24

Xenophanes 45

Zenger, E. 188

Sachregister

Die Autoren

JÜRGEN AUDRETSCH, geb. 1942, ist Professor für Theoretische Physik an der Universität Konstanz. Neben zahlreichen wissenschaftlichen *Artikeln* in Fachzeitschriften und Sammelbänden stammen von ihm die folgenden *Buchveröffentlichungen:* Schwarze Löcher – Das Schicksal schwerer Sterne (1976). Übersetzung und Herausgabe von E. Schrödinger: Die Struktur der Raum-Zeit (1987). Mit K. Mainzer: Philosophie und Physik der Raum-Zeit (1988).

HEINZ DEHNEN, geb. 1935, studierte Physik, Mathematik und Chemie an der Universität Freiburg. Nach der Habilitation (1965) Privatdozent in Freiburg und München. Seit 1970 Ordinarius für Theoretische Physik an der Universität Konstanz. *Wissenschaftliche Publikationen* in Fachzeitschriften zur Gravitationstheorie, Kosmologie und Feldtheorie.

ALFONS DEISSLER, geb. 1914, ist em. Ordinarius für Alttestamentliche Literatur an der Universität Freiburg/Br. *Wichtigere Buchveröffentlichungen:* Psalm 119 (118) und seine Theologie (1955). Les Petits Prophètes (1961/1964). Die Grundbotschaft des Alten Testamentes (1969). Die Zwölf Propheten (3 Bde., 1981, 1984, 1988). Biblisch glauben (1982). Wer bist du, Mensch? Die Antwort der Bibel (1985). Dann wirst du Gott erkennen. Die Grundbotschaft der Propheten (1987). Die Psalmen (ab 1963 in 8 Auflagen).

KURT HÜBNER, geb. 1921, ist em. o. Professor für Philosophie an der Universität Kiel. Seine Hauptarbeitsgebiete sind Wissenschaftstheorie, Philosophie der Geschichte, des Mythos, der Religion und Politik. *Veröffentlichungen u.a.:* Beiträge zur Philosophie der Physik (1963). Kritik der wissenschaftlichen Vernunft (³1986). Die Wahrheit des Mythos (1985).

BERNULF KANITSCHEIDER, geb. 1939, studierte Philosophie, Mathematik und Physik an der Universität Innsbruck. 1970 Habilitation in Innsbruck. Seit 1974 Professor für Philosophie der Naturwissenschaften an der Universität Gießen. *Monographien:* Geometrie und Wirklichkeit (1971). Philosophisch-historische Grundlagen der Physikalischen Kosmologie (1974). Vom Absoluten Raum zur dynamischen Geometrie (1976). Philosophie und moderne Physik (1979). Wissenschaftstheorie der Naturwissenschaft (1981). Kosmologie. Geschichte und Systematik in philosophischer Perspektive (1984). Das Weltbild Albert Einsteins (1988).

KLAUS MAINZER, geb. 1947, studierte Mathematik, Physik und Philosophie in Münster; Promotion Münster 1973, Habilitation Münster 1979, Heisenberg-Stipendiat 1980, Professor für Philosophie in Konstanz 1981–1988, Prorektor der

Universität Konstanz 1985–1988, seit 1988 Ordinarius für Philosophie und Wissenschaftstheorie an der Universität Augsburg. *Buchveröffentlichungen u. a.:* Geschichte der Geometrie (1980). Grundwissen Mathematik I (mit H. Hermes, F. Hirzebruch u. a.) (1983, 2. Aufl. 1988, engl. 1989). Philosophie und Physik der Raum-Zeit (mit J. Audretsch) (1988). Symmetrien der Natur. Ein Handbuch zur Natur- und Wissenschaftsphilosophie (1988).

Jürgen Mittelstrass, geb. 1936, studierte Philosophie, Germanistik und Evang. Theologie an den Universitäten Bonn, Erlangen, Hamburg und Oxford. Promotion 1961, Habilitation 1968 in Erlangen. Seit 1970 Professor der Philosophie in Konstanz. *Buchveröffentlichungen:* Die Rettung der Phänomene (1962). Neuzeit und Aufklärung (1970). Das praktische Fundament der Wissenschaft und die Aufgabe der Philosophie (1972). Die Möglichkeit von Wissenschaft (1974). Wissenschaftstheorie als Wissenschaftskritik (1974, mit P. Janich u. F. Kambartel). Wissenschaft als Lebensform (1982). Fortschritt und Eliten (1984). Die Modernität der Antike (1986). Geist Gehirn Verhalten (1989, mit M. Carrier).

Gustav Andreas Tammann, geb. 1932, studierte Astronomie, Mathematik, Physik und Chemie in Basel, Göttingen und Freiburg i. Br. Promotion 1961, Habilitation 1970, seit 1977 Ordinarius für Astronomie und Institutsvorsteher in Basel, nach Aufenthalten an den Mount Wilson und Palomar Observatories und Professur in Hamburg. Mitglied der Leopoldina-Akademie, Dr.rer.nat.h.c. *Buchveröffentlichungen:* Revised Shapley Ames Catalog (mit A. Sandage, 2. Aufl. 1987). Halley's Komet (mit P. Véron, 1985). Zahlreiche Beiträge in Fachzeitschriften und Tagungsberichten.

Anzeigen

Mensch und Natur

Klassiker der Naturphilosophie
Von den Vorsokratikern bis zur
Kopenhagener Schule
Herausgegeben von Gernot Böhme
1989. 458 Seiten mit 28 Abbildungen. Leinen

Otto Mayr
Uhrwerk und Waage
Autorität, Freiheit und technische Systeme
der frühen Neuzeit
1987. 302 Seiten mit 38 Abbildungen. Leinen

Carolyn Merchant
Der Tod der Natur
Ökologie, Frauen und neuzeitliche Naturwissenschaft
Nachdruck 1987. 323 Seiten mit 20 Abbildungen. Broschiert

Franz-Josef Brüggemeier, Thomas Rommelspacher
Besiegte Natur
Geschichte der Umwelt im 19. und 20. Jahrhundert
2. Auflage 1989. 198 Seiten. Paperback (BsR 345)

Hans-Joachim Werner
Eins mit der Natur
Mensch und Natur bei Franz v. Assisi,
Jakob Böhme, Albert Schweitzer
und Teilhard de Chardin
1986. 164 Seiten. Paperback (BsR 309)

Das Ende des blauen Planeten?
Die Zerstörung der Erdatmosphäre:
Gefahren und Auswege
Herausgegeben von Paul J. Crutzen
1989. 271 Seiten mit 21 Abbildungen und 9 Tabellen
Paperback (BsR 385)

Klaus M. Meyer-Abich
Wissenschaft für die Zukunft
Holistisches Denken in ökologischer und
gesellschaftlicher Verantwortung
1988. 184 Seiten. Paperback (BsR 365)

Verlag C.H.Beck München

Aus der Geschichte der Naturwissenschaft

Friedrich Wilhelm (Hrsg.)
Der Gang der Evolution
Die Geschichte des Kosmos, der Erde
und des Menschen
1987. 270 Seiten mit 85 Abbildungen
Gebunden

Karl Lanius
Mikrokosmos – Makrokosmos
Das Weltbild der Physik
1988. 284 Seiten mit 217 Abbildungen,
davon 138 farbig.
Leinen

Galileo Galilei
Schriften, Briefe, Dokumente
1987. 2 Bände. Zus. 771 Seiten
mit zeitgenössischen Illustrationen,
Leinen im Schuber

Galileo Galilei
Von Klaus Fischer
1983. 239 Seiten mit 6 Abbildungen.
Paperback (BsR 504)

Pietro Redondi
Galilei – der Ketzer
Aus dem Italienischen von Ulrich Hausmann
1989. 400 Seiten mit 18 Abbildungen auf Tafeln.
Leinen

Isaac Newton
Von Ivo Schneider
1988. 194 Seiten mit 11 Abbildungen.
Paperback (BsR 514)

Bernulf Kanitscheider
Das Weltbild Albert Einsteins
Seine Physik und seine Philosophie
1988. 208 Seiten mit 3 Abbildungen.
Gebunden

Verlag C. H. Beck München